玉米全价值收获关键技术与装备

陈 志 编著

科学出版社

北京

内 容 简 介

玉米现已成为我国第一大粮食作物,但是玉米籽实和秸秆收获机械化一直是我国农机化发展的薄弱环节和瓶颈技术。本书以玉米植株全价值收获技术思想为指引,在对国内外玉米收获机械化发展情况梳理的基础上,围绕玉米果穗、籽粒、秸秆及青贮机械化收获工艺,详细介绍了果穗收获、摘穗、果穗剥皮、脱粒分离、籽粒清选、玉米秸秆调质、打捆及青贮收获等各环节的工作原理及装置设计,对玉米植株收获全价值机械化装备技术做了全面而深入的介绍,特别介绍了针对我国不同种植模式所做的积极探索,如可实现不分行收获的拨禾星轮式玉米收获台、先割后摘式穗茎兼收型玉米收获台、背负式玉米收获机、小2行自走式玉米收获机以及综合摘穗、排杂装置等,形成了较为完整的我国玉米植株全价值收获机械化装备技术体系。

本书可供玉米收获机械装备领域从事科研、设计、生产的工程技术人员阅读,也可供从事玉米生产机械化教学、研究的工作者参考。

图书在版编目(CIP)数据

玉米全价值收获关键技术与装备/陈志编著 . —北京:科学出版社,2014
ISBN 978-7-03-042347-4

Ⅰ.①玉… Ⅱ.①陈… Ⅲ.①玉米收获机 Ⅳ.①S225.5

中国版本图书馆 CIP 数据核字(2014)第 253923 号

责任编辑:姚庆爽 / 责任校对:郭瑞芝
责任印制:肖 兴 / 封面设计:陈 敬

科 学 出 版 社 出版
北京东黄城根北街 16 号
邮政编码: 100717
http://www.sciencep.com

北京凌奇印刷有限责任公司 印刷
科学出版社发行 各地新华书店经销

*

2015 年 1 月第 一 版 开本:720×1000 1/16
2015 年 1 月第一次印刷 印张:20 插页:4
字数:400 000

POD定价: 120.00元
(如有印装质量问题,我社负责调换)

序

　　玉米是全球种植范围最广、产量最大的谷类作物之一。我国是玉米生产和消费大国,播种面积、总产量和消费量仅次于美国,均居世界第二位。随着工业化、城镇化快速发展和人民生活水平不断提高,我国已进入玉米消费快速增长阶段。从未来发展看,玉米将是我国需求增长最快、也将是增产潜力最大的粮食品种。抓好玉米生产,加快玉米发展,保持玉米基本自给,是确保国家食物安全的关键。

　　我国玉米区域生态和生产条件差异很大,受不同地域玉米种植农艺特别是种植行距差异的限制,玉米收获机械的功能需求也呈现出多样化,因而增加了玉米收获机械化的实施难度,玉米收获已成为玉米生产全程机械化的"瓶颈"。以人工作业为主的玉米收获方式作业环境差、作业效率低且劳动强度大,劳动量约占整个玉米生产的55%以上,已不能满足现代农业和新农村建设的需求。机械化收获已经成为推进我国玉米产业健康发展的重要因素。

　　近年来,随着农业劳动力价格的大幅度攀升,在主要生产环节用机械替代人畜力作业的呼声越来越高,加之国家各项支农惠农政策的支持,特别是农机购置补贴政策将玉米收获机列为重点补贴机型,形成了市场的刚性需求。玉米机收率快速提高,市场的飞跃式增长极大地促进了行业科研的发展,相关企业、高校和科研单位在玉米收获机械新技术、新结构和新装置方面做了大量的创新研究工作。一改我国农业机械装备普遍以参考国外产品进行研学仿制的基本发展模式,迅速建立了国内特有的玉米收获技术体系。

　　陈志研究员长期从事农业机械化技术与装备研究,他率领的科研团队为充分发挥玉米作为粮食、饲料、能源和工业原料的多重功能需要,首次提出了玉米植株全价值利用的理念,突破玉米籽实与秸秆收获机械技术瓶颈,进行了具有自主知识产权产品技术的研发与集成。特别是首创基于人工收获手指动作仿真的三点动态扶持单株有序导入的不分行玉米收获技术,以及圆盘式无支撑低茬切割的玉米青饲收获技术、玉米秸秆调质、捡拾打捆技术等,大大提升了我国玉米籽实与秸秆收获装备技术水平,提升了我国玉米生产机械化水平,为保障我国食物安全和农业可持续发展作出了积极贡献。

　　该书以玉米植株全价值收获技术思想为指引,在对国内外玉米收获机械化发展情况梳理的基础上,全面而深入地介绍了玉米果穗、籽粒、秸秆及青贮机械化收获装备,详细分析了各工艺环节的工作原理及装置设计,特别介绍了针对我国玉米不同种植模式所做的积极探索,形成了完整的玉米植株全价值收获机械化装备技术体系。

该书内容丰富,实用性强,对于从事该领域的科研、工程技术人员具有重要的参考意义。

罗锡文

2014 年 8 月

前　　言

民以食为天,食以粮为源。玉米作为兼具粮、经、饲、能等多元属性的重要战略物资,玉米生产对于确保国家粮食安全,发展畜牧业,拉动相关产业,增加农民收入至关重要。从产量上看,玉米已经成为国内第一大粮食作物;籽实方面,玉米是我国第一大饲料作物;秸秆方面,玉米是我国第一大秸秆来源,其全价值利用的特点决定了机械化收获技术的复杂性和装备的多样性。

对玉米植株全价值收获关键技术和装备开展的系列研究工作进行梳理,提高对玉米全价值收获机械化的认识,进一步推动玉米全程机械化发展是本书的撰写目的。本书共6章,具体安排如下:

第1章概论。在介绍玉米生产和消费情况的基础上,对国内外玉米收获的技术模式进行了分析,介绍了国内外玉米收获机械化发展情况,详实地阐述了我国玉米收获机械化发展历程及玉米收获机械化技术发展现状,并对我国玉米收获机械的发展趋势和技术装备发展方向进行了描述。

第2章玉米果穗收获。目前我国普遍采用"摘穗-剥皮-秸秆粉碎还田"的收获工艺,收获机械机型繁多,但核心工作部件工作原理与结构型式大同小异。该章介绍了玉米果穗收获的工艺,并按照工艺流程,介绍了分禾装置、拨禾输送装置、摘穗装置、果穗输送装置、果穗升运器、果穗剥皮装置、果穗收获机动力配置型式及果穗收获后秸秆处理装置的原理、分类及设计参数。

第3章中国特色的玉米收获技术探索。该章详细介绍了可实现不分行收获的拨禾星轮式玉米收获台、其关键工作部件设计参数及试验情况,介绍了窄行距、锥螺旋式、"喇叭口"形双链条喂入式、横置卧辊式、先割后摘式穗茎兼收型、倒伏玉米等多种玉米收获台及我国特有的背负式玉米收获机、小2行自走式玉米收获机的相关内容。

第4章玉米籽粒收获。随着科技进步和农业生产模式的变化,籽粒收获将成为玉米收获的主要方式。该章主要介绍了籽粒收获的工艺要求及关键技术装备,对收割装置、脱粒分离、籽粒清选、籽粒处理装置及联合作业机械进行了阐述。

第5章玉米秸秆收获。玉米秸秆作为玉米生产产出的重要组成部分,蕴藏着丰富的能量和营养物质,其机械化收获是规模化利用的前提。该章介绍了玉米秸秆目前的利用现状和国内外的收获工艺,分析了玉米秸秆的机械特性及切割原理,对玉米秸秆调制原理和打捆原理进行了阐述,并对玉米秸秆调质装置、小方捆打捆机、大方捆打捆机的主要工作参数进行了研究。

第 6 章青贮玉米收获。青贮玉米营养价值完善,适口性好,易于消化,是养殖业重要的基础饲料。该章阐述了牵引式、悬挂式和自走式青贮玉米收获机的工作原理,并对青贮玉米收获中的各种割台、喂入装置、切碎装置、揉搓或籽粒破碎装置、抛送装置及监控系统进行了详细分析和研究。

在本书编写过程中,作者参考和引用了业界同仁公开发表的相关资料和文献,在此谨向原文献作者表示感谢。

玉米收获机械化是一项复杂的系统工程,应该也必须全面系统多方位多视角去分析、协调、解决,因作者水平有限,难免挂一漏万,不妥之处敬请指正。

作　者

目　　录

第 1 章 概   论

1.1 玉米生产概况

1.1.1 世界玉米生产情况

玉米是禾本科 *Maydeae* 族成员之一,它是一种苗壮的雄雌同株一年生植物,需要在人的帮助下播种、繁殖和生存。玉米是最高效捕捉太阳能并将其转换为食物的植物之一,它有很大的可塑性,可适应极端和不同条件下的湿度、日照、海拔高度和温度。玉米是世界上种植分布最广的粮食作物,从北纬 58°到南纬 35°～40°的地区均有大量种植。目前,除南极洲之外,世界各大洲有 70 多个国家种植玉米,世界上有三大黄金玉米带,分别为中国玉米带、美国玉米带和乌克兰玉米带。北美洲玉米种植面积最大,亚洲、非洲和拉丁美洲次之,此外,近年来南美地区玉米种植区域不断扩大。

在世界谷类作物中,玉米的种植面积和总产量仅次于小麦、水稻而居第 3 位,平均单产则居首位。主要玉米生产国为美国、中国、巴西、墨西哥和阿根廷等,近十年来,乌克兰玉米总量增加速度较快。除主要生产国外,南亚、东南亚和欧盟等国家和地区的玉米产量也在增加。2012 年,全球玉米产量前 5 位国家和地区的产量占全球的比重超过 75％。全球 5 个主要玉米生产国家和地区占全球玉米产量比重依次为美国 32.30％、中国 24.53％、巴西 8.61％、欧盟 7.72％及阿根廷 2.48％。艾格农业数据库预计,2013/14 年预计全球玉米的播种面积和产量分别为 1.81 亿 hm^2 和 10.22 亿 t,较上年分别增长 14.10％和 2.91％。全球历年玉米产量如图 1-1 所示。

1.1.2 我国玉米生产情况

水稻、小麦、玉米和大豆是我国的四大主要粮食作物,其中水稻是我国最重要的口粮作物,玉米是最重要的非口粮粮食作物。玉米是我国近年来发展最快的主要粮食作物,受到单产水平和种植收益远远高于大豆的影响,黄淮、东北、西南地区大量的豆类的种植面积转向玉米种植,玉米的播种面积持续增长,2007 年玉米播种面积达到 2947.8 万 hm^2,超过了稻谷的 2891.9 万 hm^2 播种面积,成为播种面积最大的粮食作物,近年来,我国玉米播种面积、总产量及占粮食总产的比重如图 1-2所示。2000～2012 年,我国玉米产量由 1.06 亿 t 增长到 2.08 亿 t,增长96％,年均增长 5.8％,2013 年我国玉米产量达到 2.15 亿 t 以上,成为我国产量最

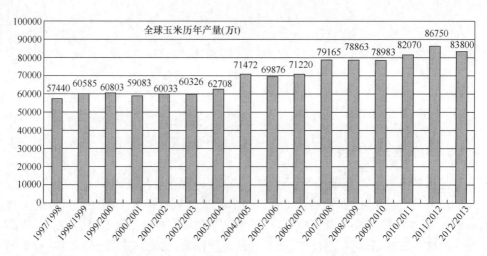

图 1-1　1997/1998～2012/2013 全球玉米产量

大的粮食作物,也是我国第二个总产量超过 2 亿 t 的粮食作物。2003 年以来玉米产量实现"十连增"。

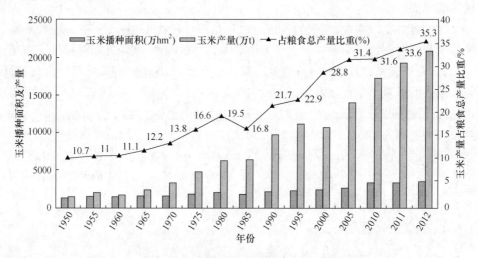

图 1-2　1950～2012 年我国玉米播种面积、产量及占粮食总产量比重

　　根据《中国粮食安全中长期规划纲要》的预测,到 2020 年我国稻谷、小麦、玉米的需求量分别达到 1.885 亿 t、0.980 亿 t 和 1.810 亿 t,其中稻谷需求与当前相比基本持平,小麦略有下降,玉米需求年均增长 3.05%。农业部韩长赋部长在《玉米论略》中指出,玉米是我国今后一个时期消费需求增长最快的粮食品种。主要来自两个方面:一是畜牧业快速发展,增加了对玉米的需求。国际经验表明,进入工业化和城镇化中期以后,人们的膳食结构会发生明显变化,肉蛋奶消费显著增加。美

国 1965~2000 年玉米饲料消费量年均增长 1.6%,日本为 4.1%。我国也进入这个阶段,玉米饲料消费增加加快。2010 年全国肉类、禽蛋、牛奶、水产品产量分别比 2003 年增长 23%、18.5%、105%、31.8%。同期,饲料用粮消耗玉米,由 0.9 亿 t 增加到 1.2 亿 t,增长 33%。畜牧业养殖方式的转变也增加了饲料用粮,随着畜禽规模化养殖快速发展,由过去一家一户以青饲料、米糠麦麸、剩菜剩饭喂猪,转变为使用工厂化饲料,对玉米的需求明显增加。二是深加工快速发展,增加了对玉米的需求。2000 年以前,我国玉米深加工年消费玉米不足 0.1 亿 t,占玉米消费比重不到 10%。近年来,玉米深加工业产能迅速扩展,未来在目前 0.9 亿 t 的基础上有可能进一步扩大。预计“十二五”末我国玉米消费总需求量将在 2.2 亿 t 左右,即科学家预测的到 2020 年消费量将提前到来,玉米供求紧平衡的格局有可能被打破,个别年份甚至会出现产不足需的情况。

同时,随着一部分乙醇汽油等生物质能源的消耗,国际市场上玉米供需矛盾和市场波动的风险也将更为突出。所以,从某种意义上而言,我国未来粮食安全的问题就是饲料用粮的问题,尤其是以玉米为主体的饲料用粮的保障问题,长期来看,玉米成为未来粮食安全保障的关键作物。

1.1.3　玉米的用途和消费

玉米是世界上种植最广泛的谷类作物,具有“粮-饲-经”三元结构属性。

(1) 玉米是重要的传统食品。玉米籽粒含有 73% 的淀粉、8.5% 的蛋白质、4.3% 的脂肪,富含维生素。其蛋白质含量高于大米,脂肪含量高于面粉、大米和小米。含热量高于面粉、大米及高粱。

(2) 玉米是“饲料之王”。目前世界上生产的玉米 70%~80% 作为饲料,它是近代用于生产蛋、奶、肉、水产品、油等动物产品的重要饲料来源。玉米籽粒是精饲料,其饲用价值是燕麦的 135%,高粱的 120%,大麦的 130%。玉米鲜嫩的茎叶是良好的青饲料或青贮饲料。

(3) 玉米是重要的工业原料。以玉米为原料的深加工工业被称为“朝阳工业”、“黄金产业”。据统计,玉米籽粒及其副产品为原料加工的工业产品达 500 多种,其中最主要的有玉米淀粉、玉米果葡糖浆、玉米油等。玉米籽粒中的淀粉含量达 70% 以上,玉米淀粉被认为是化学成分最纯的淀粉之一(纯度 99.5%),是医药、化工等行业必不可少的原料。玉米籽粒含油率为 4.5%~5.0%,85% 集中在胚部,每百公斤玉米胚可以榨油 30~40kg,玉米油营养价值高,被称为健康营养油。玉米果葡糖浆含果糖达 77%~90%,其甜度超过蔗糖,且风味好,被誉为食糖后起之秀。在能源紧张的将来,以玉米淀粉生产酒精代替石油能源,亦成为发展玉米工业一道新风景。目前,美国是世界上最大的燃料乙醇生产国,其燃料乙醇的生产主要以玉米为原料。

在工业化国家的玉米有两个主要用途：一是饲养动物，直接以原料的形式，出售给饲料加工业；二是作为工业提取物的原材料，在大多数工业化国家，玉米作为人类食物的意义已经不大。在欧盟，玉米主要是用作饲料以及工业原材料产品，因此，美国和欧盟玉米育种家的重点已经转移，力图开发它在动物饲料工业的农艺性状和另一些工业原料的农艺性状，如高果糖玉米糖浆，燃料酒精，淀粉和葡萄糖等。

在发展中国家玉米的用途是多变的，在非洲和拉丁美洲，玉米主要的用途是食品，而在亚洲它主要用于牲畜饲料。在许多拉丁美洲国家玉米是基本主食，是这些人口的一个重要饮食成分。玉米的不同部位有不同的用途：作为面团被加工成"饼"，"tamales"和"tostadas"；作为粮食被加工成"pozole"，"pinole"和"pozol"；干秸秆用来建围栏；一种特殊类型的耳朵芯真菌（玉米黑穗病或 Ustylago maydis），可被用来作为食品。

世界玉米消费主要分布在美国、中国、巴西以及墨西哥、东南亚、日本、加拿大、韩国等国家和地区。分布范围广，但世界半数以上的消费量相对集中在美国和中国，如图 1-3 所示。近年来，全球玉米一直保持产销同步增长态势，产销量已经从 1999/2000 年度的 6 亿 t 左右增长到 2011/2012 年的 8.68 亿 t，其中美国以 2.5 亿 t 的消费量位居第一，中国以 2 亿 t 的消费量居于第二位，第三位是欧盟，消费量为 0.7 亿 t 左右。世界玉米消费量比上年增长，其中工业消费进一步压缩，饲用消费呈刚性增长，库存消费比继续下降，供需形势紧张。

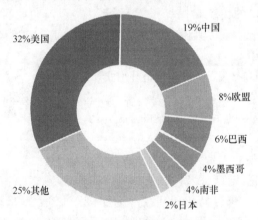

图 1-3　全球玉米消费分布

由于我国畜牧业和玉米深加工业的快速发展，玉米消费增长更为强劲。2000～2012 年玉米表观消费量翻了一番，从 0.96 亿 t 增长到 2.13 亿 t，年均增长 6.9%，比同期玉米产量年均增长率高 1.1 个百分点。其中，饲用玉米消费从 0.8 亿 t 增长到 1.24 亿 t，年均增长 3.7%，2012 年饲用玉米约占玉米总需求的 64%；深加工玉米消费从 1279 万 t 增长到 5300 万 t，增长 315%，年均增长 12.6%，2012 年工业用玉米消费约占玉米总需求的 27%。玉米深加工产品中淀粉类产品(含淀粉糖)约占 60%左右,酒精类产品约占 25%,赖氨酸、柠檬酸、味精和玉米油等产品约占 15%,2000～2012 年我国玉米消费需求情况如图 1-4 所示。

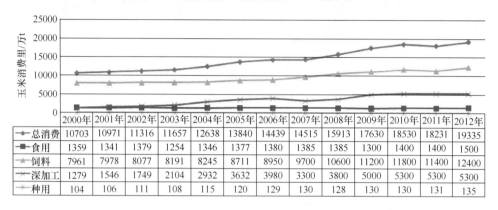

	2000年	2001年	2002年	2003年	2004年	2005年	2006年	2007年	2008年	2009年	2010年	2011年	2012年
总消费	10703	10971	11316	11657	12638	13840	14439	14515	15913	17630	18530	18231	19335
食用	1359	1341	1379	1254	1346	1377	1380	1385	1385	1300	1400	1400	1500
饲料	7961	7978	8077	8191	8245	8711	8950	9700	10600	11200	11800	11400	12400
深加工	1279	1546	1749	2104	2932	3632	3980	3300	3800	5000	5300	5300	5300
种用	104	106	111	108	115	120	129	130	128	130	130	131	135

图 1-4 2000～2012 年我国玉米消费需求情况

1.1.4 玉米的国际贸易

在粮食贸易结构中,小麦是粮食贸易的主体,占世界谷物年贸易总量的 50% 左右,其次是玉米,约占 30%,2012 年世界玉米贸易量达到 9400 万 t。美国、巴西、阿根廷是主要的玉米产品出口国,日本、韩国是主要的玉米进口国。

出口国:美国等玉米主产国家是玉米出口大国。美国年出口玉米在 5000 万 t 以上,占全球玉米贸易总量的 65%～70%。目前,世界玉米出口格局逐步发生变化,主要是美国玉米出口绝对数量和市场份额均下降,而巴西和乌克兰玉米出口量增长较快,阿根廷则较为稳定。

进口国:玉米的主要进口国集中在亚洲地区。其中日本年进口量约为 1600 万 t,主要来自美国;韩国 800 万 t 左右,主要来自中国。中国台湾省 400 万～500 万 t,欧盟 250 万～500 万 t,墨西哥 400 万～600 万 t,加拿大 100 万～400 万 t。

1985 年以来我国玉米基本处于净出口状态。2003 年,我国玉米出口数量达到峰值的 1639 万 t。从 2007 年开始,我国玉米出口数量开始急剧下降,而玉米进口逐年增加。据我国海关统计,2010 年我国玉米进口量激增,达到 157.2 万 t,进口金额 3.7 亿美元,首次成为玉米净进口国。2012 年我国全年进口玉米 520.74 万 t,同比增长 197.08%,主要进口来源为美国。虽然我国玉米进口的绝对数量并不大(2009～2010 年度我国玉米进口占世界进口总量的 1.4%,排名世界第 17 位),并没有对国内玉米产业造成冲击,但是由于国内需求快速增长而且增速高于产量增速,玉米消费总量呈刚性增长,我国玉米净进口将成为常态。2000～2012 年我国玉米贸易情况如表 1-1 所示。

表 1-1　2000～2013 年我国玉米贸易情况　　　　（单位：万 t）

年份	2000	2001	2002	2003	2004	2005	2006	2007	2008	2009	2010	2011	2012	2013
进口	0	4	1	0	0	0	7	4	5	8	157	175	521	201.5
出口	1048	600	1167	1639	232	861	307	485	25	13	13	14	26	8
净出口	1048	596	1166	1639	232	861	300	481	20	5	−144	−161	−495	−194

1.2　国内外玉米收获工艺与模式分析

　　在传统的玉米种植生产中,玉米收获过程消耗的劳动量最大,约占整个玉米种植投入劳动量的 55%,实现玉米机械化收获能极大地解放劳动生产力,提高作业效率。因此,世界上许多国家都非常重视玉米收获机械的产品研发和推广应用。欧美等发达国家的种植农艺与农机技术发展相一致,玉米生产经营规模较大,早已实现玉米收获机械化。我国玉米机械化收获发展较为缓慢,一个重要的原因是我国的玉米种植模式区域差异性大、农艺过于复杂。

1.2.1　我国玉米种植模式分析

　　我国是一个玉米种植大国,玉米种植区域分布广泛。由于我国幅员辽阔,各地自然条件差异较大,因此,玉米种植形式呈现多样化。东北和华北北部主要是春播玉米,黄淮海地区主要是夏播玉米,长江流域还有秋播玉米,海南和广西可以冬播玉米。从种植面积和总产量来看,我国的玉米主要种植区域是北方春玉米区和黄淮海夏玉米区,两个区域种植面积和产量约占全国的 80% 左右。从玉米种植样式来看,黄淮海夏玉米多为平作,而北部春玉米区多为垄作。由于玉米秸秆的用途不同,对玉米收获机械化技术的功能需求呈现多样化的趋势。

　　当前我国玉米生产正面临着由以高产为目标向以高产高效为目标、由传统精耕细作向精简栽培技术、由小农生产向规模化生产、由手工操作向机械化生产等方面的转型。玉米种植方式的区域差异性较大,种植模式千差万别,农艺不一,品种多样,种植行距不统一。即使在同一地区,种植习惯也难以统一。土质、品种、气候、耕作方式、传统习惯等,导致垄距、行距各异,甚至还有间套作等作物栽培方式如表 1-2 所示。长期以来,由于缺乏规范统一的农艺标准,农机农艺相结合的技术支持不足,玉米种植方式区域差异性过大,导致玉米收获机械的适应性较差,给玉米机械化收获的推广造成了较大的困难。

表 1-2　玉米农艺模式的分类(与机械化收获相关)

序号	分类方式	类型
1	按生育期划分	早熟种,中早熟种,中熟种,中晚熟种,晚熟种
2	按株型划分	平展型,紧凑型,半紧凑型
3	按种植时间划分	春玉米,夏玉米,秋玉米,冬玉米
4	按植株高度划分	高秆品种(高于 3 米)中高秆品种(2.5~3 米)中秆品种(2~2.5 米),矮秆品种(2 米以下)
5	按种植方式划分	平作(全部种植玉米),连作(连年种植玉米(春玉米区)),间作(小麦—玉米、玉米—大豆、玉米—马铃薯),套作(小麦—玉米、棉花—玉米),混作(玉米—豌豆、玉米—高粱)
6	按株行距配置划分	等行距种植(50~60cm),大小行种植(窄行 40cm、宽行 80cm)

　　总体上,我国形成了 6 大玉米种植区域,如图 1-5 所示,其中东北春播玉米区(面积和产量分别约占全国的 36% 和 40%)、黄淮海平原夏播玉米区(面积和产量分别约占全国的 32% 和 34%)和西南山地玉米区(面积和产量分别约占全国的 22% 和 18%)这三个区为主产区,玉米种植面积和总产量均占全国的 90% 左右,全国大部分玉米机播和玉米机收都集中在这三个区域。

图例
□　省界
■　北方春玉米优势区
▨　黄淮海夏玉米优势区
■　西南玉米优势区

图 1-5　我国玉米优势区域布局示意图

欧美等发达国家的种植农艺与农机技术要求相一致,玉米生产经营规模较大,早已实现玉米收获机械化。以美国为例,美国玉米农场的规模一般在 4000～6000 亩①,甚至超过 10000 亩。我国黄淮海地区户均土地 5 亩左右,东北地区户均土地也就 20～30 亩,这在很大程度上决定了中美两国玉米生产模式和技术的巨大差异。

1.2.2　我国玉米收获模式分析

长期以来,我国农机研究单位和生产企业对玉米收获机械化技术及装备进行了广泛的创新研究、实践和探索,开发出了玉米割晒机、玉米秸秆粉碎机、牵引式玉米联合收获机、单行悬挂式玉米联合收获机、固定式秸秆青贮机(铡草机)。但是,就玉米整个收获过程来看,其机械化程度较低,仍然需要大量人工参与作业,因此,其应用受到限制。由于国内玉米种植方式、栽培制度的多样化、玉米籽粒和秸秆用途的差别,玉米收获的模式也比较多。目前玉米收获形式主要有手工收获、半机械化收获、机械化收获模式等。其中每种模式下又可细分多种模式。

1. 手工收获模式

由于常年劳作习惯和对机械化认识程度等因素的影响,加上部分丘陵山区和少数水田旱田并作的情况,手工收获模式仍然占有相当大的比例。

1) 手工收获模式Ⅰ

人工摘穗＋人工割晒＋秸秆手工处理。收获时先用人工进地摘穗,然后人工用镢头、镰刀等手工工具将摘除果穗的玉米秸秆割倒、放铺、晾晒,处理根茬后播种下茬作物,这种模式是传统的主导模式之一,分布范围较广,为目前主要的手工收获模式。

2) 手工收获模式Ⅱ

人工割晒＋人工摘穗＋秸秆手工处理。整个玉米收获过程皆是人工使用镢头、镰刀等手工工具将玉米割倒、放铺,经几天晾晒后,用人工摘穗,然后运至场上经剥皮、晾晒后脱粒,玉米秸秆整秆打捆运至场院进行处理或贮存备用,根茬手工清除或破碎后耕翻整地播种下茬作物。

3) 手工收获模式Ⅲ

人工摘穗(即时收获)＋人工割晒＋秸秆清理、套种作物,这种模式主要存在于黄淮海地区种植春玉米的地区。春玉米的收获基本上都是人工收获,在玉米刚刚成熟时,采用人工摘穗赶鲜投放市场,以获取理想的价格。这种收获方式一般是即时收获,摘穗后,多数用镰刀割倒秸秆,运至场外晾晒处理,因为春玉米行内大多套

---

① 　1 亩＝666.67m²

种其他作物,不利于机械化作业,摘除果穗的玉米秸秆也不能就地割倒放铺晾晒,必须运至场外处理。

4) 手工收获模式Ⅳ

人工摘穗＋人工割倒＋运输＋秸秆青贮,是指先用人工进地摘穗,然后人工用镢头、镰刀等手工工具将摘除果穗的玉米秸秆割倒,再运输到饲养厂进行铡切粉碎青贮。该模式收获主要集中在畜牧业较发达的地区,面积较小。

2. 半机械化收获模式

半机械化收获模式是指在玉米收获过程中部分环节采用人工作业,部分环节采用机械化作业的模式,这种模式主要有以下三种类型。

1) 半机械化收获模式Ⅰ

人工果穗收获＋秸秆机械化粉碎还田。在玉米成熟期,采用人工将玉米穗摘下,然后利用秸秆还田机直接将秸秆粉碎还田,这种技术模式较为成熟,已在许多玉米主产区采用,效果较好。与之配套使用的机械主要有玉米秸秆还田机、玉米剥皮机和玉米脱粒机等。随着摘穗机械技术的成熟,这种半机械化收获模式逐渐被机械化收获模式所替代。随着循环经济的发展和环境保护对生态平衡的要求,玉米秸秆还田将会进一步得到发展,对玉米秸秆还田机械的需求,也必将会日趋增多。

2) 半机械化收获模式Ⅱ

即人工果穗收获＋秸秆机械化收获青贮模式,主要应用于畜牧养殖比较发达的区域。其技术路线是在玉米成熟期,采用人工将玉米穗摘下,然后利用秸秆青贮收获机直接将秸秆粉碎集箱收获后运至场院青贮。随着畜牧养殖业的发展,这种收获模式的面积将逐步扩大。

3) 半机械化收获模式Ⅲ

人工摘穗＋人工秸秆割倒收集＋机械化青贮氨化,主要应用于畜牧养殖比较发达的区域。其技术路线是人工玉米摘穗后,趁秸秆青绿,人工将秸秆收割后拉到养殖场,利用铡草机切段后进行秸秆青贮氨化,用这种技术模式进行玉米收获的面积不大。

3. 机械化收获模式

玉米机械化收获,是实现玉米生产全程机械化的关键环节。从实际情况看,该模式又分为分段收获机械化模式和联合收获机械化模式。

1) 分段收获机械化模式

(1) 分段收获机械化模式Ⅰ。

机械收获果穗＋秸秆还田模式,这种模式是目前主要的分段收获机械化模式。

其技术路线是在玉米成熟期,应用具有摘穗功能的机械将玉米果穗摘下,然后利用秸秆还田机将秸秆粉碎还田。由于机械收获果穗后,再单独处理秸秆,虽然能提高机械的专业化作业效率,但增加了机械压地次数和能耗。

(2) 分段收获机械化模式Ⅱ。

机械化收获果穗＋秸秆青贮收获,其技术路线是在玉米成熟期,应用只有摘穗功能的机械将玉米果穗摘下,然后利用玉米秸秆青贮收获机将秸秆粉碎回收青贮。机械收获果穗后,再单独粉碎回收秸秆,在玉米秸秆是牲畜主要饲料源的地方,这种收获模式有少量应用。

2) 联合收获机械化模式

(1) 联合收获机械化模式Ⅰ。

这种模式与前苏联的“小联合”的玉米收获机械化技术模式类似,收获机组一次可完成摘穗、剥皮、输送集箱、秸秆粉碎还田作业工序。与国外不同的是在机组的构成上,除自走式机组外,我国部分地区是采用与拖拉机配套的悬挂式收获机组。此外,为了提高自走式小麦联合收获机的利用率,我国还研发了与其配套的玉米割台,该机组是利用小麦收获机的动力和底盘,与美国的“大联合”模式不同,它不具有脱粒功能,而是加设了果穗输送装置和果穗箱以及秸秆粉碎还田机。目前该模式的玉米收获机主要收获行数为 2 行、3 行和 4 行,悬挂式机组配套动力在 $50.7 \sim 73.5 \mathrm{kW}$,自走式机组配套动力为 $84.5 \sim 107 \mathrm{kW}$。该模式是我国玉米主产区年来大力推广的主要模式,推广面积迅速扩大。

(2) 联合收获机械化模式Ⅱ。

穗茎兼收。这种模式是将玉米果穗收获(包括摘穗、剥皮、升运、集箱)的同时,将秸秆粉碎集箱回收,用作青贮饲料。这种收获模式目前应用面积较小,是下一步发展的重点。将逐步取代半机械化技术模式Ⅱ和Ⅲ。

该模式的作业工艺流程是:收获机在作业过程中完成摘穗、剥皮、输送至果穗箱、秸秆切碎抛送至碎秸秆的运输车箱内。整个工艺一般需要有碎秸秆运输机组与收获机组配合作业。碎秸秆主要用途是作为青贮饲料。为了保证青贮的需要,收获过程的留茬高度一般接近 20cm,较还田型模式要大。从技术上来看,穗茎兼收机的作业效率和能耗水平与果穗收获和秸秆还田联合机组不相上下,而同时完成了玉米果穗收获和秸秆的粉碎收集作业。田间后续作业可用旋耕机组或专门的根茬破碎机组进行破茬和耕地作业,基本上与人工收获作业的工艺相同,因而对现行的土壤耕作工艺技术具有较好的继承性。作业工艺中所需要的碎秸秆的运输机组可由保有量较多的小型拖拉机或农用运输车担当,自动化程度较高,实现了收获过程果穗和碎秸秆的机械化装卸,与秸秆割晒和人工收获秸秆后再进行青贮相比,减少了大量的劳动投入,是一种联结种植业与畜牧养殖业的产业协作或产业一体化的机械化技术模式。因而,该模式适合于农牧交错区和畜牧养殖地区。

(3) 联合收获机械化模式Ⅲ。

玉米青贮,这种模式是利用玉米青贮收获机,将玉米果穗与秸秆同时收获,直接粉碎用于青贮饲料。由于青贮收获要求切割离地面越近越好,在畦作地区不同宽窄的畦会对玉米收获效果产生影响。

该模式是应用专用的玉米青贮收获机将玉米果穗与秸秆同时粉碎加工后收集作为营养价值更高的青贮饲料,主要应用于专业化规模养殖的地区。但是,由于我国一些地区农民仍采用人工摘穗的方式,因此,在机具上有两类:一类是能够将玉米果穗和秸秆同时粉碎的青贮收获机,该类机型一般为自走式机组,其专用性较强,其基本结构和工作原理与国外机型类似,可以实现不对行作业,其国产机价格约为40万元,进口机价格70万元,虽然价格比国外低,但是对于我国农民的购买能力来说仍然偏高。另一类机型是悬挂式玉米秸秆青贮机,它价格便宜,但只适用于人工收获果穗后完成对生长状态下的玉米秸秆的粉碎加工和收集。该机型对玉米秸秆的切碎抛送等加工过程与穗茎兼收机的原理类似。因此,该机具也可以看成是穗茎兼收模式的一种过渡机型。从技术上来看,虽然我国已经具有生产专用的玉米青贮收获机的能力,但是,从经济上来看,由于其价格较高和应用范围的限制,悬挂式专用玉米青贮机仍有一定市场。

综上所述,玉米收获机大致有摘穗、剥皮、集箱、秸秆放铺、秸秆粉碎回收、秸秆还田等功能。玉米收获机工艺流程应能满足先进的栽培制度和农艺要求,机器的作业质量指标应能达到部颁标准。即摘收玉米果穗时应尽量减少损失和损伤,其落地果穗不大于3%;落粒损失不大于2%;籽粒破碎率小于1%;机器带有剥苞叶装置时,苞叶的剥净率应大于70%;机器的使用可靠性大于90%。玉米收获机械可以按照动力配置方式、收获方式、摘穗方式进行归类,不同类型的机型都有各自的优缺点,具体如图1-6所示。

- 按动力配置方式分
  - 牵引式玉米收获机 优点:挂接方便,制造成本低;缺点:机组长,转弯半径大,作业效率低
  - 背负式玉米收获机 优点:结构紧凑,行走灵活;缺点:拆装困难,操纵性差,受制于拖拉机型
  - 自走式玉米收获机 优点:自动化程度高,效果好效率高,操作灵活;缺点:价格贵,利用率低
  - 玉米割台(互换) 优点:机械利用率高;缺点:收获质量差
- 按摘穗方式分
  - 立式摘穗辊型玉米收获机 优点:收获损失小,秸秆便于处理;缺点:结构复杂,可靠性差
  - 卧式摘穗辊型玉米收获机 优点:作业可靠性高;缺点:摘穗损失大,秸秆处理较单一
  - 摘穗板型玉米收获机 优点:摘穗损失小;缺点:断秸秆比较多
- 按收获方式分
  - 摘穗、脱粒型玉米收获机 适用于:玉米成熟期一致,籽粒湿度较低,具备相应的干燥措施
  - 摘穗、剥皮型玉米收获机 适用于:果穗的成熟度较好,成熟期较一致,籽粒含水率可较高
  - 摘穗、茎秆还田型 适用于:成熟度较差,成熟期不一致,去苞叶容易造成籽粒严重损失
  - 摘穗、剥皮、茎秆还田型 适用于:成熟度好,成熟期一致,籽粒含水率较高,不适宜直接脱粒
  - 穗、茎(粮草)兼收型 适用于:农区畜牧业较发达地区
  - 摘穗型玉米收获机 功能单一,可靠性高

图1-6 玉米收获方式分析

1.2.3　国外玉米收获机械化技术模式及分析

从已经实现玉米收获机械化的国家来看,其技术模式主要有以下几类:一是以美国、欧洲为代表的"大联合"的技术模式;二是以苏联为代表的"小联合"的技术模式;三是玉米机械化青贮收获模式。

1. "大联合"收获模式

所谓"大联合"收获模式是指采用玉米联合收获机一次完成摘穗、脱粒、清选和秸秆处理(一般是粉碎还田)多项作业。该模式的机具特点是采用自走式谷物收获机换装专用的玉米割台,并适当调整脱粒滚筒的转速和脱粒间隙,收获机的动力可达 200kW 以上,作业效率较高。这种技术模式对于美国等国家是比较适合的。美国是世界玉米生产第一大国,其玉米生产带位于温热带,采用一年一熟的种植制度,玉米收获时籽粒含水率较低(低于 20%),因此,收获时直接采用脱粒工艺籽粒破碎率较低,而且这种损失相对于分段作业(先摘穗,后集中脱粒)的人力物力消耗要小得多;这种工艺也适合于玉米生产的专业化和产业化组织形式。玉米生产经营规模较大,便于大型机械进行作业,玉米的商品化程度很高,农场主不会囤积玉米,而是收获前与玉米加工企业或经销商签订了期货贸易合同,可以将收获的玉米籽粒直接运往这些企业,再进行烘干、仓储等。

2. "小联合"收获模式

所谓"小联合"收获模式是指玉米收获时不进行脱粒清选,而只是完成摘穗、(剥皮)、集箱和秸秆粉碎还田作业。国外该模式的机具以自走式为主,收获机动力较大,如前苏联产的 KCKY-6 型玉米收获机,动力 147kW,每次可收获 6 行玉米,生产率为 1.33~2hm^2/h。这种技术模式的形成主要与前苏联等国家的自然条件有关。尽管这些国家也是采用一年一熟的种植制度,但是玉米成熟后籽粒含水率较高(一般超过 30%),而且由于气温较低,在果穗上有苞皮的情况下,籽粒水分不易散失,如果选择直接脱粒工艺,则籽粒破碎率很高,收获损失令人难以接受。因此,玉米田间收获只进行摘穗、(剥皮)和收集,运输到场上待晾干后(籽粒含水率小于 20%)再进行脱粒和清选作业。

3. 玉米青贮收获模式

玉米是畜牧养殖业的优质饲料来源,不仅玉米籽粒可以作为畜禽饲料,而且玉米秸秆也是牛羊等大牲畜优质的青贮饲料。为此,育种研究者研究开发出了专门为大型的养殖场提供青贮饲料的玉米品种,这种玉米不待玉米成熟就进行收获作业,每年可生产数茬。玉米青贮收获工艺和装备自然也产生了。该模式是指玉米未完全成熟时,用玉米青贮机将玉米秸秆和玉米果穗一同粉碎后收集。国外多采用专用的自走式青贮机,其性能良好,许多青贮机上还设有有害异物(主要是金属物)的监测报警装置,但是机具的价格较高。

从国外玉米收获机械化技术模式来看,不同的自然条件和社会条件决定了玉米收获机械化的工艺路线和相应的技术装备,对于玉米产品(包括秸秆)的流向及其应用也对机收模式产生较大的影响。尽管收获工艺和装备存在较大的差异,但是它们也有共同之处,即收获机械均为高效率的大型自走式收获机。

1.3　国内外玉米收获机械发展概况

1.3.1　国外玉米收获机械化发展概况

1. 国外玉米收获机械化发展历程

1885 年美国研制成功场上作业的摘穗、剥皮、切茎机;1908 年美国研制了田间摘穗剥皮机;1921 年澳大利亚人艾伦设计了世界上第 1 台玉米联合收获机;20 世纪 50 年代苏联研制出带剥皮装置的赫尔松-6 型玉米收获机;20 世纪 60 年代美国研制出谷物联合收割机配置的玉米割台,直接收获玉米籽粒。从研制、推广使用,到 20 世纪 60 年代完成玉米收获机械化,一些西方经济发达国家用了 40 年时间。20 世纪中后期,欧美发达国家陆续实现了玉米收获机械化。目前,国外玉米收获机的研究与生产技术已经成熟,在美国、德国、乌克兰、俄罗斯等西方国家的玉米收获(包括籽粒和秸秆青贮)已基本实现了全部机械化作业。由于种植方式多为一年一季种植,收获时玉米籽粒的含水率低,大多数国家采用玉米摘穗并直接脱粒的收获方式。如美国的 John Deere(约翰迪尔)、CNH(凯斯纽荷兰)、AGCO(爱科),德国的 Mengle 公司、道依茨公司生产的玉米联合收获机,绝大部分是在小麦联合收获机上换装玉米割台,并通过调节脱粒滚筒的转速和脱粒间隙进行玉米的收获。

除此之外,收获种子玉米和鲜食用甜玉米时,为了保证外观完好、籽粒不受损,一般在玉米未到枯熟期,含水率较高时,就将玉米整穗摘下。

2. 国外玉米收获机械发展方向

(1) 向高效、大型、大功率、大割幅、大喂入量和高速发展。目前国外大型联合收割机的割台收获宽度普遍达到了 10m 以上,发动机功率达到 400kW 以上,小麦收获率最高可达到 500t/天。还有发动机功率达 410kW 的超大功率谷物联合收割机,该收割机的收割作业割幅宽度达到 10.5m,其谷物收获效率可达 50t/h。同时,国外谷物联合收割机的储粮箱容量最大可达 12m³,联合收割机的前进速度最高可达 30km/h,大大缩短了卸粮时间、提高了工作效率。以 John Deere 公司为例,大型谷物联合收割机配备的 1293 型玉米割台,一次可收获玉米达 12 行,割台总宽度达 8m 左右,联合收割机所配发动机的功率达 250kW 左右,生产效率高,适合大农场、大地块作业。

(2) 向专业玉米收获机方向发展。德国、法国、丹麦等欧洲国家,有专门生产小区育种玉米收获机、糯玉米收获机、种子玉米收获机等公司。例如用于田间育种的小区收获,是育种试验获得正确试验结果的重要环节,小区收获与大田收获不同,单个小区面积小,而且整个试验地内又包含很多的试验小区和试验品种,所以既要提高作业效率,又要防止品种收获带来的混杂。

(3) 高清洁度的主要工作部件的研究更为深入。对保持收获中低损失率,高清洁度的主要工作部件的研究更为深入。新型脱粒分离装置的研究,以提高生产率,减少籽粒损失为目标,是现代玉米联合收获机主要的发展趋势。在传统的纹杆切流滚筒及键式逐藁器的脱粒分离装置之后,双滚筒横置的轴流式结构广为应用,继而又研制了单滚筒或双滚筒纵置的轴流式脱粒分离结构,大大提高了脱粒效率。

(4) 向扩大机器的通用性和提高适应性发展。除发展多种专用割台(大豆、玉米、向日葵、水稻或掐穗型割台)外,同一台机器还可配不同割幅的割台以适应不同作物和不同单产的需要;改进机体结构(如收割台的仿型机构、清粮室的自动调平装置等),使其更好地适应不同作物和倾斜地面;行走装置配置多种宽度的轮胎、履带,以提高工作的适应能力。

(5) 广泛应用新材料和先进制造技术。新材料和先进制造技术的广泛应用,使产品性能更好,可靠性更高。如将玉米联合收获机机架、割台体加大壁厚或加强骨架,用大直径薄壁钢管作轴,纹杆进行表面硬化处理。在联合收割机易堵塞的部件上设置各种快速切离的安全装置,传动胶带采用新的结构和材料,切割装置都进行 8h 以上磨合试验和升温运转试验,重要工作部件装机前的磨合试验或试运转,整机检验项目达 100~700 项。严格的质量保证体系,使联合收割机的首次无故障时间,由原来的 50h 提高到 100h。

(6) 广泛应用机电一体化和自动化技术。广泛应用机电一体化和自动化技术,向舒适性、使用安全性、操作方便性方向发展,为改善驾驶员工作条件,普遍装有现代化的密闭驾驶室以隔热、隔噪声;转动部件转速、收割机切割高度、谷物损失量、粮箱填充量、排草堵塞等配有信息显示;自控装置包括自动对行、割茬高度自动调节、自动控制车速、自动停车等;安全生产的警报输出和互锁补偿系统有故障警报、信号报警或语音报警、启动耳锁、单柄操作互锁、运输与收获互锁等功能。

(7) 向智能化收获机发展。向智能化收获机发展,将全球卫星定位系统、地理信息系统和遥感系统集于一身的精准农业技术,在智能化玉米收获机上的应用是当今玉米收获机械最新、最重要的技术发展方向。

1.3.2　国内玉米收获机械化发展历程

1. 研究仿制阶段（1960～1980 年）

我国玉米收获机械的研制起始于 1960 年,先后持续了 6～7 年,期间主要是针对收获机部件在引进国外样机的基础上进行研学。当时主要是引进南斯拉夫及法国的牵引式玉米收获机,这些机器的摘穗部件都是摘穗辊结构。70 年代,中国农业机械化科学研究院对各种摘穗辊的直径、转速等结构参数及运动参数进行了大量的试验研究,在此基础上开发出了卧式摘穗辊、立式摘穗辊、剥皮部件和秸秆粉碎部件等。该阶段没有形成代表性的产品,主要是研究工作部件,为以后整机的研发奠定了基础。1967 年中国农业机械科学研究院研制了 YS-3 型牵引式玉米收获机,"文革"期间被迫中断。

1971 年全国农业机械化工作会以后,玉米收获机械化再次掀起高潮,以引进前苏联的技术为主,经历了引进、仿制、改进国外样机试验试制过程,1979 年中国农业机械科学研究院与黑龙江省农机所、赵光机械厂联合研制了 4YL-2 型立辊和 4YW-2 型卧辊牵引式双行玉米摘穗机。牵引式玉米联合收获机的开发成功及投入生产,填补了我国没有玉米收获机的空白。但由于牵引式机型作业机组太长,转弯半径大,而且收获前要开割道等缺点,没有得到大面积推广应用。

2. 引进消化吸收阶段（1980～2000 年）

1988 年中国农业机械科学研究院与北京、黑龙江两地合作引进前苏联 KCKY-6 6 行玉米联合收获机;1991～1992 年中国农业机械科学研究院与北京联合收割机厂共同研制了 4YZ-4 型自走式玉米联合收获机(国家计委"八五"重点项目),填补了我国无自走式机型的空白。该机在设计中采用了许多创新技术,其收获工艺为摘穗—剥皮—果穗装车—茎秆收集切碎—抛送至挂车或抛撒田间。

1996～1999 年中国农业机械科学研究院分别与新疆、四平和佳木斯联合收割机厂合作开发 3 种 4YZ-3 型自走式玉米收获机。该机收获工艺为摘穗—果穗装箱—秸秆粉碎还田,摘穗装置采用先进的拉茎辊结构,摘穗可靠,果穗及籽粒损失小,果穗箱采用液压翻转卸粮。20 世纪末期,河北省引进了乌克兰生产的 4 行和 6 行玉米联合收获(青贮)机,山东省引进了荷兰生产的玉米青贮收获机进行试验示范。

2000 年,原国家经贸委又投资立项开发 2、3、4 行自走式玉米联合收获机,这 3 种机器的收获工艺均为摘穗—果穗装箱—茎秆粉碎还田。由于 2 行自走式机型效率偏低、价格偏高,没有进行产业化生产;3、4 行机也由于价格昂贵,以及机器可靠性、收获工艺和使用条件等方面的制约,没有大批量生产。虽然这些机器没有投入规模生产,但为其他企业研发自走式机型提供了技术基础。

　　20世纪90年代中期,我国背负式玉米联合收获机的研发开始起步。背负式玉米联合收获机具有小巧灵活、价格低廉等特点,而且收获结束后不占用动力,提高了拖拉机的利用率。该类机型的收获工艺比较简单,一般为摘穗—果穗装箱—秸秆粉碎还田,摘穗部件有摘穗辊和摘穗板两种结构。

　　20世纪90年代以来,随着小麦收获机械化的实现,农民要求玉米机收的愿望逐渐显现出来,结合我国的实际,全国农机生产企业开始研究、开发各种形式的玉米收获机械。一些企业和科研院所也加大研发力度,先后研制开发出两行、三行玉米联合收获机,机型也由悬挂式向自走式发展,机具开发和示范都取得了一定的成果。但从总体上看,我国玉米收获机产品基本处于试验示范推广阶段,加之需求市场的不成熟及农村经济条件的制约等因素的影响,各种玉米收获机都是小批量试生产。玉米收获机械化水平和机具性能还远远落田后于其种植环节和小麦等作物的收获。

　　3. 示范推广阶段(2000~2006年)

　　从2000年开始,农业部组织农机生产企业、大专院校,科研和推广单位实施了一批国家科技攻关计划、跨越计划和创新项目。2000~2002年,山东省农机技术推广站与兖州玉丰机械公司通过承担农业科技跨越计划《悬挂式玉米联合收获机中试》项目,实现了玉米摘穗、还田、灭茬技术的集成熟化,填补了国内空白,现已在山东省5家企业进行生产。2005年,农业部决定首先在山东、河北两省布点进行玉米收获机械化示范,经过2年多的示范,山东、河北两省本着"边示范、边改进、边完善、边提高"的原则,机具的适应性和可靠性有了很大提高,先后研究制定了《玉米秸秆还田机械化作业技术规范》、《玉米机械化收获作业技术规范》等机械化作业技术规范,为在全国大规模推广应用提供了强有力的技术支持。达到了实施一个项目、定型一批机具、提炼一项技术规范、形成一个作业质量标准、总结一批经验、推动面上工作的目的。玉米联合收获机真正大批量生产是从2005年开始的,这时的产品技术已经比较成熟,如制造质量、可靠性、适应性、收净率和无故障作业时间等指标都有了大幅提升。

　　4. 加快推进阶段(2007年至今)

　　为了推广山东、河北的试点经验和做法,农业部于2007年8月31日在山东淄博召开了全国玉米收获机械化现场会,重点推广山东的经验。同期,还举办了玉米联合收获机全国首次跨区作业出征仪式。2008年,农业部农业机械化管理司在辽宁省沈阳市召开的2008年全国玉米生产机械化工作会议上提出加快推进全国玉米生产机械化,并启动全国10个玉米生产机械化示范点项目。这标志着全国玉米机械化收获进入了一个政府引导、多点示范、局部突破、加快推进的新阶段。

2010 年 8 月,为认真落实《国务院关于促进农业机械化和农机工业又好又快发展的意见》精神,农业部印发《关于加快推进玉米生产机械化的通知》,要求各地以提升玉米机收水平为重点,加快推进玉米生产全程机械化。

2011 年国家大力推进玉米机械化收获,农机补贴政策也予以倾斜支持,玉米收获机在 2011 年正式进入国家通用类农机补贴目录,从此进入国家农业机械主流产品系列型谱,享受到和拖拉机、谷物联合收获机等产品同等的待遇。2011 年 11 月 17 日,农业部制定发布了《玉米生产机械化技术指导意见》,指导意见重点针对制约玉米生产机械化发展的技术问题,突出农机农艺技术融合,对品种选择、种子处理、播前整地、播种、中耕施肥、植保、节水灌溉、收获等环节提出了具体的技术规范。要求各地在技术指导意见的基础上,结合本地实际,积极开展玉米生产机械化试验示范,大力推进玉米生产全程机械化。近年来,在国家购机补贴政策的强力拉动、各地农机部门的全力推动及农机企业的共同努力下,我国玉米收获机械市场持续升温、技术不断提升、产品日渐成熟,使玉米收获机行业实现了快速健康发展。从总体上说,现在玉米机械化收获已经到了全面推进阶段。

1.3.3　我国玉米收获机械化技术发展现状

玉米在耕整地、播种环节实现机械化后,机收水平依然偏低。2013 年,我国玉米机收水平虽然超过 49%,但远远低于水稻和小麦,玉米收获机械市场未来发展空间巨大。

1. 玉米联合收割机保有量及机收率

自 2004 年起,我国玉米联合收割机市场进入加速发展阶段。从保有量分析,呈现出绝对量大幅攀升的态势。统计显示,截至 2013 年,全国新增玉米收获机 5.1 万台,玉米收获机械保有量已达 28.4 万台。全国玉米机收作业面积达 2.6 亿亩,机收率为 49%。自 2000～2013 年,我国玉米机收水平呈现出稳中有升的发展态势,尤其 2004 年国家实行农机补贴之后,呈现出加速增长的势头,玉米收获机械保有量年均增长 42%,玉米机收水平已连续 5 年增幅超过 6 个百分点,如图 1-7 所示。

从产品结构看,因玉米种植农艺的多样性、农场规模化种植和个体种植的差异,导致自走式玉米机市场呈多样化需求的特点。企业为适应市场需求,开发出包括 2 行、小 3 行、大 3 行、小 4 行、大 4 行、大 5 行、小 5 行、小 7 行、小 9 行等多种机型,产品呈现"百花齐放"的特点,但许多产品具有过渡性特点,尤其是与"小"有关的产品,这类产品均因企业竞争需要而产生,其功能并没有独立性,随着市场的不断成熟,这类过渡性明显的产品将最终退出市场。

近年来,我国玉米收割机的需求结构正在发生急剧变化,2012 年成为市场

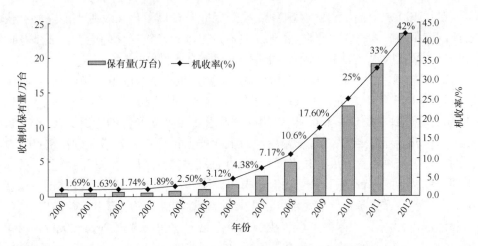

图 1-7　2000～2012 年玉米收获机保有量及玉米机收率

需求的拐点,当年销售各种型号自走式玉米收割机近 5 万台,同比增长 225%,自走式玉米收割机占据市场主流,占比高达 94.4%,进入自走式玉米收割机时代。

2. 我国玉米收获机技术发展现状与特点

目前,从事玉米联合收获机研究和制造的单位上百家,在割台形式、外观形状等多方面进行了有益的探索,但对摘穗、剥皮、集箱等主要工作部件基本上沿袭了中国农业机械化科学研究院仿制改进前苏联 KCKУ-6 的技术,在收获原理和技术性能上差别很小。

我国的玉米收获机在技术上还处在仅仅能够完成收获功能的阶段,机器的摘穗和剥皮损失、秸秆的多样化处理方式、作业效率、整机和零部件使用的可靠性,机器对各地农艺和不同品种的适应性,自动控制技术和智能化系统应用水平,以及对用户、机手的特殊要求响应水平等玉米收获机技术有待提高。

在新产品研制方面,已有拨禾星轮、螺旋分禾器、不对行玉米割台和液压驱动底盘等新部件相继研发成功,并逐渐投入使用。从技术发展趋势看,应逐步采用电子信息技术、液压技术和仿生技术,提高机器的适应能力和自动化程度,实现大规模普及推广应用。

我国玉米收获机械的主流机型(表 1-3)有以下几种类型。

表 1-3 我国玉米收获机械的主流机型

序号	机型	特点
	牵引式玉米收获机	2～3 行侧牵引、50～80 马力、人工开道、机组较长、转弯半径大
	小麦、玉米互换割台联合收获机	收获玉米果穗;机器利用率高;投资回收期短
	背负式玉米收获机	与拖拉机配套使用,利用率高;价格低投资回收期短
	谷物收割机配置专用玉米割台	收获玉米籽粒,一机多用、提高单机效率,适合直接收获玉米籽粒
	自走式玉米联合收获机	专门用于玉米收获;配备行走、动力、操纵控制等系统;结构紧凑、配置合理;操作灵活、作业效率高。
	穗茎兼收型玉米联合收获机	实现籽实与秸秆同时收获,满足秸秆的综合利用要求

1) 背负式玉米收获机的技术特点

背负式玉米联合收获机有 1～3 行机型,可分别与不同型号的拖拉机配套使用。1 行机型都是侧悬挂方式,可与 11~22kW 的小四轮拖拉机配套,摘穗部件采用摘穗辊结构,能适应不同行距的玉米,但收获时不能自行开道,而且效率较低,目前很少使用。2 行机配套动力多为 36.8kW 的拖拉机,摘穗部件有摘穗辊和摘穗板两种结构。3 行机配套动力一般为 44.1~58.8 kW 的拖拉机,摘穗部件基本为摘穗辊结构。

背负式机型受配套拖拉机动力的限制和前悬挂割台的约束,有其自身难以逾越的技术瓶颈。割台前置使驾驶员作业视线不清晰,前端质量过大影响拖拉机平衡,动力传动路线过长,机组稳定性差,不宜设计安装剥皮装置,很难提高收获质量和加快作业速度等。虽然也有后置割台、拖拉机倒开结构的机型出现,但对拖拉机的要求很高,其整套传动装置都要改进,不仅增加成本,而且还涉及拖拉机与玉米收获机参数的匹配问题。

一些企业在背负式玉米收获机上加装了剥皮装置,以满足用户的需求。剥皮机是自走式机型上比较复杂的机构,简单地照搬到背负式机型上的做法并不可取,一定要进行试验研究,并改进提高,而且要充分考虑背负式机型配套动力的承载能力和结构空间的限制。

摘穗部件无论是摘穗辊还是摘穗板,都存在一定缺点。摘穗辊结构破碎率和损失率较高,需不断改进;摘穗板结构断茎秆较多,要考虑排杂问题。

2) 自走式玉米收获机的技术特点

自走式机型的收获工艺为摘穗—剥皮—果穗装箱—秸秆粉碎还田。割台一般采用传统的对行形式,摘穗部件为摘穗板＋拉茎辊结构,底盘采用 5 挡变速箱(每挡可实现无级变速),前桥驱动,后桥转向,封闭式驾驶室,组合式仪表盘方向机,采用分置式液压系统,电气照明系统,电子监控系统等。主要收获工作部件采用链条刮板式升运器,铁辊胶辊组合式剥皮装置,翻转式卸粮果穗箱,甩刀式秸秆粉碎还田装置等。

自走机以对行收获为主,适合在大面积田地作业,作业质量基本上能够满足用户要求,目前存在的主要问题是使用可靠性低,剥皮效果在一些地区不理想,适应性有待进一步提高。由于机器复杂,生产环节多,配套体系杂,国产液压件、传动件等工作不可靠,产品零部件加工手段落后以及装配质量粗糙等原因,使整机的性能和可靠性都受到严重影响。另外,剥皮效果欠佳也是一大技术难题,如果要剥得干净,籽粒破碎率和断穗率就会增加;否则相反。目前的剥皮装置大部分还是高低辊式剥皮机构,少量采用平辊式剥皮机,具有排杂剥皮功能的、能同时适应早中后期收获用的剥皮机较为鲜见。有必要对玉米剥皮装置进行深入细致的研究,通过理论分析和台架试验,找出最佳的配置参数或新型的玉米剥皮原理。

3) 互换割台型小麦、玉米两用机的技术特点

大多数小麦、玉米两用机都是在新疆-2 型轮式小麦收割机的基础上配装玉米

割台、加装升运器和改进粮仓而成,但新疆-2型轮式小麦机在当初设计时并未考虑配置玉米割台,因此在动力、传动及整机布置上都使配置玉米收获装置受到了限制。如果配3行玉米割台,在中原地区400mm左右行距的玉米地中,不便直接下地作业,至少作业质量和速度不理想;而如果配4行玉米割台,收割机原配套动力又不足,更没有能力配置剥皮装置了。虽然大都配有秸秆还田机,但作业效果都不太理想,导致不少田块需要单独再处理秸秆。因此,这种机型只能是暂时的过渡机型。

4) 玉米籽粒直收机型技术特点

除了摘穗型玉米联合收获机外,近几年我国还研制了玉米籽粒直收机型。一种是石家庄天人农机装备技术有限公司研制的TR系列玉米籽粒专用割台,一种是中国一拖集团有限公司研制的自走式玉米籽粒联合收获机。

TR系列玉米割台于2004年研制成功,该产品首创的复合式摘穗技术具有世界领先水平,割台的每行都是一个单体,通过机架将若干个单体组合起来成为整个玉米割台。摘穗机构采用板式结构,茎秆切碎采用多刀复合式结构。该系列割台收获幅宽3~9行,与国内外谷物联合收获机配套可以实现玉米籽粒收获,其研发成功填补了国内无专用玉米籽粒割台的空白。

中国一拖集团推出的4LZ-2.5YA型玉米籽粒收获机,是国内第一台自走式玉米籽粒联合收获机,可以一次完成切割、输送、脱粒、集粮、自动卸粮和秸秆粉碎还田等作业。该机割台采用拨禾轮式结构,直接将玉米秸秆和玉米果穗收入脱粒装置,实现玉米籽粒收获;独特的脱粒滚筒和轴流滚筒结构,适合玉米的脱粒和分离;可换装小麦收割装置,实现玉米和小麦兼收。

玉米籽粒直收机型在欧美等发达国家应用较广泛,由于这些国家的种植方式多为一年一季,通常在玉米含水率较低时收获,直接脱粒。我国的玉米除东北和西北部分地区是单季种植外,在黄淮海产区是小麦和玉米两茬种植,收获时,玉米籽粒含水率较高,如果采用直接脱粒收获的工艺,籽粒破碎严重。因此,目前我国玉米的收获方式还主要以果穗收获为主。许多专家认为,随着收获习惯、种植农艺和玉米品种的改进,以及农村经济水平的不断提高,玉米收获机械化必然要求实现联合作业,籽粒收获将成为玉米收获的主要方式。

5) 不对行收获技术的发展

现有机型下地作业的前提仍是"最好能对行",对行收获的好处是在获得较高的生产率与较低的损失率的前提下,收获机的结构简单,造价低,可靠性好,故障率低,动力消耗小。在结构不变的情况下,不对行收获时,生产率降低,损失率提高。

不对行收获技术的关键是拨禾部件,其主要功能是将玉米秸秆拨向割台。我国的不对行收获技术主要采用以下3种形式的拨禾部件来实现。

一是传统的链条式拨禾机构。由于链条较软,拨禾范围小,很多企业把拨禾链向外延伸成"喇叭口"状,使拨禾范围变宽;还有企业采取增加拨禾轮、扶禾杆以及旋转导锥等部件的方式增加拨禾装置的拨禾范围。这些方式在一定程度上提高机器对玉米行距的适应性,但未能从根本上解决不对行收获问题。

二是圆盘式拨禾机构。该技术是国家 863 计划项目"不分行玉米收获技术和装备"的研究成果之一,其基本原理是改变传统的链式拨禾机构,改为圆盘式拨禾机构。圆盘上面有指状拨禾齿,圆盘转起来工作时,拨禾齿能将任意角度的玉米秸秆拨向收获机割台。

三是螺旋式拨禾机构。该机构是我国的自主创新技术,其原理是将分禾器设计成锥螺旋状,拨禾范围较宽,实现不对行收获。该机构能主动将玉米秸秆输送到摘穗装置。

6) 近年来技术创新取得的成就

2005 年,以中国农业机械化科学研究院牵头承担的国家 863 计划项目——不分行玉米收获技术和装备,主要是解决玉米不对行收获的问题。该项目 2007 年底通过国家鉴定,2008 年通过项目验收,形成了很多新的技术和专利。项目开发出自走式和背负式 2 种机型,可以实现纵向、横向和斜向收获。该技术采用的圆盘式拨禾机构,可以将玉米秆横向输送,又能纵向输送,加上辅助装置的配合,实现不对行收获。摘穗装置采用拉茎辊＋摘穗板结构,拨禾轮下面有一个秸秆粉碎刀,用于切碎秸秆。该项目的完成,是我国玉米不对行收获技术上的重大创新。

中国农业机械化科学研究院与某企业联合开发的新型不对行玉米收获机,打破了传统的设计理念,依照玉米收获机的要求制造,还可以更换装置收获小麦。该机配置了很多摘穗辊,通过密集的摘穗机构来完成不对行收获;分禾器为锥螺旋结构,能主动将玉米秸秆输送到摘穗装置;对倒伏和结穗较低的玉米适应能力较强。

"十一五"国家科技支撑计划重大项目"多功能农业装备与设施研制",其中的"多功能高效联合收获机械装备研究与开发"课题,涉及了"不分行玉米联合收获机"项目。主要研究内容是不分行玉米联合收割机工作原理、结构、性能参数及合理配置;开发植株有序导入与扶持无损伤摘穗技术与装置;开发无缠绕低损伤清杂技术,开发茎叶高效清杂装置;开发茎秆定向定量铺放技术与装置;研制不分行玉米割台。该课题研发出了 3 种不分行玉米联合收获机和 2 种不分行玉米割台。

1.3.4　我国玉米收获机械与国外的差距

我国玉米收获机生产率和可靠性较低,收获方式以摘取果穗为主,配套的机械加工手段不完善。我国玉米机械化收获与发达国家相比,仍然存在着较大差距。

1. 基础理论研究不足,阻碍了技术进步

20 世纪 60 年代,为提高整机性能,中国农业机械化科学研究院、黑龙江省农业机械研究所、吉林省农业机械研究所、吉林工业大学和辽宁省农业机械化研究所曾对工作部件进行过基础研究,取得过一些成果。而目前,我国的玉米收获机研究开发,大多数只是进行整机研制,众多机型在收获工艺和结构参数上大同小异、重复制造。玉米收获机开发在很大程度上还处于一种"能工巧匠"型技术改进状况,玉米收获机的研制基本还是"技术改进",科研单位与生产企业没能携起于来,形成技术研发互补,不愿意投入较大的力量从事基础研究。加上多数农机企业资金实力不足,急功近利思想严重,急于进行实用开发,往往采用的捷径就是照抄他人的产品,抢先进入市场,把很多应该由科研、开发单位进行的产品试验、中试等工作,不负责任地推给了玉米收获机的用户。我国玉米收获机产品作业效果长期不稳定,主要原因之一就是基础理论不明,产品不能定型。应该说,基础理论研究的不足,已经阻滞了玉米收获机关键技术的突破,影响了玉米收获机技术的进步,拖了玉米收获机发展的后腿,致使技术开发后劲不足。

2. 农机与农艺融合发展问题突出

现有玉米收获机械产品多为定制行距,对行距的适应性非常有限,一种行距或几种行距难以适应多种种植行距,玉米收获机械产品难以形成标准化、系列化,机械效能难以充分发挥,不利于普及和推广,并导致了产品的多样性,致使产品批量小、成熟度低,生产成本增加;由于各地玉米生物性状差别大,植株高度、结穗高度、果穗尺寸有较大差异,加之收获期的果穗成熟不一、秸秆利用的处理要求不同,机具难以同时满足各地区各类玉米品种作业要求,如机具会因玉米品种的差异,在摘穗、剥皮等方面的收获质量产生较大差异;多样化的农艺不仅导致了农机的适应性差,同时降低了机具的利用率和使用效率,在复种指数要求高的地区,难以满足农时的要求;而随着人口城市化的发展和农业劳动力的转移,农业生产的机械化要求越来越高,农艺的规范化和标准化发展相对滞后,已难以适应农业机械化的时代要求。因此,农机与农艺的融合发展是亟待解决的问题。

3. 玉米收获机械标准化问题突出

玉米收获机械有三个标准化的问题很突出。一是生产的标准化问题。现在各个玉米收获机械生产企业在设计和生产中考虑通用性不够,不同企业生产的玉米收获机械,工作部件和零备件的互换性很低,售后维修服务和零备件供应成本高,难度大,时间长。二是装配的标准化问题。不同的主机和不同生产企业的玉米收获机械由于缺乏一套装配标准,玉米收获机械在向拖拉机"背负"时,安装困难,甚至会对拖拉机某些连接件造成损坏,作业过程中存在安全隐患。这些标准化的问题不解决,会严重制约背负式玉米收获机械的专业化、标准化和规模化生产,应该引起高度的重视。要通过适当的方式搭建一个平台,将主要的玉米收获机械厂家、主机生产厂家以及有关标准化方面的专家组织起来,制定相应的行业技术标准,推动标准化问题的解决。三是玉米生产标准化、规模化问题,缺乏引导农民在一定区域范围内统一品种、播期、行距、行向、施肥和植保,进行玉米标准化生产、规模化种植的相关标准规范,制约了因地制宜的推进玉米机械化收获技术和适宜机型发展进程。

4. 玉米收获机械质量问题突出

2011 年是玉米收获机械快速发展的一年,同时玉米收获机投诉同比增长超四成,主要是对玉米收获机部分质量问题的投诉。市场销售的玉米收获机械存在的质量问题通常有以下几个方面:首先是安全性较差。大部分机型有些部位的外露旋转件无安全防护装置;有的危险部位无安全警告标志或安全标志制作不规范,起不到警示作用;多数机型均未安装粮箱安全检查用的梯子,给操作者和其他人员带来危险。其次是环保存在问题,多数机型噪声超标。然后是可靠性差,部分机型零部件质量和装配质量差,在生产作业中易出现故障。最后是果穗包叶剥皮功能差,果穗剥皮装置剥净率低,籽粒破碎率高,效果不好。究其原因,一是生产企业不掌握产品的相关标准,尤其是涉及人身安全的强制性国家标准,不按照国家强制性标准组织生产,生产的玉米收获机械存在安全隐患;二是有些生产企业缺乏技术人员,不掌握相关标准的技术要求,盲目生产,个别企业不具备生产能力,质量保证体系不健全,生产出的产品有些性能指标达不到标准要求;三是监督执法部门的作用没有发挥出来,监督力度不够,从而造成了玉米收获机无序、无标生产,安全问题突出。

5. 企业生产规模小,生产制造能力弱

在三大作物中,小麦和水稻植株性状相近、收获方式相似,而玉米恰好相反,玉米植株高大粗壮,植株中上部位结穗,且果实深藏于苞皮之中,收获方式复杂,难度很大,对机器的技术含量和精度要求更高。从事玉米收获机生产是对企业的设计能力、制造能力和管理水平的全面考验。基于对玉米收获机的良好预期,近三四年来,国内企业对玉米收获机蜂拥而上,目前,全国研发制造玉米收获机的企业多达100 多家。这些农机企业普遍规模小,资金投入少,研发能力不足,技术改造和更新缓慢。在制造方面,很多小企业没有专业化的生产线和生产工艺,其产品外观粗糙、人工涂装,机器老化速度快,产品售后技术服务跟不上。随着大企业实力不断的壮大和跨国公司在中国快速扩张,农机行业整合大幕已经开启,中小玉米机生产企业承受着两头的挤压,唯有产品获得突破,质量过硬才是其在激烈竞争中获得生存的根本。

6. 缺乏稳定的技术先进的专业研究人才队伍

农业机械行业普遍存在人才培养能力弱化,流失严重,创新队伍萎缩的状况。玉米收获机行业技术发展和升级换代的步伐缓慢,一方面是从事玉米收获机械应用基础和共性关键技术研究的高层次人才奇缺;另一方面是企业对产品开发投入的力量非常有限,在解决技术难点上没有专业团队、专人去攻关,开发出的收割机的可靠性仍然有待加强,这也是国外收获机械在我国价格高但仍有市场的重要原因。

1.3.5　我国实现玉米机械化收获的重要意义

1. 提高玉米收获机械化水平是广大农民的强烈愿望

2012 年,我国玉米产量超过稻谷,成为中国第一大粮食作物。据统计,2013 年中国玉米产量达到 2.11 亿 t,增幅为 5.9%,为连续第五年增产。我国玉米种植超过 1500 万亩以上的省(区)有 11 个,超过 3000 万亩的省有吉林、山东、河北、河南和黑龙江 5 个省。从农业产业结构调整、畜牧业以及农产品加工业发展的趋势看,今后玉米发展的势头仍然看好,面积可能还会逐步增加。目前全国玉米种植的机械化水平比较高,而机收水平在国家多项政策支持下达到 40% 以上。玉米人工收获和秸秆处理已经成为北方地区农民最繁重的体力劳动。一是劳动强度大,人工收获玉米劳动强度大,农民劳作很辛苦,亟盼改变生产条件。二是用工多,成本高。人工收获一亩玉米(摘穗带砍运秸秆)至少需要 5 个工日,一亩玉米的收获成本最少在 100 元以上。如果不雇工,而由在外务工的农民返乡收玉米,来往的路费和误工的损失加起来,成本更高。三是造成严重的污染。有不少地方农民为了省事,将玉米秸秆一把火烧掉,造成环境污染。目前,大量农村青壮年劳动力转向非农产业,农忙季节主要靠人畜力作业已难以满足抢种、抢收的要求,加快发展玉米收获机械化是广大农民的迫切要求,是利国利民的一件大事。

2. 玉米收获机械化是农业稳定发展的需要

我国两茬平作地区,收玉米、种冬小麦农时要求非常紧,农忙时常常出现劳动力短缺的现象。其他一年一熟地区虽然玉米收获期弹性较大,但由于玉米收获的季节性强、劳动强度高、作业量大,加快发展玉米收获作业机械化,对于提高作业效率,减轻劳动生产强度,有效解决"抢收抢种"矛盾,具有不可替代的作用。随着城市化进程的不断加快,农村劳动力正快速转移,人工收获玉米这种繁重的体力劳动,越来越难以让新生代农民所接受,在农村劳动力成本不断高涨的形势下,玉米收获机械化是发自市场深层的一种巨大需求,加快发展玉米收获机械化已是迫在眉睫。

3. 解决粮食自给、保证粮食安全是加快玉米收获机械化发展的动力源泉

我国粮食安全问题将贯穿国民经济发展的各个时期,当前,党中央、国务院对解决粮食安全问题愈加重视。从长远看,我国解决粮食安全问题不仅仅是口粮问题,关键是饲料粮,而玉米就是优质的饲料粮。因为随着人民生活水平的提高、饮食结构的变化,必将促进农业产业结构的进一步调整,加快畜牧业的发展,从而需要更多的优质玉米。作为需求增长最快、增产潜力最大的作物,玉米在未来中国粮食安全中扮演着极为关键的角色。玉米种植面积不断提高是玉米收获机械化发展的客观需要。

玉米机械化收获是我国三大粮食作物中起步较早而实现最慢的机械收获作业。2013 年国内玉米机械化收获率 49%,与小麦 90% 以上、水稻近 70% 的机收率差距仍然很大,玉米机械化收获仍是制约我国玉米全程机械化作业的薄弱环节。玉米人工收获劳动强度大,进度慢,秸秆处理难度大,在农业劳动力数量和质量都处于低谷的时期,机械化收获有利于降低劳动强度、降低生产成本和扩大种植规模。提高玉米生产的机械化水平、扩大玉米种植规模、降低生产成本,从根本上增强中国玉米的供给能力和产业竞争力,是支持我国玉米生产持续稳定发展和保障粮食安全的重要措施。

4. 发展玉米收获机械化经济效益、社会效益和生态效益显著

采用机械收获玉米可提高作业效率 80～100 倍,亩降低生产成本 30～40 元。玉米收获机械不仅可以摘取果穗,还可以将玉米秸秆粉碎还田,从而减少了秸秆焚烧造成环境污染,起到增加土壤有机质含量、培肥地力的作用,促进农业可持续发展。随着玉米收获机械化水平的提高,可以解决主要农作物生产过程中难点问题,对提高农业机械化整体水平有着重要的作用。这一问题的解决,将促进土地合理流转,有利于农业规模经营的形成和发展,促进农业增效、农民增收。另外,还可以利用我国玉米种植范围广的有利条件,组织农民机手进行跨区作业,提高机械作业收入,形成更为广阔的跨区机收市场。

1.4 我国玉米收获机械的发展趋势

1.4.1 现有机型技术发展趋势

(1) 四行机,以科技抢先机。作为玉米收获机中的高端产品,四行机的发展趋势在于不断提高其科技含量和技术水平,完善已有的青贮回收、单垄放铺技术的同时,进一步开发整株秸秆平铺等技术,提高秸秆收获能力,并通过机电一体化和自动化技术的应用,提高玉米机的智能化程度,在不断提高作业效率的同时,减轻驾

驶员的劳动强度。

(2) 三行机,以效率占市场。三行机作为中原和西北玉米机市场的主销产品,销量是所有玉米机产品中最大的。三行机的作业时间短,跨区作业量小。三行机的发展首先要提高其效率与性价比,其次是提高作业性能和作业质量,尤其是提高苞叶剥净率显得至关重要,最后,要进一步提高剥净率,降低玉米的损失率和含杂率。三行机收获作业过程中玉米含水率高,剥皮困难,但农民对剥皮指标又有越来越高的要求。另外,为适应中西部地区的地形特点,要进一步缩短车身,减小重量,增加灵活性,提高产品在短地块、山坡地的通过能力,并突破不对行作业这一行业难题。

(3) 二行机,以质量求提升。现阶段来看,目前我国二行机的制造还是以小企业居多,普遍缺乏必要的工艺工装设备和质量保障体系,整机制造质量极不稳定,零部件可靠性差,售后服务能力更无法与大型企业相比。生产企业为盲目追求轻便、短小,结构紧凑,二行机通常不配置密封良好的驾驶室,尘土多、噪声超标,并极大牺牲了驾驶空间,机手的操作间极其狭窄,舒适度很低,所以二行机结构优化的必要性不言而喻。而且,由于二行机生产厂家多、机型杂,且单体产量都不大,选配的发动机、变速箱等是花样繁多,种类分散,零部件的通用性极差,这给农民的使用、特别是维修服务带来不便,所以提升二行机部件的标准化和通用性迫在眉睫。

当前玉米收获机已经经历了牵引式、背负式、兼用型,现在国内玉米专用机发展已经初具规模。从作业效果上看,玉米专用收获机性能稳定、收获效率高、夹带及损失率低、速度快,不但得到了机手的喜爱,并且也得到用户的青睐,在农忙收获季节,种植户更喜欢叫专用机为其作业。在用户购买能力得到保障的前提下,玉米专用机必将最终取代背负式、兼收机而成为市场的主流产品,从而玉米机械化收获将进入专业化收获时代。

1.4.2　玉米收获机技术突破方向

1. 不对行收获技术

即采取主动喂入方式,解决种植行距杂乱的玉米植株喂入问题。一是把拨禾链沿扶禾器向前侧方延伸,在两扶禾器间形成 V 形喂入口,玉米植株进入两扶禾器尖中间后,茎秆首先与拨禾链接触,在拨禾链的拨齿的强制作用下向后运动,完成不对行喂入;二是采用喂入拨禾链加拨禾轮组合式喂入机构。这种结构有利于较宽行距玉米的收获,拨禾链向内侧、后方拨送,拨禾轮扶持茎秆并向后方拨送,防止向前推倒茎秆,实现不对行收获;三是带螺旋叶片的导入锥式喂入机构。这种喂入方式较适应窄行距玉米的收获,可使效率提高 30%,机具适应性也大大增强。

2. 降低功耗收获技术

该技术对摘穗装置加以改进,采用四棱刀式拉茎辊和大圆弧摘穗板组合式摘穗机构,取代了原来的摘穗辊或六棱式拉茎辊。同时,对秸秆切碎装置也进行了改进,通过改变动刀形状,增加定刀数量,调整切碎刀轴转速等,可在一定程度上降低玉米收获机动力消耗。

3. 降低含杂率技术

拉茎辊与摘穗板组合式摘穗机构收获后,果穗含杂率较高。为此,对大圆弧折弯式摘穗板、弹性拨禾齿、四棱刀式拉茎辊、弹性拉茎辊等进行相应改进,可以有效降低玉米果穗含杂率。

4. 降低破碎率技术

摘穗辊式摘穗机构虽然果穗含杂率较低,但收获损失较大,籽粒破碎率偏高。为此,可以采取加大摘穗辊直径、降低摘穗辊转速、减少摘穗爪棱高、提高摘穗辊表面光洁度、摘穗辊表面喷塑等措施,有效降低玉米籽粒破碎率。

5. 机电一体化技术

在割台、卸粮装置设计上采用液压技术,提高机具稳定性和可靠性;在割台上安装报警装置,遇到障碍时自动发出信号;在驾驶室安装计亩装置,作业量通过仪表一目了然。

1.4.3 玉米收获技术装备发展方向

1. 突破技术瓶颈,满足产品升级需要

突破果穗剥皮前期处理断茎秆能力差,后期啃穗多问题;突破茎秆调质铺放技术,大力发展玉米茎秆作为生物质发电原料的收贮技术装备;攻克玉米收获机用静液压驱动底盘技术,提高机器的作业效率和可靠性;实现不分行收获,实现跨区作业,延长机器的作业时间;实现多功能联合收获技术,提高单机利用率。在技术层面上必须解决玉米收获机械的可靠性、适应性、作业效率、损失率及安全性等问题。

2. 增强装备保障能力,有效支撑产业发展

提高玉米收获机械生产制造技术和水平,提高机器可靠性和经济性。广泛应用新材料和先进制造技术,使产品性能更好,可靠性更高;广泛应用机电一体化和自动化技术,包括自动对行、割茬高度自动调节、自动控制车速、自动停车等,提高操作控制水平和作业性能;生产模式要努力向节能减排、绿色制造转变,向控制智能化、使用舒适性、操作方便性方向发展。

3. 细分市场,适时收获,大力推进玉米机械化收获进程

针对各地区玉米品种、种植模式,因地制宜的开发适合本地区的玉米联合收获机,细分市场,适时收获。

(1)专用型玉米果穗收获机。东北玉米主产区种植模式、玉米品种相对统一,发展对行专用型玉米果穗收获机,同时研制适应当地需求的剥皮装置与秸秆处理装置。

(2)不分行玉米联合收获机。黄淮海流域一年两作,种植模式复杂,重点突破不分行收获技术,发展不分行玉米联合收获机,提高机械利用率并实现跨区作业。

(3)谷物联合收割机配玉米割台直接收获玉米籽粒。新疆、陕西、山西、内蒙古西部、东北北部等一年一作区,重点突破柔性脱粒技术,直接收获玉米籽粒。割台损失小,避免剥皮损失,实现一机多用,提高单机利用率。

(4)穗茎兼收型玉米联合收获机。内蒙古及西北牧区需要玉米秸秆作饲料,山东、河北、河南等地要求秸秆还田或穗茎兼收。近期,随着生物质能产业的发展,玉米秸秆已成为其主要原料。因而,收获玉米果穗的同时收获玉米秸秆,实现玉米植株全价值利用已成为必然趋势。

第 2 章　玉米果穗收获

2.1　果穗收获工艺

玉米果穗收获机主要由收获台、升运器、剥皮装置、果穗箱以及秸秆粉碎还田装置(或切碎回收装置)等组成。如图 2-1 所示,玉米收获台将果穗摘下并输送至升运器,果穗经升运器输送至剥皮装置,果穗剥皮后进入果穗箱,玉米秸秆则被粉碎还田(或切碎回收)。

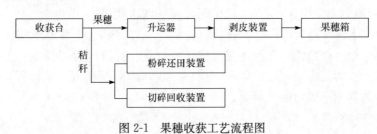

图 2-1　果穗收获工艺流程图

2.2　果穗收获台

果穗收获台是玉米果穗收获机的核心工作部件,主要由分禾装置、茎秆喂入装置、摘穗装置、果穗输送装置等部分组成,如图 2-2 所示。作业时,玉米植株首先在分禾装置的作用下滑向摘穗口,茎秆喂入装置将玉米植株输送至摘穗装置,果穗输送装置将摘下的玉米果穗输送至果穗升运器。

2.2.1　分禾装置

玉米收获机进行收获作业时,为了将玉米植株导向摘穗装置,扶起倒伏的玉米,摘穗台前端都设计有分禾装置。分禾装置由分禾器尖与分禾器体两部分铰接而成,如图 2-3 所示。分禾器尖可相对地面浮动,以适应地面的起伏。在能保证正常作业的条件下,应尽可能地贴近地面,将倒伏的茎秆挑起,导入拨禾输送装置,减少果穗漏摘。其支架上的可调节支承限制了分禾器的最低位置。

作业时,分禾器尖将玉米植株进行细分,玉米植株沿分禾器体下边缘向两分禾器中部滑移,拨禾输送装置将玉米植株喂入摘穗装置,分禾器设计应保证玉米植株向后滑移的过程中,不被推倒或折断。

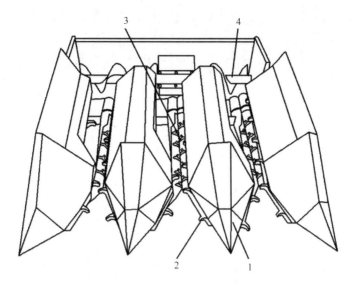

图 2-2　玉米果穗收获台结构图

1. 分禾装置；2. 茎秆喂入装置；3. 摘穗装置；4. 果穗输送装置

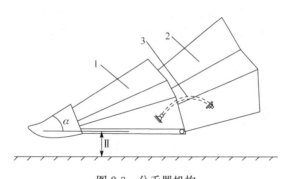

图 2-3　分禾器机构

1. 分禾器尖；2. 分禾器体；3. 调节支承

分禾装置有多棱形和圆锥形两种，分禾器的高度和分禾器的倾角决定分禾器作业效果。分禾器的高度应能调节，并可相对地面浮动。从理论上讲，分禾器尖的高度越低越好。但过低时，分禾器尖容易插入土中，其调节值一般为 30～150mm。倾角随分禾器尖的高度变化而变化，高度增大，倾角变小；反之，倾角增大。当倾角过大时，分禾器不但起不到分禾、扶禾的作用，反而容易推倒植株。

1. 多棱形分禾器

1) 整体式分禾器

如图 2-4 所示，分禾器体与拨禾输送链护罩联成一整体，固定在机架上，没有角度调节装置,只能靠收获台的升降来改变分禾器与水平面的角度。分禾器尖可以上下浮动,固定在两分禾器之间的扶禾杆即有分禾又有扶禾的功能。

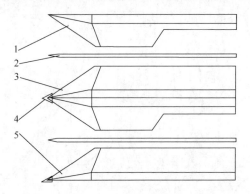

图 2-4　多棱形分禾器
1. 右侧分禾器体;2. 扶禾杆;3. 中间分禾器体;4. 分禾器尖;5. 左侧分禾器体

2) 可调式分禾器

如图 2-5 所示,为了提高分禾器的适应性,增加了角度调节装置,分禾器体与分禾器尖焊接为一体,导入长度较长,分禾效果好。作业时,通过角度调节装置和收获台升降油缸来调节分禾器与水平面的夹角。在分禾器尖的下方设计了防护装置,防止在收获矮秆玉米时,分禾器尖插入地面。

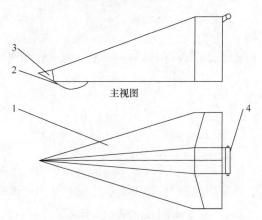

主视图

图 2-5　多棱形分禾器(可调)
1. 分禾器体;2. 地面仿形装置;3. 分禾器尖;4. 调节机构

2. 圆锥形分禾器

如图 2-6 所示,分禾器通过支轴和拉杆调节装置,安装在分禾器挂架上,调整拉杆调节装置可调节分禾器平面(两作用边缘构成的平面)与地面的夹角,调节范

围为 $-5°\sim15°$(分禾器尖离地高度不同,调节范围不同)。分禾器作业时,收获台的升降会影响分禾器平面与地面的夹角,同时,还应保证玉米结穗高度始终高于分禾器作用边缘。

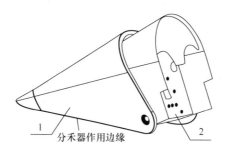

图 2-6　圆锥形分禾器
1. 分禾器; 2. 挂架

当玉米植株沿分禾器尖端 A 点运动到分禾器最大宽度 B 处,植株倾斜角度最大,此时刚好达到玉米植株的推倒与折断临界角 α,如图 2-7 所示。

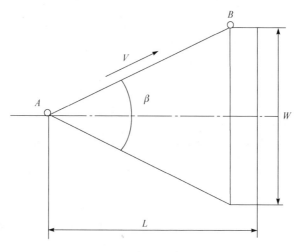

图 2-7　分禾器俯视图

忽略玉米茎秆的弹性变形,在 B 点处,植株与分禾器的几何关系如图 2-8 所示。其中,XY、XZ 为分禾器的两作用边缘,XYZ 为分禾器平面,YZ 平行于地面,P 为 YZ 的中点,X'、Y'、$X'Z'$ 为分禾器两作用边缘在地面的投影,W 为分禾器宽度,L 为分禾器长度,H 为分禾器尖离地高度,β 为分禾器平面 XYZ 与地面的夹角(分禾器末端高于分禾器尖时 β 为正,反之为负),S 为分禾过程中玉米植株产生的倾斜量 OX' 上的投影长度,H 穗为玉米结穗高度,α 为玉米植株与地面的夹角。

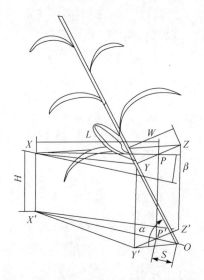

图 2-8　玉米植株与分禾器的几何关系图

由图 2-8 可知

$$\alpha = \arctan \frac{H + L \times \sin\beta}{\sqrt{(W/2)^2 + S^2}} \tag{2-1}$$

$$H_穗 > OY = \frac{H + L \times \sin\beta}{\sin\alpha} \tag{2-2}$$

从式(2-1)、式(2-2)中可以看出,只要分禾器的结构尺寸 L、W 设计合理,通过调整收获台作业高度、分禾器平面与地面的夹角,就能保证玉米植株不被推倒或折断。

3. 分禾器锥角

在玉米收获过程中,分禾器的锥度对分禾质量有较大的影响,如果锥度设计不合理,容易将玉米植株推倒,影响收获质量。

当分禾器沿速度 V 方向运动时,即玉米植株相对分禾器边缘反方向滑动,如图 2-9 所示。为了找到分禾器的锥角 β 与玉米植株被推倒的关系,先从两个极限位置分析,即 $\beta = 0°$ 和 $\beta = 180°$。当 $\beta = 0°$ 时,不论速度 V 的大小如何,都不会将玉米植株推倒;当 $\beta = 180°$ 时,不论速度 V 的大小如何都会将玉米植株推倒,因此,在 $0° \leqslant \beta \leqslant 180°$ 内 β 存在一临界角度 β_0,当 $\beta < \beta_0$ 时,玉米植株将不会被推倒。

当 $\beta = \beta_0$ 时,在分禾器沿接触玉米植株的瞬间将发生相对运动,因此可以把植株与分禾器的相互作用关系转换成静力学的模型进行研究。以玉米植株为研究对象,忽略速度 V 对玉米植株的影响,假设沿速度 V 的反方向存在对玉米植株的作

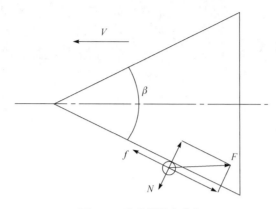

图 2-9　分禾器锥度分析

用力 F,要使玉米植株不被推倒,则玉米植株的受力关系应满足以下关系式:

$$F\sin \frac{\beta}{2}=N \tag{2-3}$$

$$F\cos \frac{\beta}{2}\geqslant f \tag{2-4}$$

$$f=f_s N \tag{2-5}$$

式中:F——玉米植株的作用力;

　　　β——分禾器的锥角;

　　　N——分禾器对玉米植株的弹力;

　　　f——分禾器对玉米植株的最大静摩擦力;

　　　f_s——分禾器与玉米植株的摩擦系数。

由上面三个公式得出:

$$f_s\leqslant \cot \frac{\beta}{2} \tag{2-6}$$

如果分禾器将玉米植株推倒,即玉米植株发生自锁现象,这时不管玉米植株在分禾器的什么位置都将被推倒,因此分禾器的锥度设计应小于玉米植株与分禾器的摩擦角。根据玉米植株与钢材料的摩擦系数范围为 0.2～0.6,得出 $30°\leqslant \beta\leqslant 60°$。

所以要使玉米植株在分禾器的任意位置都不会被推倒,应设计分禾器的锥角小于 30°。

2.2.2　拨禾输送装置

1. 链式拨禾输送装置

如图 2-10 所示,拨禾喂入链式输送装置是由标准的套筒滚子链和安装在链板上的拨指组成。作业时,拨禾链将玉米植株喂入摘穗机构,并将摘下的果穗向后输送至螺旋输送器。拨禾喂入链采用节距为 38.10mm 的链条,拨指的间距应稍大于果穗的平均长度,一般取 300～345mm,两组拨指错位排列,便于秸秆或果穗的输送。拨指间距太密,果穗容易滑落,太疏则会减弱输送能力,降低输送均匀度。拨指高度一般在 50mm 左右,形状如图 2-10 所示。

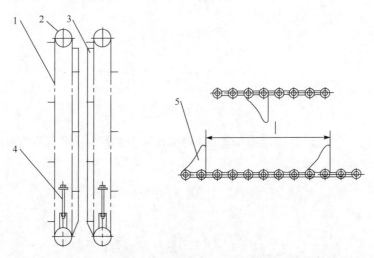

图 2-10　无强制喂入的拨禾输送器

1. 拨禾链;2. 主动链轮;3. 摘穗板;4. 张紧机构;5. 拨指

国外玉米种植行距一致,因而收获台多采用拨禾链式输送器、拉茎辊摘穗板组合式摘穗机构进行摘穗作业。为防止摘下的玉米果穗向下滑落,通常在摘穗板入口的上方设计有挡板装置,减少丢穗现象。

2. 切割夹持输送装置

国内一些收获台变被动喂入为主动喂入,其技术特点是在分禾器与玉米植株接触之初就由强制喂入链控制植株的运动,以防止将其向前进方向推动,同时,主动喂入使分禾器纵向长度缩短。还可以在主动喂入的基础上加置了扶禾杆,防止玉米秆侧倒,增强喂入能力。如图 2-11 所示,拨禾输送器主要有强制喂入链、切割器、张紧轮、夹持输送链、摘穗辊等组成,这种结构主要配合立辊式摘穗装置使用。

机器在作业时,玉米植株由分禾器分禾、扶禾后,摘穗辊带动切割器和强制喂入链转动,将植株拨向夹持输送链,在夹持的同时,切割器把玉米植株切断,被切断的植株在夹持输送链的作用下向后输送,进入摘穗辊。喂入链上的张紧轮用来调节喂入链的张紧程度,强制喂入链上的张紧轮即可起张紧又可调节喂入喇叭口开度的作用。

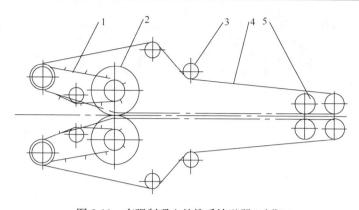

图 2-11　有强制喂入的拨禾输送器(对称)

1. 强制喂入链；2. 切割器；3. 张紧轮；4. 夹持输送链；5. 摘穗辊

3. 拨禾喂入链速度

强制喂入链位于分禾器的下方,配合分禾器进行玉米植株的强制喂入。强制喂入链的线速度对植株夹持输送影响较大,速度过大会使植株不成行夹持喂入,造成夹持输送过程中断茎、堵塞现象；速度过小则起不到强制喂入的作用。理论上,喂入链的水平分速度与机器的前进速度相等,即 $v_{ax}=v_m$,但在实际工作过程中,影响喂入链速度的因素还有喂入链的前倾角 β、

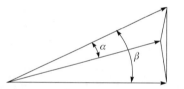

图 2-12　强制输送链速度分析

张角 α 等,应使强制喂入链的水平分速度略大于机组前进速度,如图 2-12 所示,即

$$v_{ax}=v_a\cos\alpha\cos\beta>v_m \tag{2-7}$$

夹持输送链的速度,必须保证将切割的植株及时并可靠地输送到摘穗辊,并且被输送的植株应均匀,使摘穗辊负荷均匀,如图 2-13 所示。

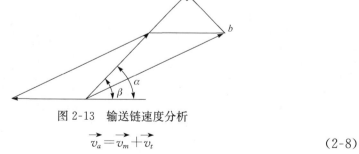

图 2-13　输送链速度分析

$$\vec{v_a}=\vec{v_m}+\vec{v_t} \tag{2-8}$$

式中：v_m——机器前进速度；

v_t——夹持输送链速度；

v_a——秸秆实际移动速度。

$$v_a = \sqrt{v_m^2 + v_t^2 - 2v_m v_t \cos\alpha} \tag{2-9}$$

$$ab = v_t \sin(\beta - \alpha) = v_m \sin\beta \tag{2-10}$$

$$\frac{v_t}{v_m} = \frac{\sin\beta}{\sin(\beta - \alpha)} = K \tag{2-11}$$

当 $K > 1$ 且角 $\beta < \pi/2$ 时,绝对速度 v_a 的方向指向输送链并和水平线成 β 角。当 $K < 1$ 且角 $\beta > \pi/2$ 时,绝对速度 v_a 和茎秆将向前倾斜一定角度,影响输送效果。因此要使 $K > 1$,β 角的大小应保持在 $10° \sim 20°$ 范围内。

针对卧辊式摘穗装置,国内大部分收获台采用了有强制喂入的非对称拨禾输送链,如图 2-14 所示。拨禾输送器主要由强制喂入链、主动拨禾链、输送链、张紧装置、主动链轮、从动链轮等组成。喂入链的喇叭口开度可通过张紧轮调节,尽可能使拨指成错位排列。

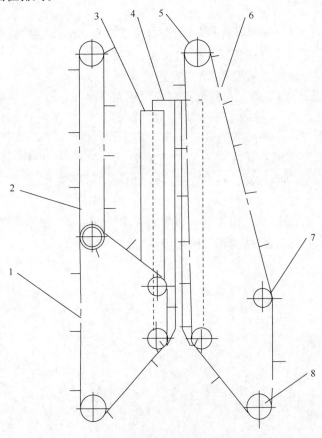

图 2-14　有强制喂入的拨禾输送链(非对称)

1. 强制喂入链;2. 主动拨禾链;3. 护板;4. 摘穗辊;5. 主动链轮;6. 输送链;7. 张紧轮;8. 从动链轮

这种拨禾输送器,下方采用了强制喂入链,增强了玉米植株的喂入能力,同时增大了作业要求的玉米行距范围,输送链上段较宽,有助于果穗的向后输送。输送链的速度可按对称结构的计算。

2.2.3　摘穗装置

摘穗装置是果穗收获台的核心,根据其配置方式不同,可分为辊式摘穗装置和拉茎辊与摘穗板组合式摘穗装置。

1. 辊式摘穗装置

辊式摘穗根据摘穗辊的安装方式可分为纵卧辊摘穗、立辊摘穗和横卧辊摘穗三种摘穗装置。纵卧穗辊摘穗装置多用在站秆摘穗的机型上,立辊式摘穗机构和横卧辊式摘穗装置多用在割秆摘穗的机型上。

1) 纵卧辊式摘穗装置

(1) 构造与工作原理。

如图 2-15 所示,纵卧辊式摘穗装置主要由一对相向旋转的摘穗辊、传动箱和摘穗间隙调整装置组成。摘穗辊轴线与水平成 35°～40°的倾角,两轴的轴线平行并具有高度差(35mm),外辊高、内辊低,这样可以使摘下的果穗能快速脱离摘穗辊,避免了摘穗辊多次碰撞而产生掉粒、断穗现象。两辊长度不等,一般靠近机器外侧的摘辊较长,靠近机器内侧的摘辊较短,长短差 300mm 左右。工作时,茎秆在两辊和两辊凸棱之间沿轴向移动时被向下拉伸,由于茎秆的抗拉力较大,而果穗与穗柄的连接力及穗柄与茎秆的连接力较小,因此果穗在两摘辊碾拉下被摘落。果穗一般在它与穗柄的连接处被揪断,并剥掉大部分苞叶。纵卧式摘辊装置的主要特点是:在摘穗时茎秆的压缩程度较小,因而功率耗用较小,对茎秆不同状态的适应性较强,工作较可靠;摘穗时能剥去部分苞叶。

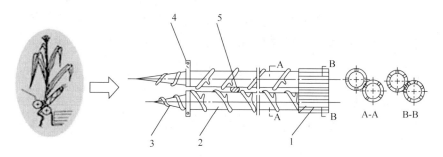

图 2-15　纵卧辊式摘穗机构
1. 强拉段；2. 摘穗段；3. 导锥；4. 可调轴承；5. 茎秆

图 2-16 所示为纵卧辊式摘穗台,主要由分禾器、扶禾器、拨禾输送器、纵卧式

摘穗辊、螺旋输送器、动力传动装置、机架及护罩组成。作业时,玉米茎秆首先经分禾器、喂入链沿摘穗辊轴线方向喂入纵卧式摘穗辊。随着机器的前进和摘穗辊的相对转动,在导入锥的作用下茎秆被摘穗辊抓取并向下拉引,果穗大端到达摘穗辊表面时,果穗被摘穗爪抓住,摘穗辊将穗柄与果穗从结合部揪断,将果穗摘下。摘下的果穗在拨禾输送链的带动下落入螺旋输送器,向中间聚拢后进入升运器,完成摘穗作业。

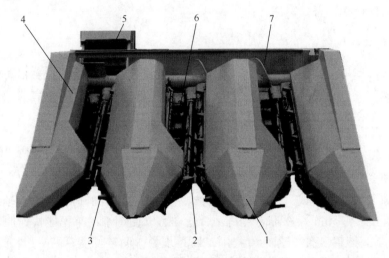

图 2-16　纵卧式摘穗辊收获台结构图

1. 分禾器;2. 纵卧式摘穗辊;3. 拨禾喂入装置;4. 护罩;5. 升运器;

6. 果穗输送装置;7. 螺旋输送器

纵卧式摘穗辊收获台的特点是:多用在站秆摘穗的机型上,没有茎秆夹持输送机构,玉米植株在拨禾输送装置的作用下喂入两相向旋转的摘穗辊之间,结构简单,可靠性高,堵塞现象少。对茎秆不同状态的适应性较强。而且摘落的果穗在摘辊上面移动距离长,和摘辊接触时间也长,果穗大端受到摘辊的挤压和冲击力较大,因此,容易造成籽粒损伤和落粒现象而造成收获损失,加大了整机的玉米收获损失率。

（2）摘穗辊材料与表面结构。

摘穗辊的材料与表面结构设计时要求摩擦系数大、抓取能力强、表面耐磨性好,但又不能啃伤玉米果穗,增加掉粒损失,摘穗辊的材料一般采用铸钢或灰铸铁 HT200。

如图 2-17 所示,卧式摘穗辊由前、中、后三段组成:前段为带螺纹的导入锥体,主要起引导茎秆和有利于茎秆进入摘穗辊间隙的作用;中段为带有螺纹凸棱的圆柱体,起摘穗作用(长度为 500～700mm),凸棱高度一般为 6～10mm,螺距为 155～170mm,并在螺纹相隔 900 处设有摘穗钩,便于揪断穗柄;后段为强拉段,表面上

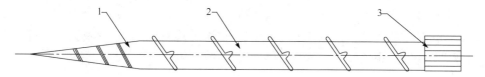

图 2-17　卧式摘穗辊
1. 导锥段；2. 摘穗段；3. 强拉段

具有较高大的凸棱和沟槽（长约 120～320mm），其主要作用是将茎秆的末梢部分和在摘穗中已拉断的茎秆强制从缝隙中拉出和咬断，以防堵塞。

（3）摘穗辊直径。

摘穗辊直径 D 应根据能抓取茎秆而不抓取果穗这两个条件确定。

能抓取茎秆的条件分析：

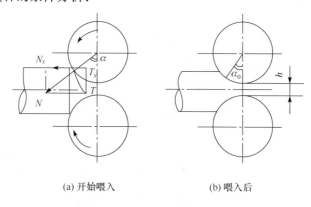

(a) 开始喂入　　　　　(b) 喂入后

图 2-18　摘辊抓取茎秆的条件

如图 2-18 所示，设两摘穗辊为圆柱形断面，当茎秆在喂入机构的作用下与摘穗辊接触时，摘穗辊对茎秆端部便产生反作用力 N 和抓取力 T，摘穗辊能抓取茎秆的条件是

$$T_x > N_x \tag{2-12}$$

即

$$T\cos\alpha > N\sin\alpha$$

而

$$T = N\mu_j$$

式中：μ_j——摘穗辊对茎秆的抓取系数；

α——对茎秆的起始抓取角。

代入上式得

$$N\mu_j\cos\alpha > N\sin\alpha \tag{2-13}$$

简化得 $\mu_j > \tan\alpha$，即摘穗辊对茎秆的起始抓取角 α 的正切值应小于抓取系数 μ_j。

抓取角 α 在茎秆进入摘穗辊间隙后则变小,为摘穗辊对茎秆挤压的合力方向角 α_0,而 $\alpha_0<\alpha$,抓取能力增强。轴向喂入式摘穗辊(纵卧式摘穗辊),则具有此有利条件。当其前方螺旋锥体将茎秆引入摘穗辊间隙后,摘穗辊的抓取能力已增强,因而工作较可靠。

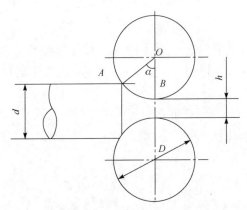

图 2-19　D、h 及 α 的关系

从满足抓取茎秆条件中,可看出下列尺寸关系,如图 2-19 所示。

$$\cos\alpha=\frac{OB}{OA}=\frac{\dfrac{D}{2}-\dfrac{d-h}{2}}{\dfrac{D}{2}} \tag{2-14}$$

简化得

$$\cos\alpha=1-\frac{d-h}{D} \tag{2-15}$$

式中:D——摘穗辊直径;

　　d——茎秆直径;

　　h——摘穗辊间隙;

　　α——摘穗辊茎秆的起始抓取角。

由上式可看出:当摘穗辊直径 D 与间隙 h 增大时,茎秆的起始抓取角 α 变小,对茎秆抓取有利;反之,则对抓取茎秆不利。

摘穗辊直径可从以下推导中得出

$$\cos\alpha=\frac{1}{\sqrt{1+\tan^2\alpha}}$$

$$\frac{1}{\sqrt{1+\tan^2\alpha}}=1-\frac{d-h}{D} \tag{2-16}$$

即

$$D = \frac{d-h}{1-\dfrac{1}{\sqrt{1+\tan^2\alpha}}} \tag{2-17}$$

又因为 $\tan\alpha < \mu_j$，则得

$$D \geqslant \frac{d-h}{1-\dfrac{1}{\sqrt{1+u_j^2}}} \tag{2-18}$$

不抓取果穗条件分析：

　　当茎秆被向后拉引，果穗与摘穗辊接触时，摘穗辊对果穗端部便产生反作用力 N_g 和抓取力 T_g，如图 2-20 所示。为了使果穗不被抓取，必须满足下述条件：

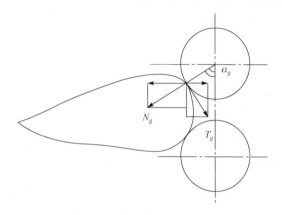

图 2-20　挤落果穗条件分析

即

$$N_g \sin\alpha_g > t_g \cos\alpha_g \tag{2-19}$$

式中：$T_g = N_g\mu_g$；

　　μ_g——摘穗辊对果穗的抓取系数。

　　代入上式得

$$N_g \sin\alpha_g > N_g\mu_g\cos\alpha_g$$

简化得 $\tan\alpha_g > \mu_g$，即摘穗辊对果穗的起始抓取角 α_g 的正切值应大于果穗的抓取系数 μ_g。

　　摘穗辊对茎秆和果穗的抓取系数 μ_j 及 μ_g，因摘穗辊的材料和表面形状不同而异。一般为了增加摘穗辊对茎秆的抓取能力以提高其工作可靠性，常将摘穗辊制成凸凹不平的花瓣形（3~6 片花瓣）或带有螺旋肋的断面。其抓取系数为

$$\mu_j \approx \mu_g = (1.6 \sim 2.3)f = 0.7 \sim 1.1$$

式中：f——摘穗辊对茎秆的摩擦系数，铸铁 $f = 0.4 \sim 0.5$。

$$D = \frac{d_g - h}{1 - \dfrac{1}{\sqrt{1 + \tan^2 \alpha}}} \qquad (2\text{-}20)$$

因而,要想摘穗辊不抓取果穗摘穗辊直径应满足

$$D \leqslant \frac{d_g - h}{1 - \dfrac{1}{\sqrt{1 + u_g^2}}} \qquad (2\text{-}21)$$

摘下果穗的条件分析:

摘穗辊在工作中不断向后方拉引茎秆,而果穗被挡在摘穗辊间隙之外。当拉引茎秆的力大于茎秆前进阻力和果穗摘断力时,则果穗被碾拉断,落在摘穗辊前方的果穗输送器中。满足此条件的受力分析如图 2-21 所示。

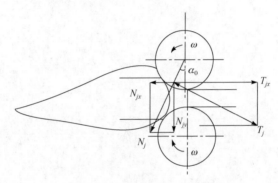

图 2-21　挤落果穗的受力分析

设摘穗辊对茎秆的水平拉引力为 T_{jx},茎秆进入摘穗辊的阻力为 N_{jx},碾拉断果穗需要的力为 R_g,则碾拉断果穗的条件为

$$T_{jx} - N_{jx} > \frac{R_g}{2} \qquad (2\text{-}22)$$

即

$$T_j \cos\alpha_0 - N_j \sin\alpha_0 > \frac{R_g}{2} \qquad (2\text{-}23)$$

或

$$N_j (\mu_j \cos\alpha_0 - \sin\alpha_0) > \frac{R_g}{2} \qquad (2\text{-}24)$$

因为

$$N_j = \frac{N_{jy}}{\cos\alpha_0} \qquad (2\text{-}25)$$

所以

$$N_{jy}(\mu_j - \tan\alpha_0) > \frac{R_g}{2} \qquad (2\text{-}26)$$

式中：α_0——摘穗辊对茎秆的平均抓取角；

μ_j——摘穗辊对茎秆的抓取系数；

R_g——碾拉断果穗的拉断力，$R_g = 385 \sim 527\mathrm{N}$（前者为果穗从穗柄上的拉断力，后者为果穗连同穗柄从茎秆上的拉断力）；

N_{jy}——摘穗辊对茎秆的垂直挤压力，与茎秆压缩率成正比，与摘穗辊间隙 h 的选择有关。

为了满足碾拉断果穗的上述条件，一般摘穗辊间隙为 $h = (0.3 \sim 0.5d)$。式中 d 为茎秆直径，h 为摘辊间隙。

根据摘穗辊能抓取茎秆而不抓取果穗两条件，摘穗辊直径设计应满足下式

$$\frac{d_g - h}{1 - \dfrac{1}{\sqrt{1 + u_g^2}}} \geqslant D \geqslant \frac{d - h}{1 - \dfrac{1}{\sqrt{1 + \mu_j^2}}} \qquad (2\text{-}27)$$

（4）摘穗辊长度确定。

卧式摘穗辊摘穗段的最小工作长度 $L_{\min}$ 应能保证摘落结穗部位最高的和最低的玉米穗，如图 2-22 所示。

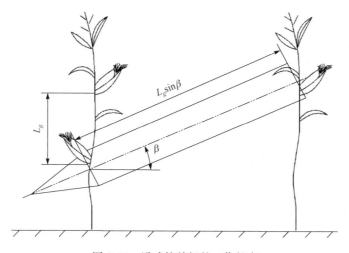

图 2-22　卧式摘穗辊的工作长度

$L_{\min}$ 值可按下式计算：

$$L_{\min} = L_g \sin\beta \qquad (2\text{-}28)$$

式中：β——摘穗辊的水平倾角；

L_g——果穗最高结穗和最低结穗的高度差，一般取 $400 \sim 600\mathrm{mm}$，个别可达 $1000\mathrm{mm}$，一般情况下，摘穗辊摘穗段的长度为 $500 \sim 700\mathrm{mm}$，强拉段长度为 $120 \sim$

320mm,具有长导入锥体的摘穗辊总长为 1100～1300mm,短导入锥体摘穗辊总长为 740～1000mm,表 2-1 列出了四种纵卧式辊式机型的摘辊(拉茎辊)长度。

表 2-1　纵卧式辊式机型的摘辊(拉茎辊)长度

机型＼数据	中国 4YW-2	南斯拉夫 ZMAJ-2KM	南斯拉夫 玉米割台	德国克拉斯 公司玉米割台	法国布光 公司玉米割台
摘辊型式/mm	带螺旋肋	带螺旋肋	四叶轮式	四叶轮式	四叶轮式
辊的总长/mm	1335	1115	470	480	1100
工作长度/mm	650	—	470	480	—
锥长/mm	365	—	—	—	—
强拉段长度/mm	320	120	30	—	—
摘辊倾角/(°)	35	35	—	30	33

(5) 摘穗辊的线速度。

摘穗辊线速度是影响摘穗器性能的重要因素之一。摘穗辊线速度过低时,茎秆与摘穗辊之间易产生相对滑移,因而造成堵塞;线速度过高则使掉粒损失增加。

试验得出:纵卧式摘穗辊在摘穗时,机器前进速度 v_m 与摘穗辊线速度 v 的水平分速度 $v\sin\beta$ 之比 K 在 0.7～1 范围内,落粒损失较低,试验结果见表 2-2。

$$K = \frac{v_m}{v\sin\beta} = 0.7 \sim 1 \tag{2-29}$$

式中:K——比例系数;

　　　v_m——机器前进速度;

　　　v——摘穗辊线速度;

　　　β——摘穗辊与水平面倾角。

表 2-2　v_m 与 v 关系的试验结果

项目＼参数组	$v_m=1.4$ $\beta=40°$ $n=800$	$v_m=1.6$ $\beta=35°$ $n=750$	$v_m=2$ $\beta=35°$ $n=600$	$v_m=1.6$ $\beta=40°$ $n=650$
损失率	0.1	0	0.9	0.007
摘辊速度 v	3.9	3.7	2.95	3.2
$v\sin\beta$	2.5	2.1	1.68	2.04
机器速度 v_m	1.4	1.6	2	1.6
$K=\dfrac{v_m}{v\sin\beta}$	0.57	0.77	1.19	0.79

续表

参数组 项目	$v_m=1.4$ $\beta=40°$ $n=800$	$v_m=1.6$ $\beta=35°$ $n=750$	$v_m=2$ $\beta=35°$ $n=600$	$v_m=1.6$ $\beta=40°$ $n=650$
茎秆状态	40°	35°	35°	40°

机器前进速度 v_m 及摘穗辊圆周速度 v 分别与摘穗损失和生产率有着直接关系，及其变化曲线如图 2-23、图 2-24 所示。

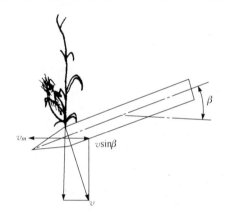

图 2-23　前进速度与摘辊速度的关系

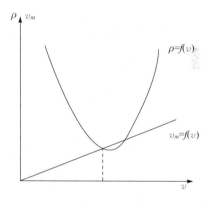

图 2-24　前进速度 v_m 及摘辊圆周速度 v 与损失 ρ 的关系

当机器前进速度增加时，摘穗辊速度应相应增加，摘辊速度与 v 摘辊损失 ρ 为一曲线关系。当摘穗辊速度过大时，由于摘穗辊对果穗的冲击力加大而落粒损失增大；但如摘穗辊速度过低时，由于摘穗中果穗与摘穗辊接触时间较长也增加了咬伤果穗和剥落籽粒的概率。综合上述情况，当卧式摘穗辊与水平倾角 $\beta=35°\sim40°$ 时，常用线速度为 $3.3\sim3.8\text{m/s}$，表 2-3 列出了几种代表性机型的机器前进速度与摘穗辊的关系。

表 2-3　摘辊(拉茎辊)参数和 K 值

机型 项目	中国 4YW-2	南斯拉夫 ZMAJ-2KM	南斯拉夫 ZMAJ-211	德国 克拉斯公司	法国 布光公司
摘辊或拉茎辊型式	纵卧式 摘穗辊	纵卧式 摘穗辊	玉米割台 (拉茎辊)	玉米割台 (拉茎辊)	玉米割台 (拉茎辊)

续表

机型 项目	中国 4YW-2	南斯拉夫 ZMAJ-2KM	南斯拉夫 ZMAJ-211	德国 克拉斯公司	法国 布光公司
摘辊倾角 $\beta/(°)$	35	35	30	30	33
辊径(外径/内径)/mm	94/74	72/52	94	100	100
辊总长/mm	1335	1115	750	480	1100
辊转速/(r/min)	750	820	920	1022	850
机器前进速度/(m/s)	1.85~2.2	1.1~1.4	1.94	2.2	2.2
辊的圆周速度/(m/s)	3.7	3.1	4.5	4.8	4.45
辊的水平分速度/(m/s)	2.1	1.76	2.25	2.4	2.4
$K=v_m/v\sin\beta$	0.87~1.04	0.65~0.8	0.87	0.92	0.92

(6) 摘穗辊的间隙

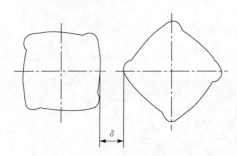

图 2-25　摘穗辊的间隙

摘穗辊的间隙是指一对摘穗辊在工作中实际的最小间隙 δ,如图 2-25 所示。δ 值过小则抓取能力降低,碾压和断茎秆的情况比较严重;过大则掉粒损失增加。δ 值应能根据玉米生长情况进行调节,以适应不同粗细的茎秆。卧式摘穗辊常用的 δ 值最大为 12~17mm,一般在 11~13mm 范围内调节。立式摘穗辊常用的 δ 值为 5~8mm,一般在 2~6mm 范围内调节。

2) 立辊式摘穗装置

(1) 单组立辊式摘穗装置构造与工作原理。

立辊式摘穗装置主要由上、下各一对相向旋转的摘穗辊、挡禾板、传动箱、偏心套、夹持喂入链主动链轮等部分组成,如图 2-26 所示。摘穗辊两轴线所在平面与垂直面夹角约 25 度,每个摘穗辊分上下两段,两段之间装有喂入链的链轮。上段为摘穗辊的主要部分,下段为辅助部分,主要起拉引茎秆的作用。工作时,茎秆在喂入链的夹持下由根部喂入摘辊下段的间隙中,在下段摘辊的碾拉下,茎秆迅速后移并上升,在挡禾板的作用下,向垂直于摘辊轴线方向旋转,并被抛向后方。果穗在两摘辊的碾拉下被摘掉而落入下方的果穗输送器中。立辊式摘穗装置的主要特点是:摘穗过程中对茎秆的压缩程度较大,果穗的苞叶被剥掉较多,在一般条件下,工作性能较好,但在茎秆粗大、大小不一、含水率较高的情况下,茎秆易被拉断而造成摘穗辊堵塞。

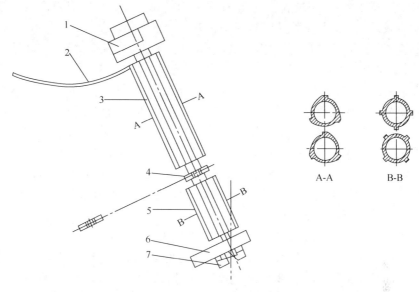

图 2-26 立辊式摘穗装置

1. 传动箱；2. 挡禾板；3. 上摘穗辊；4. 喂入链轮；5. 下摘穗辊；6. 下轴承座；7. 偏心套

（2）双组立辊式摘穗装置构造与工作原理。

图 2-27 所示是双组立辊式摘穗装置，由前面一对抓取能力和直径都较小的摘穗辊和后面另一对抓取能力较强、直径较大的拉茎辊组成。摘穗辊采用表面具有钩状螺纹的辊型，主要起摘穗作用；拉茎辊采用六棱形辊，拉伸穗柄和茎秆。其工

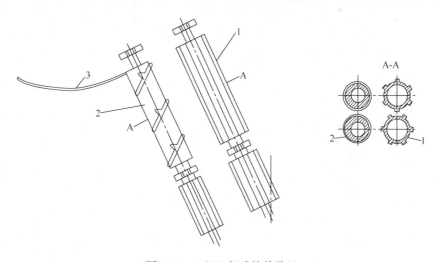

图 2-27 双组立辊式摘穗装置

1. 后拉茎辊；2. 前摘穗辊；3. 挡禾板

作原理与立辊式摘穗装置相同。双组立辊式摘穗装置的主要特点是性能较好，果穗损失率较低，工作可靠性较大，但机构较复杂，功耗较大。

图 2-28 所示是双组立辊式摘穗台，主要由分禾器、夹持输送链、喂入链、切割器、立式摘穗辊、果穗输送器、挡禾板、动力传动装置、机架及护罩等组成。作业时，茎秆首先经分禾器、拨禾链进入夹持链，在茎秆被夹住后由齿式回转切割器割断。割下的玉米植株由挟持输送链向后输送。在弧形挡禾板的作用下，茎秆与摘穗辊轴线成 40°～50°的夹角，喂入到摘穗辊。茎秆通过前面一对摘穗辊而被后面一对拉茎辊抓取拉引时，玉米果穗在前面一对摘穗辊的作用下被摘取而落入果穗输送器，完成摘穗作业。立式摘穗辊收获台的特点是：立式摘穗辊收获台增加了玉米茎秆夹持装置以及切割装置。摘穗辊轴线沿着机器前进方向稍向前倾斜，且与茎秆夹持输送喂入链所在平面成垂直配置。这样，被摘下的果穗能迅速离开摘穗辊工作表面，有利于减少果穗损伤和落粒损失。立辊式收获台果穗损失率较低，果穗的苞叶被剥掉较多，工作可靠性较高，具有作业速度高、割茬整齐等特点。但对茎秆不同状态的适应性较弱。在茎秆粗大、秆径大小不一致、含水率较高的情况下，茎秆易被拉断而造成摘穗辊堵塞。另外，夹持输送部件可靠性差、链条磨损快、易断链。摘穗时对茎秆的压缩程度较大，因而功率消耗较大。

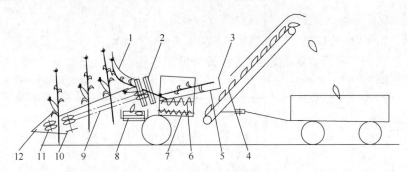

图 2-28　立式摘穗辊收获台

挡禾板；2. 摘穗器；3. 放铺台；4. 第二升运器；5. 剥皮装置；6. 苞叶输送螺旋；7. 籽粒回收；8. 第一升运器；9. 喂入链；10. 圆盘切割刀；11. 拨禾链；12. 分禾器

（3）立式摘穗辊表面结构。

两摘穗辊间的间隙，由偏心套调整。上段采用 3～4 花瓣形断面，下段常用 4～6 个菱形断面摘穗辊的材料一般采用铸钢或灰铸铁 HT200。

（4）立式摘穗辊工作高度。

立式摘穗辊的最小工作高度 L_{min} 应能保证当最低结穗部位的玉米穗到达摘穗辊时，玉米茎秆在挡禾板的作用下，与摘穗辊轴线的夹角由 β_0 增加到 90°，如图 2-29 所示。

L_{min} 值可按下式计算：

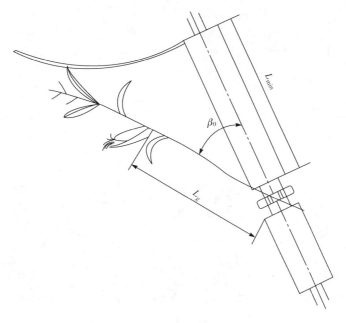

图 2-29　立式摘穗辊的工作长度

$$L_{\min}=L_g\,\frac{\ln\sin\beta_0}{\ln\tan\dfrac{\beta_0}{2}}\qquad(2\text{-}30)$$

式中：β_0——由于挡禾板的作用，茎秆在上段时的倾角（茎秆与摘穗辊轴线的夹角），一般为 $400\sim500$；

L_g——茎秆在上段与最低结穗部分的距离，一般情况，立式摘穗辊上段长为 300mm 左右，下段长为 $150\sim200$mm。

（5）立式摘穗辊的线速度。

立式摘穗辊的工作长度较小，生产率受到限制，但果穗被摘掉后能迅速脱离摘辊，而不易被咬伤。为了提高生产率，一般取其圆周速度较卧式摘穗辊稍高，常用顶圆线速度为 $3.3\sim4.7$m/s。

（6）摘穗辊的间隙。

立式摘穗辊常用的 δ 值为 $5\sim8$mm，一般在 $2\sim6$mm 范围内调节。

2. 摘穗板拉茎辊组合式摘穗技术

1）构造与工作原理

摘穗板拉茎辊组合式摘穗装置由一对纵向斜置式拉茎辊和两块摘穗板及带拨齿的喂入链等部分组成，如图 2-30 所示。拉茎辊轴线与水平面成 $25°\sim35°$夹角。

一般由前后两段组成,前段为带螺纹的锥体,主要起引导和辅助喂入作用。后段为拉茎段,其断面形状有四叶轮形、四棱形、六棱形等几种。拉茎辊的间隙为 20～30mm。摘穗板位于拉茎辊的上方,与拉茎辊工作长度相同。为了减少对果穗的挤伤,常将摘穗板的边缘制成圆弧形。摘穗板的入口间隙为 28～40mm,出口间隙为 22～35mm,一般情况下取中值,最大间隙用于茎秆含水率高、粗大的情况。摘穗板组合式摘穗装置的特点是:工作可靠,果穗咬伤率小,籽粒破碎率低,但苞叶较多,被拉断的短茎秆也较多。

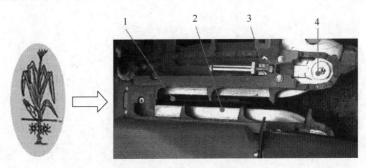

图 2-30　摘穗板组合式摘穗装置
1. 拉茎辊;2. 摘穗板;3. 喂入链;4. 链轮

图 2-31 所示是摘穗板组合式收获台,主要由分禾器、拨禾输送器、摘穗板、拉茎辊、螺旋输送器、动力传动装置、机架及护罩等组成。作业时,玉米茎秆先由分禾器导入摘穗板后,在拨禾输送器的作用下进入摘穗板夹角。同时,拉茎辊抓取果穗下方茎秆,向下强拉,使果穗脱离茎秆。摘下的果穗在拨禾输送链的作用下,进入螺旋输送器,最后导入中间升运器,完成摘穗作业。

摘穗板组合式收获台的特点是:摘穗板组合式收获台不需要切割玉米茎秆,秸秆被强制或被动喂入摘穗板内。结构简单,工作可靠,果穗咬伤率小、籽粒破碎率低、分禾效果好。但果穗上带的苞叶较多,被拉断的短茎秆也较多,容易产生堵塞故障。

2) 拉茎辊

摘穗板组合式摘穗装置的拉茎辊最小工作长度计算与卧式摘穗辊相同。现有机型中拉茎辊的长度差别较大,范围为 480～1100mm,多数为 600～800mm。直径为 80～102mm,圆周速度取 4.5～5.1m/s,以适应联合收割机作业速度的要求。拉茎辊形式较多,常用的是四棱形和六棱形。几种国外机型拉茎辊的断面形状如图 2-32 所示,其参数详见表 2-4。

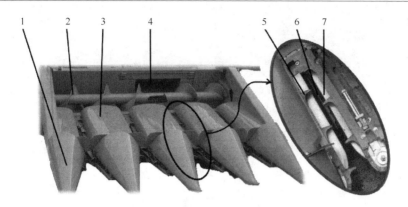

图 2-31　摘穗板组合式收获台

1. 分禾器；2. 螺旋输送器；3. 输送链护罩；4. 中间升运器；

5. 拨禾输送链；6. 拉茎辊；7. 摘穗板

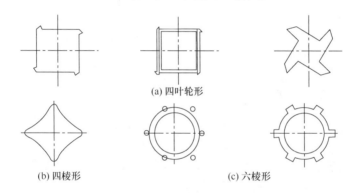

(a) 四叶轮形

(b) 四棱形　　　　　　　　　(c) 六棱形

图 2-32　拉茎辊的断面形状

表 2-4　国外机型摘穗台拉茎辊参数

摘穗台型号	拉茎辊形式	辊直径/mm 前段	辊直径/mm 末端	辊长/mm	转速/(r/min)	间隙调节/mm	辊支撑方式	导流椎/mm	输送链速度/(m/s)
南斯拉夫 ZMAJ	椎状四叶形	φ94	φ100	472	220	20～30	两端	双头螺距140 长215	1.6
德国克拉斯公司	椎状四叶形	φ80	φ100	400	1022	导椎尖 70～92	两端	螺距65 长210	1.4
法国布光公司	花瓣状四叶形	φ100	φ100	734	1093	导椎环 6～16	两端	光滑圆锥	1.45
美国约翰迪尔	直槽状四叶形	φ102	φ114	558	435 741	—	一端	双头螺距150	1.07 1.75

2.2.4　果穗输送装置

1) 构造与工作原理

螺旋输送器的作用是将摘穗装置摘下的玉米果穗输送到果穗提升装置中,主要有向中间输送的输送器和向一侧输送的输送器两种型式。如图 2-33 所示是向中间输送的输送器,主要由左右两段焊有左右旋向螺旋叶片的筒体和强制喂入装置两部分组成。工作时,旋转的螺旋叶片将摘下的玉米果穗沿推运器轴向推送到强制喂入装置,强制喂入装置向后送入中间升运装置。

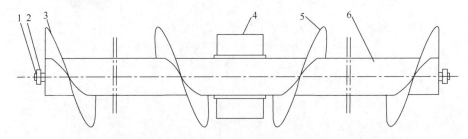

图 2-33　向中间输送的螺旋输送器

1. 输送器轴;2. 轴承;3. 左螺旋叶片;4. 强制喂入板;5. 右螺旋叶片;6. 筒体

向一侧输送的输送器,结构与向中间输送的输送器相似。为了防止玉米果穗输送量逐渐增大而造成堵塞,除在筒体短段上设置反向螺旋叶片,使玉米果穗反向推至强制喂入装置处,还可将该端的轴承支座设计成浮动式,使螺旋叶片与底板之间的间隙可以适当增大,如图 2-34 所示。

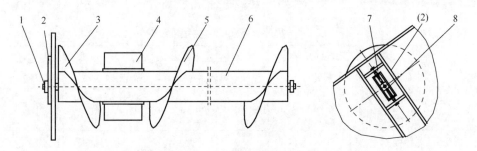

图 2-34　向一侧输送的螺旋输送器

1. 输送器轴;2. 输送器浮动滑轨;3. 短段螺旋叶片;4. 强制喂入板;

5. 右螺旋叶片;6. 筒体;7. 限位装置;8. 滑块

2) 螺旋输送器直径

筒体的周长须大于玉米摘穗时拉断茎秆的长度,以免被作物缠绕,因此,其直径或螺旋的内径大都采用110mm。螺旋推运器的外径过大,一方面使收获台结构庞大,摘穗装置相对于切割装置的前伸量增大,从而降低了输送器输送作物的均匀性;另一方面易使玉米果穗折断,产生掉粒等现象,一般外径为 350～400mm。

3）螺旋输送器螺距

选择适当的螺旋叶片螺距,即可以均匀地输送果穗,又可以避免挤压、折断果穗以及减少掉粒现象的发生。目前玉米收获台上常用的螺距为 350～400mm。

为了减小收获台产生振动和输送时的掉粒损失,螺旋输送器的转速不宜过高,一般在 150～200r/min 范围内。

4）螺旋输送器与底板间隙

螺旋输送器螺旋叶片与收获台底板之间间隙应为 10～20mm,螺旋叶片外缘与收获台后壁的间隙应为 15～20mm,输送链拨指外缘与螺旋叶片的间隙至少应有 40～50mm,防止拨指与螺旋叶片相碰。

5）强制抛送装置

为了使玉米果穗在中间升运装置入口处不产生堵塞,除在筒体上增加强制喂入装置外,筒体上的螺旋叶片应延伸至中间输送装置侧壁内约 100～150mm。强制喂入装置通常由两块绕筒体均布的长约 350mm、宽约 100mm 的柔性橡胶板或帆布带组成,要求强制喂入装置既能拨动玉米果穗,使之顺利地进入中间升运装置,又不致啃伤玉米果穗。

为了改善螺旋输送器向中间升运装置输送的条件,有的玉米收获台在螺旋末端加装附加螺旋叶片。螺旋叶片有光面与折纹两种,前者制造简便,叶片厚度 3～4mm。折纹面叶片强度高,不易变形,厚度可薄至 1.5mm,如图 2-35 所示。

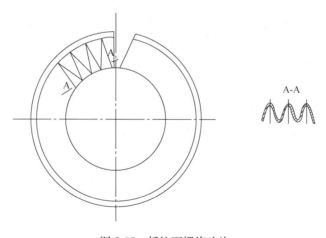

图 2-35　折纹面螺旋叶片

6）螺旋输送器螺旋角

如图 2-36 所示，当螺旋输送器以 ω 角速度旋转，则在 O 点处果穗的运动速度将由以下两速度所合成，即螺旋叶片上的 O 点的牵连运动速度 v_O 和果穗沿螺旋页面的滑动形成的相对速度 AB，合成速度为 $OB(v_n)$。但由于果穗与螺旋叶面之间有摩擦力存在，故合成的速度应较原值偏转一摩擦角 φ，而成 v_f，此即为果穗在螺旋叶片作用下的绝对速度。它在 z 轴上的分量为 v_z，在圆周方向的分量为 v_t。

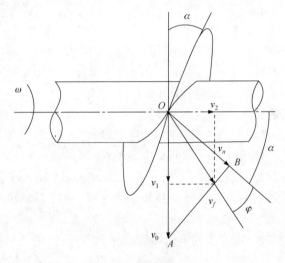

图 2-36　果穗输送分析

$$v_z = v_f \cos(\alpha + \varphi)$$

$$v_f = v_n / \cos\varphi$$

$$v_n = v_O \sin\alpha$$

$$v_z = v_O \frac{\sin\alpha}{\cos\varphi} \cos(\alpha + \varphi)$$

$$v_O = \omega r = \frac{sn}{60\tan\alpha}$$

$$v_z = \frac{sn}{60} \cos^2\alpha (1 - f\tan\alpha) \tag{2-31}$$

当 $1 - f\tan\alpha \leqslant 0$ 时，$v_z \leqslant 0$，果穗将不能做轴向运动，也就是 $\tan\alpha \leqslant \dfrac{1}{\tan\varphi}$ 或 $\alpha \leqslant 90° - \varphi$ 是螺旋输送器保证有轴向运动的基本条件，因为 α 在螺旋叶片的内径处为最大，故应以此处的 α 来校核。

对式中的 v_z 求导数，当 $\dfrac{\mathrm{d}v_z}{\mathrm{d}\alpha} = 0$ 时，可求得果穗的轴向速度最大时的螺旋角

$$\alpha\,\big|_{v_z=\max}=\frac{\pi}{4}-\frac{\varphi}{2}$$

7）螺旋输送器生产效率与消耗功率

$$Q=\frac{\pi\big[(D+2\lambda)^2-d^2\big]}{4}\times 60\times\varphi sn\gamma \tag{2-32}$$

式中：γ——果穗的容重（t/m³）；

　　φ——充满系数。

　　功率耗用为

$$N=\frac{Q}{367}L_p W_0 \tag{2-33}$$

式中：Q——生产率（t/h）；

　　L_p——输送行程；

　　W_0——运动阻力系数。

2.3　果穗升运器

2.3.1　工作原理与构造

　　果穗升运器的作用是将收获台摘下的带苞叶的玉米果穗输送到剥皮装置或者直接输送到果穗箱。从玉米联合收获机上收获台和剥皮装置及果穗箱的位置布置来看，玉米果穗的输送主要是将玉米果穗向后、向上提升。根据这一工作过程，最简单有效且廉价的输送装置应为斜面式。

　　固定的斜面不仅可以使作物沿斜面向下滑动，也可以使作物沿斜面向上移动。作物向下滑动靠自身的重力克服摩擦力即可，而若实现作物的向上移动，则斜面上必须装有运动部件，而且运动部件必须能有效地对斜面上的作物产生作用时，这一工作过程才能够得以实现。这种运动部件可以是带式输送器，也可以是链板式输送器。

2.3.2　带式升运器

　　斜面上物体的运动原理如图 2-37 所示。若运动部件为输送带，若要实现作物的向上移动则必须有 $\mu mg\cos\alpha>mg\sin\alpha$，即作物的输送是靠摩擦力的作用下得以向上输送，所以对于此种输送器来说，摩擦力就是提升作物的最重要的因素。若输送器表面比较平滑，与作物之间的摩擦系数较小，作物在输送器上的输送会产生打滑现象，导致输送速度较慢，影响机器的正常工作，进而影响生产效率。

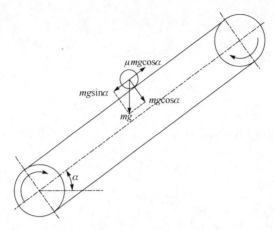

图 2-37　带式升运器动力学分析

2.3.3　链板式升运器

链板式输送器的工作过程与带式输送器相似,所不同的是它是通过链轮驱动两条或者两条以上的输送链条,输送链条上按照一定的间隔装有横向的托板。输送装置工作时,作物处于托板上,在输送链条的带动下向后、向上运动。目前,玉米联合收获机多采用链板式输送器。从整体结构上看链板式升运器有整体式和分段式两种。

1. 整体式链板升运器

整体式链板升运器构形式简单,在自走式玉米联合收获机和背负式玉米联合收获机都有应用。图 2-38 为 4YZ-244 型自走式不分行玉米联合收获机。升运器位于整机的中央,从驾驶室下面通过,下端的接料口与收获台的螺旋输送器的出料口相接升,上端的出料口与剥皮装置相接。

图 2-39 为 4YG-180 型背负式不分行玉米收获机。升运器采用整体式,将未剥皮的果穗直接输送到果穗箱内。与 4YZ-244 型自走式玉米联合收获机的升运器不同的是,该升运器能通过液压油缸升降使其转动,用于装满果穗箱和降低运输高度。同时升运器输出端还设计有卸粮滑槽,滑槽拉向左侧,向果穗箱卸粮,拉向右侧,可以跟车卸粮,以满足不同用户的使用需求。

2. 分段式链板升运器

现有玉米联合收获机上使用的升运器以整体式为主,在与升降式收获台配合时存在很多的问题。如在调整收获台的高度时,升运器不能跟着灵活调整,导致二者之间的间隙过大,收获过程中可能会出现掉玉米果穗的现象,造成浪费。而分段

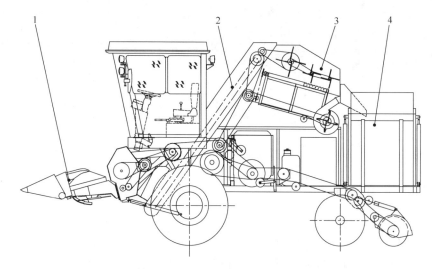

图 2-38　4YZ-244 型自走式不分行玉米联合收获机示意图

1. 玉米收获台；2. 果穗升运器；3. 剥皮装置；4. 果穗箱

图 2-39　4YG-180 型背负式玉米收获机

1. 玉米收获台；2. 果穗升运器；3. 油缸；4. 果穗箱

式升运器就能很好地解决整体式升运器所带来的问题。

分段式升运器主要由两部分组成,根据与收获台的连接方式的不同又可以分为转轴式连接和弹簧式连接。

1) 转轴式连接

转轴式连接升运器的前端通过转轴与玉米收获台连接,后端是由旋转段与固定段组成,二者亦通过转轴连接,如图 2-40 所示。

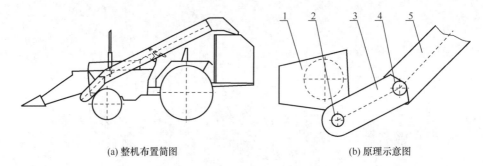

(a) 整机布置简图　　　　　　　　　　　(b) 原理示意图

图 2-40　转轴式连接升运器示意图

1. 玉米收获台；2. 升运器旋转段；3. 转轴(一)；4. 转轴(二)；5. 升运器固定段

　　该类型升运器的主要特点是既实现了升运器与收获台的同步升降，又能避免收获台升降时收获台果穗输送螺旋出料口和升运器进料口处形成较大的间隙而造成的果穗输送损失，增强了收获不同结穗高度玉米的适应性，同时提高了割台运输时的离地间隙及机具的通过性，运输更加方便，也使得机具能适应不同的地块。

　　目前这种形式的升运器在部分背负式玉米机上得到了应用，如图 2-41 所示 4YB-3 型背负式玉米机。

图 2-41　4YB-3 型背负式玉米机

　　2) 弹簧式连接

　　弹簧式连接升运器是由上升运器与下升运器两大部分组成。下升运器的前端是通过弹簧与玉米收获台连接，上升运器与下升运器之间采用是通过转轴连接，如图 2-42 所示。

　　下升运器与收获台通过弹簧连接，连接方式简单。在升降式收获台升降调节高度时，下升运器可在弹簧的作用下随着收获台上下移动。

　　与其他结构相比，这种类型的升运器结构相对简单、使用方便、工作效率高，避免了连接件的磨损与损坏，提高了升运器的可靠性，延长了机器的使用寿命。

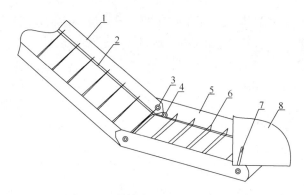

图 2-42 弹簧式连接升运器示意图

1. 上升运器；2. 输送链条；3. 铰链；4. 压链轮；5. 下升运器；6. 刮板；7. 弹簧；8. 玉米收获台

3）两级式升运器

升运器的主要作用是将收获台摘下的果穗向后上方抛送到剥皮装置或果穗箱，而收获台布置在整机的前方，剥皮装置或果穗箱则一般布置在机器的后方，这样的整机布置就决定了升运器的倾角都比较大，而且整体机架又比较长，从而造成整机高度较高，给运输转移带来了诸多不便。

两级式升运器由第一升运器和第二升运器两部分组成，如图 2-43 所示。第一升运器斜置在收获机机架上，下端与收获台上的螺旋输送器连接，将螺旋输送器输

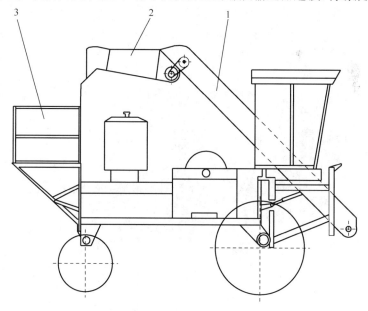

图 2-43 两级式升运器简图

1. 第一级升运器；2. 第二级升运器；3. 果穗箱

送的果穗向后上方输送;第二升运器位于第一升运器的后上端,将第一升运器与剥皮装置或果穗箱连接起来,其作用就是将第一升运器输送过来的果穗输送到剥皮装置或果穗箱中。

从图 4-43 可以看出第二级升运器的水平倾角明显小于第一级升运器,而且第一升运器与第二升运器之间设有传动装置,这样在不改变第一升运器的倾角以及与整机机架的挂接位置的情况下明显减短了第一升运器的高度,从而降低了整机的高度,加大了整机的通过性。

YZ4650WD 自走式玉米联合收获机及 4YZ-3 型自走式玉米联合收获机的升运器均用的两级式升运器,如图 2-44、图 2-45 所示。

图 2-44　YZ4650WD 自走式玉米联合收获机

图 2-45　4YZ-3 型自走式玉米联合收获机

上述玉米联合收获机都是配有一个升运器,用于输送收获台摘下的果穗。部分自走式联合收获机上装有两个升运器,即前升运器和后升运器。前升运器的位置、作用与上述升运器的相同,而后升运器的作用则是将剥皮装置剥净后的玉米果穗及籽粒回收装置回收的籽粒输送到果穗箱,其在整机的位置如图 2-46 所示。后升运器的结构形式主要采用 L 形升运器,其进料口与剥皮装置的出料口相接,经过剥皮装置剥掉苞叶的果穗就通过 L 形升运器输送到果穗箱。同时剥皮装置安装机架的底板上装有籽粒回收装置,以回收剥掉的籽粒,由于剥皮装机架的底板是倾斜的,回收的籽粒滑到底板的下端进入 L 形升运器,经升运器将果穗及籽粒全部输送到果穗箱。

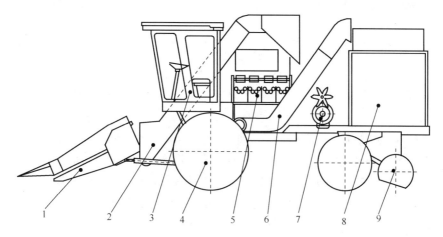

图 2-46　后升运器整机布置图

1. 收获台;2. 前升运器;3. 驾驶室;4. 底盘;5. 剥皮装置;6. 后升运器(L 形升运器);
7. 发动机;8. 果穗箱;9. 粉碎装置

2.3.4　输送装置的主要参数

目前,升运器主要采用的是刮板式结构,刮板升运器具有传动可靠、输送能力强、可大角度输送物料等优点。其主要由升运器壳体、链轮、安全离合装置、链轮张紧装置、传动轴、输送链条、刮板等组成,如图 2-47 所示。工作时,外部动力通过链条带动主动链轮,主动链轮又通过传动轴及链轮将动力传送给输送链条,刮板与输送链条连接在一起,最终起到刮板输送果穗的目的。

升运器壳体主要由钢板、型钢等焊合而成,是升运器的骨架,其结构应牢固、可靠。主动链轮的位置可以位于升运器的顶部,也可以位于升运器的底部,主要根据整机的传动布置来确定。

为防止升运器受到玉米果穗或断茎、碎叶等堵塞导致输送链条无法转动,从而对机具产生破坏,升运器的主动链轮除通常装有安全离合装置。升运器工作时,升运器的负荷在正常范围中,所产生的轴向负荷不足以克服弹簧力。如果升运器发生堵塞,轴向负荷超过弹簧的预紧力,离合装置的主动齿盘与被动齿盘脱开,升运

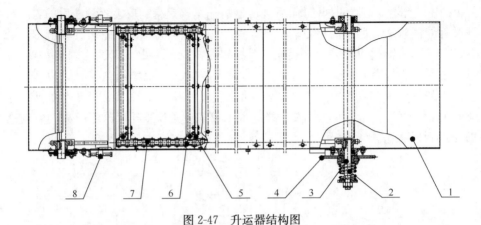

图 2-47　升运器结构图

1. 升运器壳体；2. 安全离合装置；3. 传动轴；4. 链轮；5. 刮板；6. 输送链条；
7. 链条托板；8. 输送链张紧装置

器停止转动，对整机产生保护作用。因此，在安装离合装置时，弹簧的预紧力大小应适度，过大，否则起不到保护作用；过小，影响升运器的正常工作。

升运器上还装有输送链张紧装置，其作用就是通过调节张紧装置中的张紧螺栓来调整输送链条的松紧。在调节张紧螺栓时应使两侧同时调整，保证链轮轴的水平位置，不得倾斜，保证输送链条的张紧度适宜，在调节张紧装置时，应使得链条的张紧度保持一致。

输送链条和刮板是升运器的主要工作部件。输送链条一般采用的是套筒滚子链，上边带有异形连接板，通过螺栓或者铆接的方式，将输送链条和刮板连接到一起，如图 2-48 所示。刮板跟随输送链条同步转动起到输送果穗的作用。刮板主要采用橡胶板，以缓冲对果穗的冲击、碰撞，减小升运器在输送玉米果穗时所带来的损失。

根据升运器的工作原理及过程来看，影响升运器性能的因素主要是输送速度和输送槽空间的大小。如果输送链条速度快，刮板对果穗有冲击，果穗易碰伤落粒，且输送不稳定。输送速度慢，容易造成果穗堆集产生堵塞。输送槽过窄、过浅，果穗容易横在槽内卡死或果穗跳出机外，造成故障或损失。下面以 4YZ-244 型自走式玉米联合收获机和 4YG-180 型背负式玉米联合收获机的果穗升运器为例，对升运器参数的确定进行说明。

1. 4YZ-244 型自走式不分行玉米联合收获机果穗升运器的确定

4YZ-244 型自走式不分行玉米联合收获机的果穗升运器位于驾驶室下方，升运器下端的进料口与收获台的出料口交接，升运器上端的出料口与排杂剥皮装置相连，为缩短整机长度，升运器与底盘机架设计成 54°夹角；为便于机器转运，升运

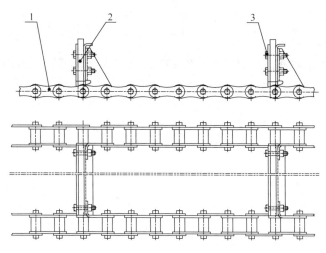

图 2-48　输送链条与刮板连接示意图

1. 输送链条；2. 刮板；3. 螺栓

器上端略低于驾驶室顶面。4YZ-244 型自走式不分行玉米联合收获机的收获幅宽为 2.44m,相当于能收获 4 行,采用不分行收获时,有可能收获 4～9 株。通过论证,确定果穗升运器的宽度为 550mm。为提高升运器的可靠性,选用节距为 38mm 的加强型输送链条。为减小运动阻力和便于链条张紧,在链条上下边均设计了链条托板。链条刮板采用刚性较好的结构和耐磨的橡胶输送带,橡胶刮板上开有 V 形槽,增强输送茎秆能力。

玉米收获机的正常作业速度一般为 $V_m=4\sim5.5$km/h,玉米平均种植株距 $S=22\sim30$cm,一般情况下,玉米株距较大时作业速度取较高值,玉米株距较小时作业速度取较低值;收获行数 4 行,每秒收获的玉米果穗颗数为

$$N=4\times\frac{V}{S}=20.4\ \text{颗/s} \tag{2-34}$$

果穗升运器刮板间距 $L=304$mm,如一个刮板间距内平均输送 $M=3.5\sim4$ 个果穗,则升运器刮板的线速度为

$$V=\frac{N}{M}\times L=1550\sim1772\text{mm/s}$$

升运器输送链轮的转速为

$$n=\frac{60V}{\pi d}=338\sim387\text{r/min}$$

升运器输送链轮直径 $d=87.55$mm, $V=1550\sim1772$mm/s,最终确定升运器输送链轮传动轴的转速定为 376r/min。

2. 4YG-180 型背负式不分行玉米联合收获机果穗升运器的确定

4YG-180 型背负式不分行玉米联合收获机的收获幅宽为 1.83m,采用不分行收获时,有可能同时收获 3～7 棵,输送量增加。通过对比论证,确定果穗升运器的宽度为 400 mm。背负式玉米收获机在正常作业速度作业情况下,如一个刮板输送 2～3 个果穗,则升运器传动轴的转速为 292r/min,一般情况下,一个刮板可输送 3～4 个果穗,升运器的输送能力能满足玉米不分行收获要求,根据上述计算过程,确定升运器传动轴的转速为 292 转/分。

4YG-180 型背负式不分行玉米联合收获机升运器的输入端为驱动端,输出端安装有一对排杂辊,如图 2-49 所示,排杂辊的转速为 627r/min。将茎秆、叶子等杂物排出机外,其下方安装有排杂风扇,直接将轻杂物吹出机外,排杂风机的转速为 2200r/min。

图 2-49　4YG-180 型背负式不分行玉米联合收获机排杂辊

2.4　果穗剥皮装置

玉米剥皮主要有手工剥皮和小型剥皮机剥皮两种方式。玉米果穗手工剥皮劳动强度大、劳动效率低,如果遇到阴雨天,不能及时将果穗苞叶剥掉,将影响玉米的产量和质量,造成不应有的损失。小型玉米剥皮机的应用,在一定程度上减轻了农民的劳动强度,提高了劳动效率。但是目前市场上的小型玉米剥皮机大多数因无安全防护措施、加工质量差、作业性能不可靠,导致玉米剥皮机在作业过程中伤人事件频繁发生,对农民的人身安全造成了极大的威胁。因而,在玉米联合收获机机上配备剥皮装置,对完善玉米联合收获机性能、降低农民的劳动强度、保证农民的人身安全、促进玉米联合收获推广具有重要意义。

2.4.1　工作原理与构造

果穗剥皮装置是玉米联合收获机的重要工作部件,主要用来剥除果穗苞叶和清除残余茎叶混合物。如图 2-50 所示,剥皮装置主要由剥皮辊、压送器、铲草板、支架以及传动机构组成,压送器设置在剥皮辊上方,使果穗对剥辊稳定地接触而避免跳动,铲草板设置剥皮辊下方,防止茎叶缠绕在剥皮辊上造成堵塞。剥皮辊装置安装时,前高后低以便于果穗流动。工作时,压送器回转(或移动),将果穗、断茎、碎叶等压向剥皮辊并向下滑动,果穗苞叶与茎叶混合物在向下滑动过程中,在几对相向旋转的剥皮辊抓取下,从剥皮辊的间隙中拉出,排向地面,果穗则滑向果穗箱。

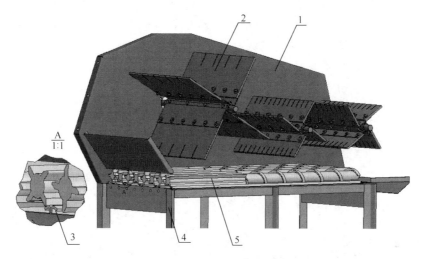

图 2-50　排杂剥皮装置的组成

1. 压送器支架; 2. 压送器; 3. 铲草板; 4. 剥皮辊支架; 5. 排杂剥皮辊

2.4.2　果穗剥皮辊

果穗剥皮辊是剥皮装置的核心工作部件,其结构参数与运动参数决定排杂剥皮装置的作业性能。在作业过程中,要求剥皮辊既要对断茎、碎叶、果穗苞叶有较强的抓取能力,以降低含杂率,又要不啃伤玉米果穗,以降低籽粒破碎率、损失率,还有利于果穗、断茎、碎叶的顺利通过,以保证生产率。

1. 苞叶剥除原理

带苞叶的玉米果穗放在一对相向旋转并与水平成一定倾角的剥皮辊,随着剥皮辊转动,在自重的作用下向下滑动,下滑过程中果穗苞叶在剥皮段表面摩擦力作用下脱离果穗,排向地面,如图 2-51 所示。

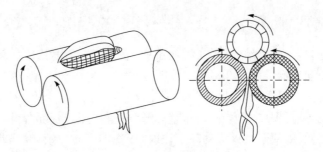

图 2-51　剥皮示意图

假设剥皮辊水平放置,则玉米果穗在剥皮辊的受力分析如图 2-52 所示。其中,两剥皮辊对玉米果穗的切向摩擦力分别为 T_1、T_2 且 $T_1 = T_2 = N f_g$,两切向摩擦力 T_1、T_2 的合力为 T_h,苞叶与果穗柄的最大连接力为 P_{max},剥皮辊对果穗的法向支撑力为 N,果穗的重量为 Q,果穗截面中心与剥皮辊截面中心连线和两排杂剥皮辊截面中心连线所成的夹角为 θ。

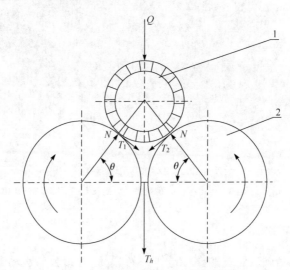

图 2-52　果穗受力示意图

1. 玉米穗；2. 排杂剥皮辊

对果穗所受支撑力进行分析得

$$Q + T_1 \cos\theta + T_2 \cos\theta = 2N\sin\theta \tag{2-35}$$

果穗所受摩擦力

$$T_h = T_1 \cos\theta + T_2 \cos\theta \tag{2-36}$$

把 $T_1 = T_2 = N f_g$ 代入式(2-35)、式(2-36)得

$$N=\frac{Q}{2\sin\theta-2f_g\cos\theta} \tag{2-37}$$

$$T_h=Nf_g\cos\theta+Nf_g\cos\theta=2f_gN\cos\theta \tag{2-38}$$

把式(2-37)代入式(2-38)得

$$T_h=\frac{Qf_g}{\tan\theta-f_g} \tag{2-39}$$

忽略两剥皮辊外圆间距,则 $\tan\theta=\dfrac{\sqrt{(R+r)^2-R^2}}{R}$,代入式(2-39)得

$$T_h=\frac{QRf_g}{\sqrt{(R+r)^2-R^2}-Rf_g} \tag{2-40}$$

式(2-35)~式(2-40)中:

R——剥皮辊截面半径(mm);

r——果穗截面半径(mm);

f_g——剥皮辊与果穗的静摩擦系数。

$T_h>P_{max}$ 时,苞叶脱离果穗。由式(2-40)可知,剥皮辊对果穗的两摩擦力合力 T_h 的大小与剥皮辊的直径、果穗直径以及剥皮辊与果穗之间的静摩擦系数有关。

2. 断茎清除原理

收获含水率较高的玉米时,摘穗过程中时会产生一些断茎,拉茎辊摘穗板组合式摘穗装置尤为严重,连接有果穗的断茎秆经升运器与果穗一起被输送到剥皮装置。因而,剥皮装置不但要有剥除苞叶的功能,而且能够将断茎秆上的果穗摘下,并将断茎清除。剥皮装置对断茎应有足够的抓取能力,使断茎与果穗分离,并把断茎排出机外,且在作业过程中不啃伤果穗。

1) 断茎抓取条件分析

由于玉米断茎长度大于升运器、排杂剥皮装置的工作宽度,因而,断茎秆喂入剥皮装置时,大部分垂直或平行于排杂剥皮辊,而不会横置于剥皮辊上,如图 2-53 所示。

假设无压送器作用,断茎秆垂直于排杂剥皮辊时,排杂剥皮辊对断茎秆产生支撑力为 P,和切向摩擦力为 $T_t=Pf_0$。将力 P 和 T_t 沿 X 方向和 Y 方向分解,可得到断茎压缩力 T_X+P_X,断茎拉引力 T_Y,断茎排出阻力 P_Y。断茎拉引力大于断茎排出阻力时,排杂剥皮辊能够抓取断茎,如图 2-53(a)所示。即

$$T_Y>P_Y \tag{2-41}$$

把 $T_Y=T_t\cos\beta=Pf_0\cos\beta=P\tan\varphi\cos\beta$,$P_Y=P\sin\beta$ 代入式(2-41)得

$$Pf_0\cos\beta>P\sin\beta \tag{2-42}$$

化简可得断茎抓取条件

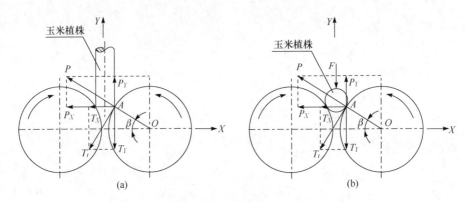

图 2-53　断茎在排杂剥皮辊上时的受力分析

$$\varphi > \beta \tag{2-43}$$

式(2-41)～式(2-43)中:

f_0——排杂段对茎秆的静摩擦系数;

φ——排杂段与断茎秆之间的静摩擦角(°);

β——排杂段对断茎秆的起始抓取角(°)。

若用抓取系数 K 表示排杂剥皮辊对茎秆的抓取能力,则

$$K = \frac{T_Y}{P_Y} = \frac{P f_0 \cos\beta}{P \sin\beta} = \frac{f_0}{\tan\beta} \tag{2-44}$$

断茎抓取条件可改写成:

$$K = \frac{f_0}{\tan\beta} > 1 \tag{2-45}$$

由以上分析可知,无压送器作用,断茎秆垂直于排杂剥皮辊时,排杂段对断茎秆抓取系数 $K > 1$,则排杂段能够抓取断茎秆。

假设无压送器作用,断茎秆平行于排杂剥皮辊时的受力与断茎秆垂直排杂剥皮辊时相似,如图 2-53(b)所示。同上分析可知,无压送器作用,断茎秆平行于排杂剥皮辊时,排杂段对断茎秆抓取系数 $K > 1$,则排杂段能够抓取断茎秆。

2) 不抓取果穗条件

果穗由于受到升运器出口凹板的导向作用,喂入排杂剥皮装置时,大部分横置于排杂剥皮辊排杂段,排杂段不抓取该状态下的果穗。即使有部分果穗垂直于排杂剥皮辊,但在压送器的作用下会平行于排杂剥皮辊。因此,只要排杂段不抓取平行于排杂剥皮辊的果穗,则排杂段不抓取果穗。

假设无压送器作用时,果穗平行于排杂剥皮辊,排杂剥皮辊对果穗的支撑力为 P_g 和抓取力为 T_g,则支撑力 P_g 在 Y 方向的分力 P_{gy} 大于抓取力在 Y 方向的分力

T_{gy} 时，排杂剥皮辊不抓取果穗，如图 2-54 所示，即

$$P_{gy} > T_{gy} \qquad (2\text{-}46)$$

把 $P_{gy} = P_g \sin\beta_g$，$T_{gy} = T_g \cos\beta_g = f_g P_g \cos\beta_g = \tan\varphi_g P_g \cos\beta_g$ 代入式 (2-46) 得到不抓取玉米果穗的条件：

$$\beta_g > \varphi_g \qquad (2\text{-}47)$$

式 (2-46)、式 (2-47) 中：

f_g——排杂剥皮辊对果穗的静摩擦系数；

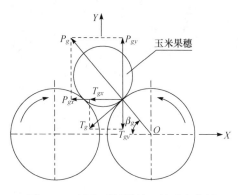

图 2-54　抓取瞬间果穗上的受力分析

φ_g——排杂剥皮辊与果穗之间的静摩擦角 (°)；

β_g——排杂剥皮辊对果穗的起始抓取角 (°)。

若用抓取系数 K_g 表示排杂剥皮辊对果穗的抓取能力，则在无压送器作用，果穗平行于排杂剥皮辊时，排杂段对果穗的抓取系数 $K_g < 1$，则排杂段不抓取果穗。

3) 穗茎分离条件

假设无压送器作用，则断茎产生拉引力与断茎排出阻力之差大于果穗与断茎的连接力时，果穗与断茎分离，即

$$2(T_Y - P_Y) > R_g \qquad (2\text{-}48)$$

把 $T_Y = T_t \cos\beta = P f_0 \cos\beta$，

$P_Y = P \sin\beta$ 代入式 (2-48) 得

$$2(P f_0 \cos\beta - P \sin\beta) > R_g \qquad (2\text{-}49)$$

式中：R_g——果穗与断茎的连接力 (N)。

3. 排杂剥皮辊直径的确定

根据断茎抓取条件和不抓取果穗条件，确定排杂剥皮辊直径 D。由断茎抓取条件可知，排杂剥皮辊对断茎的起始抓取角 β 决定着抓取效果。排杂剥皮辊的起始抓取角 β 与其结构参数关系，如图 2-55 所示。

$$\cos\beta = \frac{OC}{OA} = \frac{D+h-d}{D} = 1 - \frac{d-h}{D} \qquad (2\text{-}50)$$

式中：h——排杂剥皮辊间距 (mm)；

d——断茎直径 (mm)。

把 $\cos\beta = \dfrac{1}{\sqrt{1+\tan^2\beta}}$ 代入式 (2-50) 得

$$D = \frac{d-h}{1 - \dfrac{1}{\sqrt{1+\tan^2\beta}}} \qquad (2\text{-}51)$$

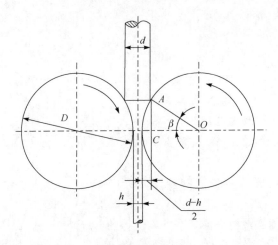

图 2-55　排杂剥皮辊与抓取角的几何关系

根据断茎抓取条件 $\varphi > \beta$ 得

$$D > \cfrac{d-h}{1-\cfrac{1}{\sqrt{1+\tan^2\varphi}}}$$

即

$$D > \cfrac{d-h}{1-\cfrac{1}{\sqrt{1+f_0^2}}} \tag{2-52}$$

同理,根据不抓取果穗条件 $\beta_g > \varphi_g$ 得

$$D < \cfrac{L_{g\min}-h}{1-\cfrac{1}{\sqrt{1+f_g^2}}} \tag{2-53}$$

由以上分析可知,排杂剥皮辊直径范围为

$$\cfrac{d-h}{1-\cfrac{1}{\sqrt{1+f_0^2}}} < D < \cfrac{L_{g\min}-h}{1-\cfrac{1}{\sqrt{1+f_g^2}}} \tag{2-54}$$

式(2-53)、式(2-54)中:

$L_{g\min}$——最小直径的果穗与两排杂剥皮辊接触点之间的弦长(mm)。

假设,断茎与光辊式排杂剥皮辊的静摩擦系数为 0.6,果穗与光辊式排杂剥皮辊的静摩擦系数为 0.75,断茎大端直径 $d = 10\text{mm}$,两相邻排杂剥皮辊外圆间距 $h = 2\text{mm}$,最小直径的果穗与两排杂剥皮辊接触点之间的玄长 $L_{g\min} = 20\text{mm}$,则可得出排杂剥皮辊直径 D 的范围:$56\text{mm} < D < 90\text{mm}$。

4. 剥皮辊倾角的确定

安装时,剥皮辊相对水平面的倾角增大,剥皮辊的生产能力增高,但剥净率降低;反之,剥皮辊生产能力减小,剥皮辊对果穗的作用时间增长,果穗剥净率提高,但果穗损伤率及脱粒率也随之增大。

假设剥皮辊水平夹角为 α,采用被动型压送器作用时,果穗下时滑的受力分析,如图 2-56 所示。

$$Q_1 = Q\cos\alpha \tag{2-55}$$

$$Q_2 = Q\sin\alpha \tag{2-56}$$

$$T = Q_1 f_g = f_g Q\cos\alpha \tag{2-57}$$

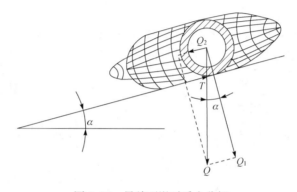

图 2-56　果穗下滑时受力分析

无压送器作用时,果穗下滑的条件:果穗重力在排杂剥皮辊轴向分力 Q_2 大于两排杂剥皮辊产生的阻碍果穗下滑的摩擦力 T,即

$$Q_2 > T \tag{2-58}$$

把式(2-56)、式(2-57)代入式(2-58)得

$$Q\sin\alpha > f_g Q\cos\alpha \tag{2-59}$$

把 $f_g = \tan\varphi_g$ 代入式(2-59)并化简得

$$\alpha > \varphi_g \tag{2-60}$$

式(2-55)~式(2-60)中:

Q_1——果穗重力在排杂剥皮辊径向分力(N);

Q_2——果穗重力在排杂剥皮辊轴向分力(N);

α——排杂剥皮辊轴线与地面的夹角(°);

T——两排杂剥皮辊产生的阻碍果穗下滑的摩擦力(N)。

假设排杂剥皮辊与果穗的静摩擦系数 $f_g = 0.5$,采用被动型压送器时,倾角 $\alpha > \varphi_g = 26.6°$,一般为 $30° \sim 35°$;采用主动型压送器,保证工作质量的条件下达到最高生产率时,倾角 α 一般为 $10° \sim 15°$。

5. 排杂剥皮辊长度与线速度的确定

1) 剥皮辊长度的确定

剥皮辊的长度对果穗的剥净率、籽粒损失率以及籽粒破碎率都有影响。剥皮辊长度过短，会导致果穗苞叶的剥净率过低，达不到玉米生产的要求；剥皮辊过长，若苞叶在剥皮辊的前段被剥净，剥皮辊的后段可能会"啃伤"已经剥净的果穗，导致籽粒损失率及破碎率提高。剥皮辊的长度与压送轮数量、类型有关，还与剥皮时间有关，在现代玉米收获机的剥皮装置中，剥皮辊有效长度约为 800～1150mm。根据试验表明，如果辊子长度再增加，剥净率虽稍有提高，但籽粒损失率及破碎率却明显增加。

2) 剥皮辊线速度的确定

剥皮辊线速度亦影响作业效果，线速度越高，生产能力越大，但过高时，果穗在剥皮辊上的稳定性变坏，工作质量变差。所以，剥皮辊线速度一般为 0.9～1.3m/s。

6. 剥皮辊的材料与表面结构

常用的剥皮辊材料有铸铁和橡胶两种。目前，玉米联合收获机上的剥皮辊的主要结构形式如图 2-57 所示。

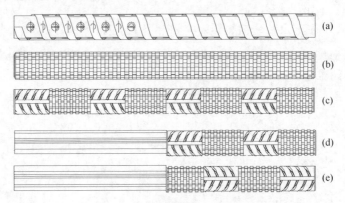

图 2-57　剥皮辊主要结构形式

（a）为带有剥皮抓钉及垫板的螺旋辊。其材料为铸铁 HT200，其表面铸有不连续的螺旋凸起，并在两螺旋凸起间加装有凸钉，以进一步提高剥皮辊的抓取能力，适应苞叶较紧、含水率较高的玉米穗，凸钉突出剥皮辊表面 1～2mm。剥皮辊上的凸钉为可拆卸的，可根据果穗苞叶含水率的不同对凸钉的数量进行调整。当果穗的含水率较低，苞叶与籽粒容易脱落或破碎时，则由后端向前端依次减少凸钉，以减少落粒和破碎损失。铸铁辊的造价低、制造方便、耐磨性能好、使用寿命长。

　　(b) 为橡胶辊,是由若干个橡胶环套在钢制芯轴上组合而成。橡胶环由耐磨性能好的橡胶材料制成,橡胶环外圈表面高低不平,凹槽深约为 2～3mm。橡胶辊表面与果穗苞叶摩擦力大,抓取能力强,剥净率高,籽粒破碎相对较少。对苞叶较松、含水率较低的玉米果穗剥皮效果好。

　　(c) 螺旋段与橡胶段交替排列组成的剥皮辊,其同样采用的钢制芯轴,螺旋段与橡胶段依次套装在芯轴上。螺旋段采用的是铸钢材料,形式采用的是双向螺旋结构;橡胶段与橡胶辊相似,均采用耐磨橡胶,表面带有纵向凹槽。

　　(d)、(e) 的前端均为凸棱,后端为螺旋段与夹布橡胶段交替排列组成的剥皮辊。与(c)最大的不同之处为前端的凸棱结构,该结构能有效排除混杂在玉米果穗中的断茎,防止剥皮辊的堵塞,同时省去了升运器处的排杂装置,简化整机结构,降低成本。

　　剥皮装置有铸铁辊-铸铁辊、铸铁辊-橡胶辊、铸铁辊-铸铁橡胶组合辊等多种组合方式。其中,铸铁辊-橡胶辊的组合方式剥净率高,籽粒啃伤率小,效果好。

　　剥皮辊常用的组合方式如图 2-58 所示。

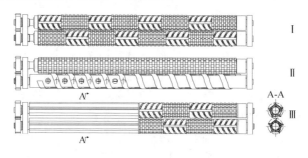

图 2-58　剥皮辊组合方式

7. 剥皮辊的配置

剥皮辊的布置方式主要有高低辊式和平铺辊式配置两种。

采用高低辊布置时,剥皮辊的配置有一定的高度差,两剥皮辊对玉米果穗的摩擦力大小差异大,有利于玉米果穗绕自身轴线旋转而将苞叶剥净。

剥皮辊轴心高度差根据果穗在两剥辊中的稳定性而确定,如图 2-59 所示,即

$$\alpha + \gamma < 90° \tag{2-61}$$

式中:α——果穗轴心到下辊中心连线 CB 与上、下辊中心连线 AB 的夹角;

　　　γ——AB 与水平线的夹角。

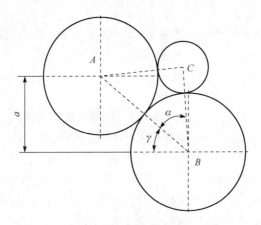

图 2-59　剥辊轴心高度差

剥皮辊的轴心高度不等时,有呈槽形和或 V 形配置两种形式,分别如图 2-60、图 2-61 所示。

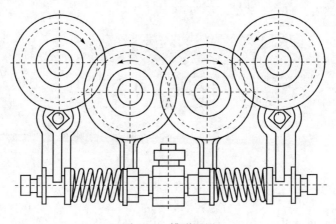

图 2-60　槽形配置

槽辊式配置的剥皮辊,玉米果穗在其表面的横向分布较均匀。目前很多玉米联合收获机及固定式的玉米剥皮机的剥皮装置采用这种布置型式,如乌克兰的赫尔松收获机厂生产的 KCKY-6 系列玉米联合收获机,如图 2-62 所示。但是田间试验表明剥皮辊采用高低辊式配置的玉米联合收获机,在作业过程中虽然可以获得较高的剥净率,但经常出现"啃伤"果穗和籽粒的现象,导致籽粒损失率和籽粒破碎率较高。

V 形配置的剥皮辊结构较简单,但是由于上层剥皮辊的回转方向相同使得果穗容易向一侧方向流动,导致剥皮装置作业效果较差,一般多用在辊数不多的小型机器上,而在大型自走式玉米联合收获机中很少使用。

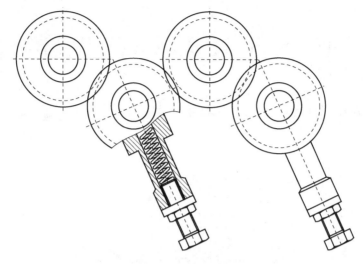

图 2-61　V 形配置

图 2-62　KCKY-6 型玉米联合收获机剥皮装置

　　平铺辊式配置,由于所有的剥皮辊轴心处于同一平面,因此结构相对简单,如图 2-63 所示。目前,很多大型自走式玉米联合收获机的剥皮装置采用平辊式布置,如约翰迪尔 6488 型自走式玉米联合收获机,如图 2-64 所示。中国农业机械化科学研究院承担的"不分行玉米收获技术和装备"课题研制的 4YZ-244 型自走式不分行玉米联合收获机采用的也是平辊式排杂装置。田间试验表明,平辊式配置的剥皮辊,作业时的籽粒损失率及破碎率较低,不易"啃伤"果穗及籽粒,表 2-5 列出了五种主要机型剥皮装置的参数。

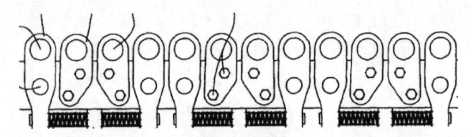

图 2-63　平铺辊式配置

图 2-64　约翰迪尔 6488 型自走式玉米联合收获机剥皮装置

表 2-5　主要机型摘穗器和剥皮机构的参数

机型 / 参数	中国 4YW-2	中国 4YL-2	苏联 KKX-3	德国 克拉斯公司	南斯拉夫 ZMAJ-2ZM
行数	2	2	3	6	2
作业速度/(km/h)	6.54~7.82	6.54	6.54	8	4~5
摘辊型式	纵向卧式	立式	立式	摘穗板（割台）	纵向卧式摘辊
喂入速度/(m/s)	1.67	3.5	—	—	1.45
摘辊对数	2	4	3	6	2
摘辊直径(外径/内径)/mm	94/74	94/72	85	100	72/52

续表

参数\机型	中国 4YW-2	中国 4YL-2	苏联 KKX-3	德国 克拉斯公司	南斯拉夫 ZMAJ-2ZM
摘辊长度/mm	650	290	290	400	总长 740～1115
摘辊倾角/(°)	35(与水平夹角)	25(与垂线夹角)	25	30	35(与水平夹角)
摘辊转速/(r/min)	750	1100	—	1022	820
摘辊形状及螺距/mm	螺旋爪形 螺距=171	螺旋爪形及六棱形螺距=171	—	四叶轮式	螺旋爪式 螺距=164
剥皮辊配置形式	槽型	槽型		无	槽型
剥皮辊倾角/(°)	12	12	无	—	无
剥皮辊直径/mm	94	72	—	—	72
剥皮辊长度/mm	—	—			1140
剥皮辊转速/(r/min)	280	304	—	—	334
压送器型式	叶轮式	叶轮式	—		叶轮式

2.4.3　压送器设计

实际作业中,由于剥皮辊的抓取能力不够、玉米果穗下滑速度小,而容易产生堵塞现象。因而,剥皮装置一般都设有压送器,可避免果穗在排杂剥皮辊上跳动,增强排杂剥皮辊的抓取能力,帮助玉米果穗下滑,避免堵塞现象,提高生产率和剥净率。压送器有主动型和被动型两种,一般多为主动型。如图 2-65 所示,凸轮式压送器是被动型;叶轮式、星轮式和链式输送带式压送器为主动型。其中,叶轮式压送器回转叶片多由弹性橡胶板做成,对果穗损伤小,结构简单,应用较为广泛;星轮式压送器可使玉米果穗在剥皮辊上的运动轨迹呈"S"形,可延长剥皮时间,有效提高剥净率。本节中主要介绍叶轮式和星轮式压送器。

1. 叶轮式压送器

1) 压送器构造

如图 2-66 所示,3 个叶轮式压送器设置在排杂剥皮辊的上方,每个压送器由 4 个弹性橡胶叶片组成,橡胶叶片边缘都开有豁口,可增强橡胶叶片边缘柔韧性,减小对果穗的损伤程度。

工作时,压送器将果穗、断茎、碎叶等压向排杂剥皮辊,增强排杂剥皮辊抓取断茎的能力;压送器在旋转过程中,把果穗向后推送,增强果穗在排杂剥皮辊上的流动性。

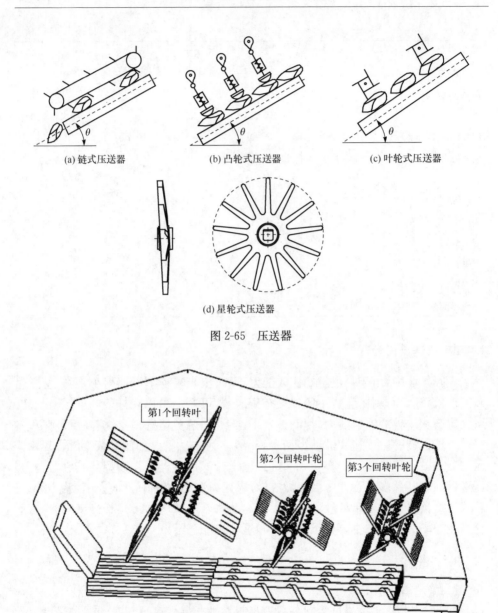

(a) 链式压送器　　　　　(b) 凸轮式压送器　　　　　(c) 叶轮式压送器

(d) 星轮式压送器

图 2-65　压送器

第1个回转叶

第2个回转叶轮

第3个回转叶轮

图 2-66　压送器组成

2) 压送器线外圆直径的确定

在排杂剥皮装置喂入口,果穗及断茎秆较多且非常杂乱,为了防止堵塞,增大拨送区域,第一个橡胶板叶轮外圆直径应足够大,以保证作业的连续性。根据升运器出口上缘与排杂剥皮辊上表面距离一般为 350mm 左右,第 1 个压送器中心与排杂剥皮辊前端距离一般为 300mm 左右,第 1 个压送器外圆直径为 500mm 左右时,基本能够把果穗与断茎喂入排杂剥皮装置。

在两相邻压送器之间,存有两个压送器都不能到达的区域 ——"死区",如图 2-67(a)所示。为了使尽可能多的果穗与断茎秆在拨送区域内,应减小"死区"区域。第一个压送器外圆直径一定,两相邻压送器外圆最小间距一定,且两压送器与排杂剥皮辊间距相等的情况下,减小第二个压送器的外圆直径可减小"死区"区域,如图 2-67(b)所示。假设,果穗的平均直径为 50mm,压送器与排杂剥皮辊间距为 30mm,两相邻压送器外圆间距为 1mm,第 2 个压送器外圆直径为 300mm。由几何方法可以求出,第 1 个、第 2 个压送器之间可以拨送的最小长度 L_{AB} 约为 215.5mm,小于果穗的平均长度 250mm,如图 2-67(c)所示。结合剥皮辊长度一般为 1000mm 左右,第 2 个、第 3 个压送器的外圆直径为 300mm 左右时,满足压送器拨送要求。

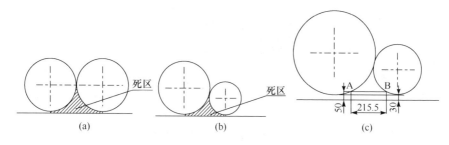

图 2-67　死区示意图

3) 压送器线速度的确定

压送器线速度是影响排杂剥皮装置作业效果的重要因素。线速度过低时,排杂剥皮装置生产率偏低,容易引起堵塞;线速度过高时,果穗与断茎秆在排杂剥皮辊上的停留时间缩短,断茎、碎叶和果穗苞叶不能及时排出,造成果穗箱含杂率升高、果穗剥净率降低。

为了避免排杂剥皮装置堵塞,以保证整机作业的连续性,第 1 个压送器的实际生产率 Q_b 应大于玉米收获机割台的生产率 Q_g。

割台生产率 Q_g 是指在作业速度一定的情况下,时间 t 内,喂入割台的果穗总重量 W_g,即

$$Q_g = \frac{W_g}{t} = \frac{n_g m_g V_1}{L_1} \tag{2-62}$$

式中:n_g——割台工作行数;

　　　m_g——单个果穗平均重量(kg);

　　　V_1——作业速度(m/s);

　　　L_1——玉米植株平均株距(m)。

第 1 个压送器的生产率 Q_p 是指第 1 个压送器在线速度一定的情况下,在时间 t 内,实际拨送的果穗总量 W_p。果穗在第 1 个压送器拨送下滑动时,其滑动速度小于第 1 个压送器线速度 V_{r1}。假设果穗在排杂剥皮辊上的滑动速度 $V_g = \lambda V_{r1}$,果穗之间隔开一定的距离 ΔL,则第 1 个压送器的生产率 Q_p 为

$$Q_p = \frac{W_p}{t} = \frac{n_p m_g V_g}{L_2 + \Delta L} = \frac{\lambda n_p m_g V_{r1}}{L_2 + \Delta L} \tag{2-63}$$

式中:V_g——果穗的下滑速度(m/s);

V_{r1}——第 1 个压送器的线速度(m/s);

n_p——排杂剥皮辊对数;

L_2——果穗的平均长度(m);

ΔL——果穗的平均间距(m);

λ——速度折算系数。

排杂剥皮装置连续作业的必要条件为:$Q_p > Q_g$,即

$$\frac{\lambda n_p m_g V_{r1}}{L_2 + \Delta L} > \frac{n_g m_g V_1}{L_1} \tag{2-64}$$

$$V_{r1} > \frac{n_g V_1 (L_2 + \Delta L)}{\lambda n_p L_1} \tag{2-65}$$

表 2-6　株距与果穗长度测定表

测定地点	测定时间	测定项目	测定值										
			1	2	3	4	5	6	7	8	9	10	平均
北京	2007.10.2	L_1	30	27	31	26	33	35	30	31	30	27	30
		L_2	28	26	27	25	26	28	25	27	24	29	26.5

注:L_1 为玉米植株平均株距,cm;L_2 为果穗的平均长度,cm。

田间试验时,对玉米株距与果穗长度的测定数据见表 2-6。由该表可知,玉米平均株距为 30cm,果穗平均长度为 26.5cm。若 ΔL 以 5cm 计,则 L_1 与 $L_2 + \Delta L$ 相差不大。假设 $L_1 = L_2 + \Delta L$,$n_g = n_p = 4$,$\lambda = 0.5$ 则式(2-65)可化简为

$$V_{r1} > 2V_1 \tag{2-66}$$

由式(2-66)可知,第 1 个压送器线速度大于机器最大作业速度的 2 倍时,果穗能够顺利喂入排杂剥皮装置。同上分析可知,第 2 个压送器的线速度大于第 1 个压送器的线速度,第 3 个压送器的线速度大于第 2 个压送器的线速度时,可避免果穗发生堆积,保证排杂剥皮装置连续作业。根据样机作业速度 $V_1 = 1$m/s 左右,压送器第一个叶轮的线速度一般为 $2 \sim 2.5$m/s,其后叶轮圆周线速度依次增加,增幅一般为 $0.2 \sim 0.3$m/s。

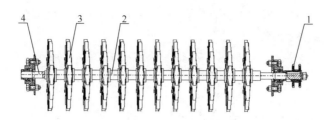

图 2-68 星轮式压送器装配示意图

1. 链轮；2. 隔套；3. 拨动橡胶轮；4. 传动轴

2. 星轮式压送器

星轮式压送器主要由拨动星轮、传动轴、链轮等组成，如图 2-68 所示。拨动星轮串联装在在传动轴上，中间用隔套隔开。外部动力通过链轮带动传动轴，传动轴带动拨动星轮转动，输送玉米果穗的作用。

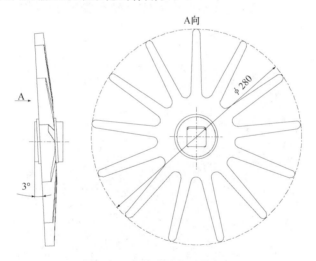

图 2-69 指轮盘式拨动橡胶轮

拨动星轮结构如图 2-69 所示，其材料为耐磨的橡胶材料，同时具有较好的柔韧性，降低了剥皮时籽粒损失率以及籽粒破碎率。轮外缘直径为 280mm，其端面与轴线不垂直，与垂直方向的夹角为 3°。相邻两组拨穗星轮相互啮合反向安装，如图 2-66 所示，转动时，拨穗星轮会绕其轴线"偏摆"，能左右拨动果穗，使玉米果穗在剥皮辊上的运动轨迹呈"S"形，可延长剥皮时间，同时能使果穗绕自身轴线旋转，使得果穗与剥皮辊的接触更加充分，提高剥净率。

相邻两个指轮盘式压送器在剥皮装置上安装时，交叉安装，两轴中心距为 195mm 左右，如图 2-70、图 2-71 所示。这种交替安装形式能更有效地拨动果穗，减小了板式压送器所产生的"死区",约翰迪尔 6488 型自走式玉米联合收获机即采用了星轮式压送器,如图 2-72 所示。

图 2-70　星轮式压送器

图 2-71　星轮式压送器俯视图

图 2-72　约翰迪尔 6488 型自走式玉米联合收获机星轮式压送器

2.4.4　籽粒回收装置

玉米在剥皮的过程中,不可避免地会有籽粒掉落,为了尽可能减少籽粒损失,大多数自走式玉米联合收获机上都装有玉米籽粒回收装置。玉米籽粒回收装置主要有刮板式、螺旋输送式式和振动式三种。

1. 刮板式籽粒回收装置

刮板式玉米籽粒回收装置是通过回转的刮板将落在带孔的钢板上的剥皮装置排下的断茎秆、玉米叶、玉米苞叶、玉米籽粒等混合物进行分离,由于带孔钢板的分离率小、刮板无振动,大部分玉米籽粒被刮板带走,损失较大,目前应用较少。

2. 螺旋输送式籽粒回收装置

螺旋输送式籽粒回收装置由苞叶输送器、籽粒清选筛和籽粒回收输送器等组成,如图 2-73 所示。籽粒清选筛的结构是编织网式或冲孔板式搅龙壳体。

苞叶输送器的一端与机架连接,另一端则与籽粒回收筛相连。经过剥皮装置剥掉的玉米苞叶以及夹杂在其中的籽粒落入到苞叶输送器中,苞叶输送器中的输送搅龙在将剥掉的苞叶与玉米籽粒向机体外边输送的同时又能搅动苞叶,使其中夹带的籽粒从苞叶中分离出来。分离的籽粒又通过带孔的籽粒回收筛落入下方的籽粒回收输送装置中,通过籽粒回收输送器将回收的籽粒输送到第二升运器中。螺旋输送式籽粒回收装置回收能力强,分离性能也较好。

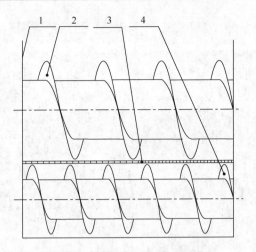

图 2-73　螺旋输送式籽粒回收装置
1. 机架；2. 苞叶输送器；3. 籽粒回收筛；4. 籽粒回收输送器

3. 振动式式籽粒回收装置

振动式玉米籽粒回收装置由于受到整机结构的限制，筛面不能设计的很长、振幅不能很大，由于剥皮装置排下的断茎秆、玉米叶、玉米苞叶、玉米籽粒等混合物几何尺寸、空气漂浮特性差异大，使得其分离效果较差，裹夹在苞叶中的玉米籽粒无法分离出来。

振动式玉米籽粒回收装置包括机架、传动装置、分离装置和籽粒箱，其中传动装置设置在机架上，籽粒箱设置在分离装置下方，分离装置包括第一分离装置和分离筛，如图 2-74 所示。

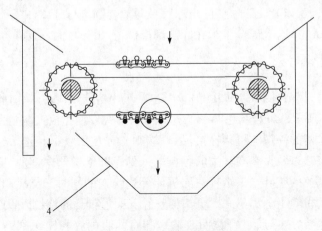

图 2-74　振动式玉米籽粒回收装置

第一分离装置由两条同步运行的分离链及布置在两分离链之间的多根圆钢组成,圆钢间隔布置于整个链长上,圆钢之间的间距约为 15~25mm,以组成栅条筛,两圆钢之间栅条孔。每根圆钢的两端通过铆钉铆接或焊接等方式连接在两条链条的链板,如图 2-75 所示。

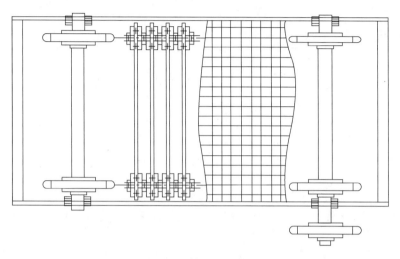

图 2-75　第一分离装置

分离筛位于第一分离装置中间,即分离链的松边与紧边之间。分离筛为钢丝网,网格变长为 10~30mm,以利于玉米籽粒的回收。

当机器工作时,从剥皮装置落下的断茎秆、玉米苞叶、玉米籽粒等混合物落在分离链的上边(紧边),链轮驱动分离链转动,将这些混合物进行分离。大杂质由于不能通过分离链上部的栅条孔,随着分离链的转动送到前端排向地面;玉米籽粒与部分较小的杂质穿过分离链的栅条孔落到分离筛上,再经过分离筛的二次分离,较大的杂质留在筛子的网面上,经分离链刮送到分离筛的前端排向地面,而籽粒及较小的杂质再次穿过分离链的下边(松边)上的栅条孔,落入籽粒箱中,实现玉米籽粒的回收。

在上述籽粒回收装置中,采用的是籽粒回收箱回收籽粒,在部分玉米联合收获机采用升运器将回收的籽粒输送到果穗箱中,如图 2-76 所示。从剥皮装置落下的籽粒,经过链条式籽粒回收装置的清选、分离之后,落到剥皮装置机架底板上,然后籽粒沿着底板滑到升运器的入料口,同剥完皮的玉米果穗同时输送到果穗箱。

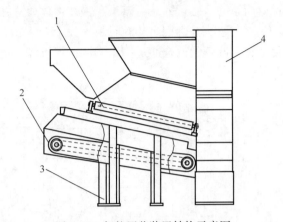

图 2-76　籽粒回收装置结构示意图

1. 剥皮装置；2. 链条式籽粒回收装置；3. 剥皮装置机架底板；4. 升运器

2.5　玉米果穗收获机动力配置型式

按动力配置型式分，我国玉米果穗收获机主要有牵引式、背负式和自走式三种。

2.5.1　牵引式玉米果穗收获机

如图 2-77 所示，牵引式玉米联合收获机是由拖拉机牵拉作业，所以在作业时由拖拉机牵引收获机再牵引果穗收集车，配置较长，转弯、行走不便，主要应用在大型农场。用于配套大、中型拖拉机，一次可实现 2～3 行收获作业，可完成摘穗、剥皮、果穗升运、茎秆粉碎还田等多项工作。

这种玉米收获机械存在的主要问题是：作业时需首先人工开道，与垄距匹配性差，易推倒或侧向压倒茎秆，对倒伏的适应性差（不利于粉碎还田），效率低，难以打开市场。

2.5.2　背负式玉米果穗收获机

背负式玉米联合收获机是指将玉米收获台、升运器、果穗箱安装在拖拉机上，实现玉米机械化收获的机器，它可提高拖拉机的利用率、机具价格也较低。但是受到与拖拉机配套的限制，作业效率较低。目前国内已开发有单行、双行、三行等产品，分别与小四轮及大中型拖拉机配套使用，按照其与拖拉机的安装位置分为正置式和侧置式，一般多行正置式背负式玉米联合收获机不需要开作业工艺道。

图 2-77　牵引式玉米果穗联合收获机

　　背负式玉米联合收获机一般设计为"□"形,纵向对称配置。玉米收获台、前悬挂架、后悬挂架、果穗箱、秸秆粉碎器等部件的纵向对称线,布置在整机的纵向对称线上,果穗升运器布置在机器右侧,中间传动机构布置在机器左侧,整机左右重心设计合理,稳定性好。工作部件的传动轴相互平行,通过套筒滚子链、三角传动带实现动力传递,结构简单,可靠性高,经济性好。

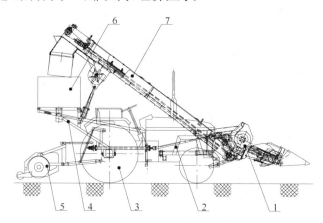

图 2-78　背负式玉米联合收获机示意图

1. 玉米收获台；2. 前悬挂架；3. 拖拉机；4. 后挂架；5. 秸秆粉碎器；6. 果穗箱；7. 果穗升运器

　　如图 2-78 所示,玉米收获台配置在拖拉机的前方,上部挂接在前悬挂架上,下方由 2 个收获台升降油缸支撑。果穗升运器配置在拖拉机的右侧,其下端与收获台挂接,与收获台的升降联动,上部通过安装在后悬挂架上的油缸支撑与升运器相

连的排杂风机壳体,控制升运器的升降,用于果穗箱装满时卸粮和运输时降低运输
高度。升运器的尾部装有一对排杂辊,可排出断茎秆,升运器的下面装有排杂风
扇,可排出夹在果穗中的轻杂。果穗箱配置在拖拉机的后方,安装在后悬挂架上,
其左侧与后悬挂架铰接,底部安装有果穗箱升降油缸,实现果穗箱左侧翻倾卸粮。
升运器出料口还设计有卸粮滑槽,滑槽拉向左侧,向果穗箱卸粮,拉向右侧,可以跟
车卸粮。秸秆粉碎器挂接在拖拉机的后悬挂架上,由油缸控制升降。整机前后重
心配置合理,稳定性好。液压系统采用16MPa的系统压力,采用DF3-40型多路
手动阀,分别控制收获台升降和果穗箱卸粮。

　　图2-79为具有一定代表性的4YG-180型背负式不分行玉米收获机传动路线
图,拖拉机后端的动力输出轴通过链轮传动中间传动轴,经万向联轴器驱动分动
箱。分动箱的一个输出轴驱动收获台中间传动轴,其中一路传递给收获台搅龙,另
一路传给收获台输入齿轮箱,经换向后传动3个拉茎辊箱体,各拉茎辊箱驱动一对
长、短拉茎辊,长拉茎辊传给导入辊传动箱,驱动导入辊;同时,拉茎辊箱传给切刀

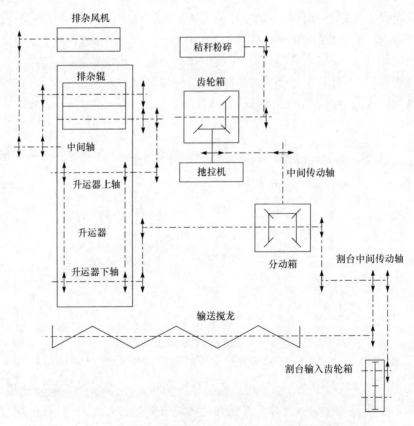

图2-79　4YG-180型背负式不分行玉米收获机传动路线图

和拨禾轮驱动箱,驱动拨禾星轮和茎秆切刀。分动箱的另一个输出轴驱动果穗升运器下轴,升运器上轴传动升运器尾部的一对上下排杂辊,由下排杂辊传动排杂风机。拖拉机后端的动力输出轴另一路通过万向联轴器驱动齿轮箱,齿轮箱输出轴传动秸秆粉碎器。

2.5.3　自走式玉米果穗收获机

如图 2-80 所示,自走式玉米果穗收获机具有专用的行走底盘,该类产品国内目前有三行和四行,其特点是工作效率高,作业效果好,使用和保养方便,但其用途专一。

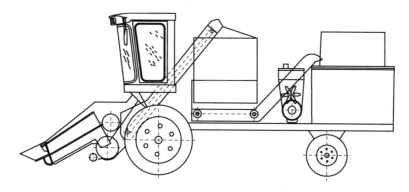

图 2-80　自走式玉米果穗收获机结构示意图

玉米联合收获机械底盘主要由发动机、动力传输系统、静液压驱动装置、车架、前桥总成、转向桥总成、驾驶操纵机构,以及液压操纵系统、电器系统等组成。是整机动力的提供者和行走的承担着,因此底盘设计应充分考虑整机性能的要求,除满足各工作装置的要求外,还应注意收获机动力性、稳定性(包括极限翻转角、下滑临界角)、操纵稳定性(转向特性参数、本身侧倾角)、制动点头角、制动性能、最小转向半径、最小离地间隙、纵向通过半径、质量参数等因素(包括自重、载荷分配等)。

1) 发动机功率及传动路线

我国 3 行自走式玉米联合收获机配套动力一般为 53kW(72hp)左右,4 行自走式玉米联合收获机为 72kW 左右。发动机横向配置,动力通过发动机动力输出口传递给双联齿轮泵,通过多槽皮带轮传递给双联变量泵和其他工作部件,双联变量泵把液压油传递给行走液压马达,液压马达驱动底盘行驶。传动路线如图 2-81 所示。

以自走式 4 行玉米联合收获机为例,在籽粒含水率为 25%～40%,茎秆含水率 30%～60%,植株倒伏率低于 5%,接穗高度大于 300mm 条件下,采用配套动力:82kW(110hp),中档作业速度 4km/h,理论生产率 6600m^2/h。各部分的功率

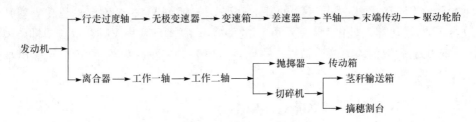

图 2-81　自走式玉米联合收获机传动路线

分配为:

摘穗部分:每个割道约 3.5kW,4 个割道共 14kW,加上剥皮、输送约 4kW,合计 10kW;

切碎部分:切割。输送约 4.5kW,切碎与抛掷合计 20kW,合计 24.5kW;

行走部分:由于作业时最大工作速度不超过 6km/h,因此作业时功耗不超过 20kW。

因此,功率总消耗为 62.5kW,发动机功率为 82kW,故收获机的功率储备为 19.5 kW,功率储备系数为 23.8%(一般应为 20%～30%)。

2) 整机稳定性

自走式 4 行玉米联合收获机工作装置置于前端,悬挂设备重心在前,而且整机重心在两轮之间,使其纵向稳定性较好,爬坡时一般不会发生到反转现象。防止收获机上坡时不至于向后滑行,如图 2-82 所示,对最大爬坡角(下滑临近角 θ)验算如下。

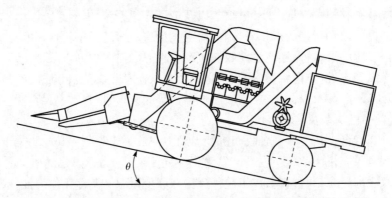

图 2-82　自走式 4 行玉米联合收获机最大爬坡角

$$\sin\theta = \frac{Pq - (Pf_1 + Pf_2)}{Gs + G} \tag{2-67}$$

式中:Pq——驱动轮的切向力;

Pf_1、Pf_2——前、后轮的滚动阻力。

从而可以计算出 θ 的大小。

3）液压系统

液压系统包括变量液压泵和定量马达组成的静液压驱动系统,液压转向器与转向油缸组成的机器转向系统,割台升降、粉碎器升降、卸粮翻转等组成的操纵系统等 3 个子系统,共用一个油箱,机器转向独用双联齿轮泵中的一个油泵,割台升降、粉碎器升降、卸粮翻转共用双联齿轮泵中的另一个油泵,通过手动多路阀进行操纵。底盘采用变量液压泵和定量马达分置式静液压驱动系统,如图 2-83 所示。

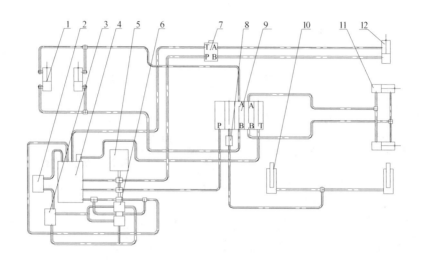

图 2-83　轮式底盘液压系统示意图

1. 卸粮油缸;2. 散热器;3. 马达;4. 油箱;5. 发动机;6. 双联变量泵;7. 液压转向器;8. 单向节流阀;9. 手动多路阀;10. 割台油缸;11. 粉碎器油缸;12. 转向油缸

下面以 4YZ-244 不分行玉米收获机轮式静液压驱动底盘液压驱动系统校核计算为例,正常作业速度设计在 $V_m＝3\sim 5km/h$,装机作业质量设计为 6000～8000kg,对轮式底盘液压驱动系统进行校核计算如下。

（1）最大滚动阻力矩的计算。

$$M＝F_f R＝fm_c gR \qquad (2\text{-}68)$$

式中:f——滚动摩擦系数(①机器在压实的路面上时,$f＝0.05$;②机器在田块中下陷不大时,$f＝0.1$;③机器在田块中下陷 30cm 左右时,$f＝0.3$);

m_c——装机作业质量,$m_c＝8000kg$;

g——重力加速度,$g＝9.8m/s^2$;

R——驱动轮半径,驱动轮直径 $D＝1.33mm$,半径 $R＝0.665m$,考虑到轮胎变形,取 $R＝0.635m$。

机器在田块中下陷 30cm 时,滚动阻力矩最大:

$$M_{\max}=0.5\times8000\times9.8\times0.635=24892\text{Nm}$$

（2）液压马达的驱动力矩计算。

$$M_{马}=1.59Pq_{马}\,\eta \tag{2-69}$$

式中：P——液压系统额定工作压力，已知 $P=28\text{MPa}$；

　　$q_{马}$——液压马达排量，已知 $q_{马}=75\text{ml/r}$；

　　η——总效率，$\eta=0.9$。

液压马达驱动力矩：

$$M_{马}=1.59\times28\times75\times0.9=3005\text{Nm}$$

（3）驱动轮的驱动力矩计算。

$$M_{轮}=M_{马}\,i \tag{2-70}$$

式中：i——减速比，两个挡位的减速比分别为 $i_{低}=58.47$、$i_{高}=21.26$。

如果液压马达排量为 75ml/r，工作压力为 28MPa 时，机器前进速度最高，即 $i_{高}=21.26$ 时，驱动轮的驱动力矩最小：

$$M_{轮\min}=3005\times21.26=63886\text{Nm}$$

由 $M_{轮\min}=63886\text{Nm}>M_{\max}=24892\text{Nm}$ 可以看出，液压马达排量为 75ml/r，工作压力为 28MPa 时，机器即使在最差田块中也能以最高速作业。

（4）液压泵的转速确定。

4YZ-244 不分行玉米收获机载质量为 2～3t，装机作业质量为 6～8t 的轮式底盘，作业速度为 1.39m/s 时，行走消耗的最大功率为

$$W_{行}=fmcgv=0.3\times8\times10^3\times9.8\times1.39=32.69\text{kW} \tag{2-71}$$

式中：v——作业速度，m/s。

液压马达的输出功率 $W_{马}$ 必须大于行走消耗的最大功率 $W_{行}$ 才能正常作业。

即 $W_{马}=W_{泵}\,\eta=Pnq_{泵}\,\mu>W_{行}$

$$n>\frac{W_{行}}{Pq_{泵}\,\eta} \tag{2-72}$$

式中：n——液压泵的转速（r/s）；

　　$q_{泵}$——液压马达排量，已知 $q_{泵}=74\ \text{ml/r}$。

额定工作压力 $P=28\text{MPa}$ 时，液压泵转速：

$$n>\frac{W_{行}}{Pq_{泵}\,\eta}=\frac{32690}{28\times74\times0.9}=17.5\text{r/s}$$

因而排量为 74ml/r，工作压力为 28MPa 的液压泵的输入转速，至少大于 17.5r/s，才能满足轮式底盘装机作业质量 6～8t、作业速度 5km/h 的设计要求。

（5）割台油缸承重计算。

割台的升降由 2 根升降液压缸来实现，如果割台升降油缸活塞半径 $R=$

0.03m,行程为 $L=0.18$m。割台油缸的供油齿轮泵为排量 12ml/r,工作压力 16MPa。工作时系统效率按 80% 计算,则实际系统压力为 12.8MPa。单根割台油缸承重计算如下:

$$m=\frac{2P_1S}{g} \tag{2-73}$$

式中:m——割台油缸所能承受的质量(kg);

　　　P_1——割台油缸的工作压力,已知 $P_1=12.8$MPa;

　　　S——割台油缸活塞面积,为

$$S=\pi R^2=3.14\times0.03\times0.03=2.862\times10^{-3}\text{m}^2;$$

　　　g——重力加速度,$g=9.8$m/s²。

$$m=\frac{2\times12.8\times10^6\times2.862\times10^{-3}}{9.8}=7382\text{kg}$$

在配套割台时,应考虑割台油缸的最大承受质量 7382kg,不得大于油缸最大承受能力。

4)电气系统

玉米联合收割机的常规电气系统包括常规电路、监测、指示、报警系统。玉米联合收获机传统的电气系统由蓄电池、启动机、充电发电机、调节器、启动预热器、各种电气开关、指示仪表、传感器、灯具、音响等组成。用来启动发动机,夜间照明,指示工作部件的状况,发出故障报警的灯光、音响信号。使驾驶员能掌握机器的工作状况如电流、水温、油压、油温、发动机转速等,及时发现和处理故障。玉米联合收获机常用的监视装置有发动机监视装置、工作部件监视装置和工作质量监视装置。其中发动机监视仪已成为标准设备,工作部件和工作质量监视装置有开关信号报警器、转速监视器和籽粒随时监视装置等。

(1)开关信号报警装置。

常用于粮仓装满玉米信号报警。它的传感器是常开触点微动开关。当开关受外界压力时,其触点闭合,电路接通,指示灯亮,音响器发出响声。开关报警器的工作原理如下图 2-84 所示。

(2)转速监视装置。

该装置主要用于驾驶传动轴的转速,当工作部件由于某种原因,转速下降时,监视器会发出声、光信号,从而可以防止部件堵塞和损坏,提高使用可靠性、工作质量和工作效率。现代玉米联合收获机关键部位的轴上都装有电磁式转速监视器,它可以在工作部件转速低于额定转速的 10%~30% 时发出声光信号。

转速监视装置由传感器和仪表两部分组成。传感器安装在所需坚实的传动轴上,仪表安置在驾驶室内。两者用导线连接起来。传感器的形式有两种:干簧管式传感器和缺口圆盘式传感器。仪表部分由输入电路、积分电路、电压比较器、电子

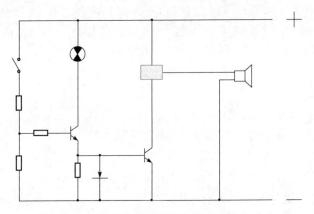

图 2-84　开关信号报警装置工作原理

开关、指示灯和讯响器组成,其工作原理可用框图标示,如图 2-85 所示。

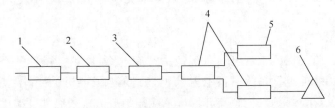

图 2-85　转速监视仪表的工作原理

1. 输入电路;2. 积分电路;3. 电压比较器;4. 电子开关;5. 指示灯;6. 讯响器

当轴的转速正常时,传感器将脉冲信号送入输入电路,经积分电路将不连续的方波信号改变为连续的模拟电压,然后送入电压比较器。此时输入的电压与电源电压相差不大,经电压比较器输出的电压不能使用电子开关导通,因此,指示灯和音响器不起作用。当被监视轴的转速下降 20% 时,输入的电压下降,经电压比较器输出的电压足以使电子开关导通,使指示灯亮,音响器发出声音。驾驶员就可及时采取措施,使玉米联合收获机保持正常工作。

(3) 玉米籽粒损失监视装置。

为了使玉米联合收获机保证籽粒损失在允许范围内充分发挥机器的生产率,有些收获机采用籽粒损失监视装置。

在收获机驱动轮上安装行走速度传感器,将速度转换成电量输入电路中,然后将损失量除以机器行走速度,即可得到单位面积的损失量。

在联合收获机上,除上述驾驶装置外,还正在研究用微波和超声波以及电子来检测收割台前方玉米情况(如植株密度、高度和产量等)以及收割时能指示作物湿度的监视装置。

2.6　秸秆处理装置

玉米秸秆含有丰富的营养和可利用的化学成分,是传统的畜牧业饲料的原料,也是农村地区取暖做饭的燃料,随着农业科技和新能源利用的发展,玉米秸秆的用途也是愈加广泛,既可收集起来作为工业生产的原料,又可粉碎还田成为改良土壤特性的有机肥料。目前,玉米果穗收获机的秸秆处理主要有秸秆粉碎还田和切碎回收两种方式。

2.6.1　玉米秸秆切碎装置

玉米秸秆坚硬、粗壮而且长度大,单位面积产量高,它的切碎与抛送(撒)是耗能最大的作业之一。目前,从国内外应用在玉米收获机上的切碎装置来看,主要分为几种方式:滚筒式、盘刀式、甩刀式和拉茎刀辊式四种类型,如图 2-86 所示。

　　(a) 甩刀式　　　　　(b) 滚刀式　　　(c) 滚刀甩刀组合式　　　(d) 灭茬还田机

图 2-86　玉米收获机用切碎装置

其中盘刀式切碎器主要缺陷是传动复杂,结构不紧凑,圆盘刚度较差,切割过程中滑切角变化幅度较大,导致切割阻力矩急剧变化,其峰值均较高,因而功耗增加;且刀轴负荷不均匀,回转稳定性差,导致切割质量变坏。甩刀式切碎器性能受秸秆湿度影响很大,湿度提高时,能量比耗直线增加,生产率也急剧下降。因此盘刀式和甩刀式切碎器应用渐少。滚筒式切碎器结构紧凑,滚筒上可安装较多的动刀,滚筒在较低转速时,仍可获得较短的切碎段。滚筒上的动刀速度一致,切碎质量较好。滚筒式切碎器还具有安装方便。易于刃磨等优点,因此,滚筒式切碎器被广泛应用。

茎秆粉碎装置在玉米联合收割机上一般有三种安装位置:一是位于收割机后轮后部;二是位于摘穗辊和前轮之间;三是位于前后两轮之间,用液压方式提升。茎秆粉碎装置通过支撑辊在地面行走。

玉米联合收割机通过动力输出轴经过万向节将动力传至秸秆粉碎装置的变速箱,经过两级加速后带动切碎部分的刀轴高速旋转,均匀分布。

1. 滚筒式切碎装置

滚筒式切碎装置由滚筒轴、刀轮盘和动刀片组成,简图如图 2-87 所示。刀片的刃线都在一个空间曲面上。常见的滚筒式切碎器主要有螺旋滚筒式、直刃斜装滚筒式和平板滚筒式三种,滚筒式切碎装置动刀刀刃的运动轨迹为圆柱面,它与定刀配合切碎秸秆,动、定刀间隙可调,一般在 0.25~1mm。根据有无抛送功能又可分为直抛式和带有专用抛送器式。直抛式切碎装置的切碎滚筒除完成切碎秸秆外还有抛送秸秆的功能。根据动刀形式不同,又分为螺旋滚筒式、直刃斜装滚筒式和平板滚筒式,其中,螺旋滚筒式切碎器的动刀片的刀刃是螺旋线形,定刀刃具有直线刀刃,安装时与动刀刀刃绕轴旋转形成圆柱面的母线相平行,可以保证相等的切割间隙。螺旋滚筒式切割器具有工作负荷均匀、切割质量好、机器振动小的特点,但是螺旋刀制造要求精度高,刃磨和间隙调整比较困难,不易保证切割质量,故其使用也受到一定程度限制。直刃斜装滚筒式切碎器是国内首创的,并获得普遍推广。它的结构简单紧凑,动刀刃和定刀刃都是直线刃,而且都是倾斜安装,制造和刃磨都比较方便,动刀片刃线回转形成的轨迹是一个旋转单叶双曲面。其定刀的正确安装位置只有一个,其某一转角时动刀刃线的共轭线。如果偏离了这个位置,就会引起刀片间隙两端小、中间大,导致切割质量严重下降。平板滚筒式切碎器是20 世纪 80 年代国外迅速推广的一种新型切碎器,其动、定刀都是平直的,但是动刀刃线实际上是椭圆曲线的一段,其滑切角沿滚筒长度方向是变化的。平板滚筒式切碎器的设计刀片具有良好的切碎功能,既功耗小,又制造方便、成本低,但须与抛送叶片连接,以达到机械式气流输送的目的。立式滚刀在设计时采用椭圆刃口的平板刀,既能使在切割过程中实现滑切,又能使结构紧凑,易于在摘穗辊后边布置。

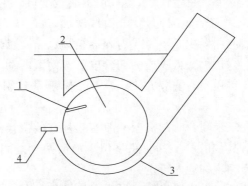

图 2-87　滚筒式切碎装置
1. 动刀；2. 切碎滚筒；3. 壳体；4. 定刀

2. 盘刀式切碎装置

盘刀式切碎装置质量轻、结构简单、纵向尺寸小、易于悬挂作业,刀盘转动惯量大,有利于克服负荷不均。盘刀切碎在单行或两行的应用已经实现,但用于 3 行及以上收获机上,因结构庞大不易实现。如图 2-88 所示,其主要有刀盘、动刀、定刀、抛送叶片和壳体组成。动刀片大都采用直刃口,动刀数量为 6～8 把,盘刀式切碎装置由于刚性交叉,动定刀间隙稍大。在盘刀式切碎装置的刀盘上,只有在动刀之间径向安装抛送叶片或利用安装动刀的刀座部分作为抛送叶片,就具有很强的抛送能力,因此不需要专用的抛送器。但体积较大。动刃形式有直线形、折线形、凸圆弧形、凹圆弧形等。

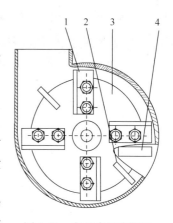

图 2-88　盘刀式切碎装置
1. 动刀；2. 抛送叶片；
3. 刀盘；4. 定刀

3. 甩刀式切碎装置

甩刀式用于多行,结构简单,重量轻,使用调整方便,且不需要喂入机构等辅助装置。但结构庞大,由于重心高和产生振动,切碎质量较差,适合于小型收获机,如图 2-89 所示。甩刀形式有"T"型和"L"型,代表机型有 9QS-1 型玉米青饲料收获机等。但由于采用无支撑切割方式,所需切割速度较大,茎秆切碎效果不理想,危险系数高;从国内外生产的甩刀式切碎机的设计及其某些参数的性能与评价看,甩刀端部所划过轨迹的直径的变化范围在 580～600mm,转速 1000～1600r/min。

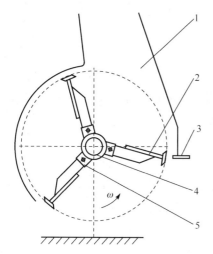

图 2-89　甩刀式切碎装置
1. 壳体；2. 甩刀；3. 定刀；
4. 刀轴；5. 铰链刀座

4. 拉茎刀辊式切碎方式

拉茎刀辊式产生于 20 世纪 80 年代美国和德国等国家,每行玉米茎秆的拉引和茎秆切碎由拉茎刀辊装置完成,玉米穗的采摘和茎秆的切割部件完全合为一体,不再需要另外的茎秆切碎装置,一次完成玉米摘穗、茎秆粉碎还田的收割过程。

玉米割台由护罩、拨禾链、摘穗板、刀片式拉茎辊、齿轮箱、摘穗架等部件组成,如图 2-90 所示。将切碎刀片放置于拉茎辊方辊上,该拉茎辊方辊上装有 4 片切碎刀片,通过螺栓、螺母固定在拉茎辊上。一对相对放置的拉茎辊组成一组摘穗装置。

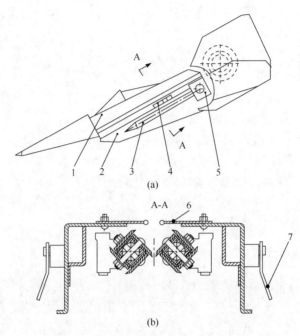

图 2-90　拉茎刀辊式割台主要工作部件

1. 护罩;2. 摘穗架;3. 拉茎刀辊;4. 拨禾链;5. 齿轮箱;6. 拉茎刀辊刀片间隙调整手柄;7. 摘穗板

当玉米割台齿轮箱带动拉茎辊旋转时,一对拉茎辊相对旋转如图 2-91 所示,前端双螺旋导锥将茎秆导入。相对转动的刀片夹持住玉米茎秆向下拉,转过刀片之间的最小间隙以后将玉米茎秆切断。在玉米茎秆还没有切断之前,第二对刀片又夹持住玉米茎秆。玉米茎秆经过拉茎辊刀片的夹持、向下拉、切碎,实现

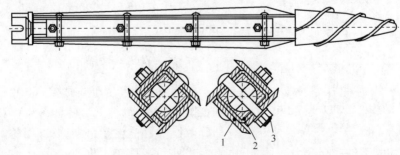

图 2-91　拉茎刀辊结构图

1. 切碎刀片;2. 拉茎辊方辊;3. 螺栓螺母

了玉米摘穗、茎秆切碎的目的。相对转动的刀片之间最小间隙为 2～3mm。由于玉米品种不一样或收割期前后的差别,玉米茎秆会出现过早切断或茎秆切断不彻底现象。此时要通过拉茎辊刀片间隙调整手柄调整刀片间隙,使收获达到理想状态。

1) 茎秆切段长度

茎秆切段长度为 L,拉茎辊每转一圈茎秆被切成 4 段,因此其计算公式为

$$L = \frac{2R\pi}{4\sin\alpha} \tag{2-74}$$

式中:R——拉茎辊半径;

α——玉米茎秆与拉茎辊轴线之间的夹角,如图 2-92 所示。

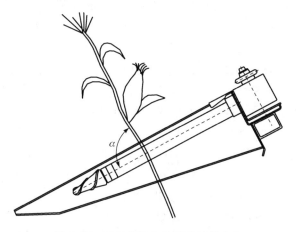

图 2-92　玉米茎秆与拉茎辊轴线夹角

由上式可以看出,茎秆切段长度与拉茎辊半径、玉米茎秆与拉茎辊轴线之间的夹角有关,与拉茎辊转速、收割机前进速度无关。当 $\alpha = 90°$ 时切断长度最短。

2) 收割速度与刀片长度匹配性

拉茎辊刀片长度 D 为

$$D = \frac{H}{2(\cos 20°)RN\pi}V_1\eta \tag{2-75}$$

式中:R——拉茎辊半径;

H——玉米割茬以上玉米茎秆高度(1500mm);

N——拉茎辊转速(1005r/min);

$20°$——为收割玉米拉茎辊与地面的夹角;

η——玉米茎秆与刀片相对滑动系数,当玉米茎秆与刀片摩擦力为 0 时(没有滑动阻力),即 $\eta = 1$。实际收割中,当玉米茎秆第一刀被切断时就被刀片夹持

住,只有拨禾链向后拨动玉米茎秆使其有相对滑动。

可以在实现摘穗的同时,又可切碎玉米茎秆,省却了原有的专用茎秆破碎装置,其结构简单,动力消耗少。但只能切碎还田,不能回收,且切碎长度不容易控制,刀辊加工较困难。

2.6.2　茎秆切碎还田装置

美国、加拿大等国家的玉米秸秆大部分用于还田。国外的茎秆还田机具结构大多为立式结构,具有机具结构简单,作业效率高等特点。同时还有对秸秆根部进行处理加工的整株秸秆粉碎还田机具。目前国外茎秆还田机具普遍向宽幅、与大马力轮式拖拉机配套的方向发展,宽幅秸秆切碎还田机具采用液压折叠的方式进行运输。宽幅秸秆切碎还田机具在小范围的工作面内可以单独仿形,保证工作面内秸秆留茬高度一致。如美国约翰·迪尔公司,其茎秆切碎还田机幅宽由 1.2m 到 5.4m,配套动力由 50kW 到 180kW 的规格齐全。其工作幅宽为 5.4m 的秸秆切碎还田机由三个分体组成,左右两个分体可以折叠,并可以单独随地仿形。从 70 年代末开始,我国在引进国外技术和消化吸收国内外农业科研成果的基础上,先后研究开发出了秸秆、根茬粉碎还田和整秆还田机具。目前茎秆切碎还田机具多种多样。有与其他作业机具联合使用,也有许多进行单独作业。例如,黑龙江省八五四机械厂生产的 XFP 型系列茎秆粉碎还田装置,与自走式谷物联合收割机配套使用,直接与联合收割机尾部连接,利用联合收割机的动力驱动其工作部件,在联合收割的同时,将作物茎秆粉碎、抛撒还田。

在联合收割机后部增加了玉米秸秆切碎装置,组成了联合收割秸秆切碎联合机,将进入联合收割机的玉米秸秆切碎后撒散在地面,实现了秸秆切碎和抛散作业。秸秆的切碎装置由一组切刀和喂入轮组成,或由旋转滚筒加定刀片组成。工作时,秸秆被强制喂人,靠喂入轮和刀片的转速不同来切碎秸秆;按其特性可分为"甩刀式"和"定直径滚刀式"。为了防止秸秆阻塞,可在秸秆切碎装置处,加装秸秆堵塞报警装置,一旦发生堵塞,可随时发现及时排除故障,避免零件损坏。秸秆切碎装置的抛撒装置由排草风扇、扇形导流板及动力传递机构等组成,使秸秆切碎并均匀抛撒。秸秆切碎装置一般把秸秆切断成长度小于 10cm,其切碎和抛撒性能均达到农艺要求,有利于后续旋耕作业和秧苗的栽培,并可根据需要,装上或卸下切碎装置。这种切碎装置优点是方便、经济、省工省时;存在的问题是只能将秸秆切碎,不能将秸秆埋入土壤,并受联合收割机的功率影响、切碎效果差、留茬高,对秸秆量大的玉米地适用性差。

茎秆切碎还田装置一般由机架部分、变速箱、压轮部分、悬挂部分、切碎部分、罩壳等组成。目前茎秆切碎还田装置按动刀的形式区分有:甩刀式、锤爪式和动定刀组合式三种机型。

　　茎秆切碎还田装置在玉米联合收割机上一般有三种安装位置：一是位于收割机后轮后部；二是位于摘穗辊和前轮之间；三是位于前后两轮之间，用液压方式提升。茎秆粉碎装置通过支撑辊在地面行走。工作过程为玉米收获机通过动力输出轴经过万向节将动力传至茎秆粉碎装置的变速箱，经过两级加速后带动切碎部分的刀轴高速旋转，均匀分布。

第3章　中国特色的玉米收获技术探索

我国玉米种植带纵跨寒温带、暖温带、亚热带和热带生态区，分布在高原、丘陵山区、平原等不同地理条件下，辽阔的地域、多样的地貌与气候，导致各地玉米种植模式不同，极大地增加了玉米收获机械化的难度。目前，我国玉米机械化收获以对行收获为主，为了提高玉米收获机的对不同种植行距玉米收获的适应性，以及剥皮装置的适应性，实现跨区作业，相关企业及科研机构积极开展了适合我国国情的玉米收获技术的研究与探索。

3.1　拨禾星轮式玉米收获台

中国农业机械化科学研究院根据人工收获玉米时手指分禾、扶禾、拨禾动作以及双手协同稳定摘穗原理，如图 3-1 所示，通过对不分行玉米收获仿真实验研究，发明了玉米不分行机械收获的原理方法。在计算机模拟仿真的基础上，提出了玉米不分行收获的分禾、拨禾、扶禾导入、拉茎、摘穗的结构和合理参数，独创设计了不分行玉米收割台，研制了 4YZ-244 型不分行玉米联合收获机，主要由拨禾星轮式玉米收获台、果穗升运器、剥皮装置、果穗箱、秸秆粉碎器、行走底盘等组成，如图 3-2 所示。收获工艺为：拨禾星轮式玉米收获台摘穗→升运器输送→果穗剥皮→果穗装箱，玉米秸秆粉碎还田。

扶禾导入辊

按禾指

图 3-1　摘穗原理示意图

3.1.1　不分行玉米收获台仿真研究

采用 CAD 三维设计软件构建分禾器、拨禾星轮、扶禾导入辊的实体模型，如图 3-3 和图 3-4 所示，应用机械系统动力学仿真软件 MSC. ADAMS 构建三维动力

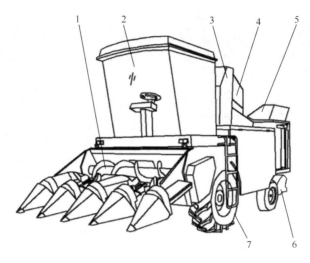

图 3-2　拨禾星轮式玉米收获机结构示意图

1. 拨禾星轮式玉米收获台；2. 驾驶室；3. 升运器；4. 剥皮装置；5. 果穗箱；

6. 秸秆粉碎器；7. 行走底盘

仿真模型，实现在 ADAMS/View 环境下分禾、拨禾输送、扶禾导入过程中玉米茎秆的动态仿真。

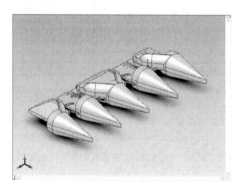

图 3-3　实体模型

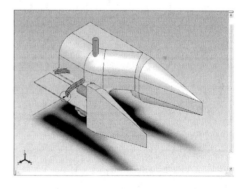

图 3-4　研究单元

图 3-5 所示为模拟斜行收获作业仿真模型。在两分禾器内横向等间隔设置了六株玉米。图左侧至右侧，分别为 $1^{\#}$ ～$6^{\#}$ 茎秆。坐标原点为拨禾星轮旋转轴线与摘穗板平面的交点，前进方向为 x 向，铅垂向上为 y 向，横向为 z 向。六株玉米的 z 向坐标分别为：$350,230,110,-10,-130,-250$（单位 mm）。这时摘穗板对称中心铅垂面偏离坐标平面 XOY 的横向距离为 170mm，收获台模型与水平面成 $10°\sim25°$。

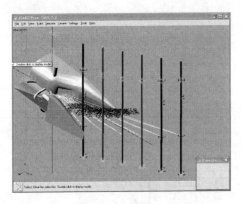

图 3-5　仿真模型

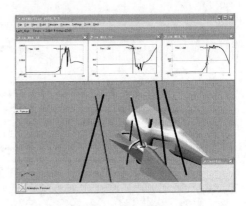

图 3-6　仿真过程演示

根据不分行分禾机理,在仿真分析中选择设置了 6 个工作参数作为虚拟仿真试验变量,即作业速度、拨禾星轮转速、扶禾导入辊转速、摘穗辊转速、收获台高度及其倾角。根据所设计部件中各构件的相对运动关系,对仿真模型施加约束,并给出仿真驱动条件,进行仿真过程演示和分析研究。

在给定作业速度 1.5m/s、拨禾星轮转速 50r/min、扶禾导入辊转速 1300r/min、摘穗辊转速 960r/min、收获台高度 500mm、收获台纵向水平倾角 15°等基本参数条件下,设置仿真时间 2.0s,仿真步数 600,进行仿真,如图 3-6 所示。改变收获台倾角(0°～25°),分析玉米植株的仿真过程和运动姿态。玉米植株运动姿态较好的收获台倾角为 10°～15°。

如图 3-7 所示为部分仿真结果。其中图(a)为 $2^{\#}$ 茎秆($z=230$mm,横向偏离摘穗口中心 $\Delta z=60$mm)的位移变化曲线,图(b)为 $6^{\#}$ 茎秆($z=-250$mm,横向偏离摘穗口中心 $\Delta z=-420$mm)的位移变化曲线。

$2^{\#}$ 茎秆在 $t=0.50$s 时开始受到分禾器作用产生横向位移 100mm;在 $t=0.75$s 时受到拨禾星轮和扶禾导入辊的作用;在 $t=0.8$s 时进入摘穗口,此时,茎秆有约 10°的前倾。

$6^{\#}$ 茎秆在 $t=0.86$s 时开始受到分禾器作用产生横向位移 246mm;$t=1.35$s 时,在拨禾星轮作用下横向输送;$t=1.47$s 时,受到拨禾星轮和扶禾导入辊的双重作用;$t=1.58$s 时,进入摘穗口,此时,茎秆有约 30°前倾,从仿真回放中发现扶禾导入辊的扶持对茎秆进入摘穗口起了主导作用。

从图 3-7 中还可以分析出,茎秆在分禾器作用下产生横向位移和纵向位移。纵向位移的程度与分禾器锥角和茎秆偏离摘穗口中心的横向距离相关,使得茎秆存在被推到的可能,在设计中应当予以足够的重视。

通过模拟仿真,可以对全部结构参数和工作参数包括分禾器、指状拨禾星轮、扶禾导入辊等的结构形状和作业速度、拨禾星轮转速、扶禾导入辊转速、摘穗辊转

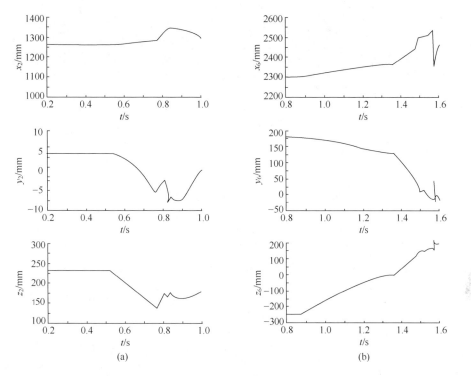

图 3-7　仿真结果

速、收获台高度及倾角进行动态仿真研究,对玉米植株在分禾器、拨禾星轮作用下的位置变化和受力变化结果仿真分析,初步确定这些部件的几何参数和运动参数范围。

3.1.2　拨禾星轮式玉米收获台关键部件

拨禾星轮式玉米收获台是玉米联合收获机的核心工作部件,主要由摘穗板、长拉茎辊、短拉茎辊、分禾器、拨禾星轮、螺旋扶禾导入辊、输送搅龙等组成,如图 3-8 所示。作业时,玉米经分禾器分禾,拨禾星轮拨指抓取、横向输送至摘穗口,扶禾导入辊、拨禾星轮拨指、长拉茎辊螺旋段形成上(A)、中(B)、下(C)三点动态扶持输送。由于高速旋转扶禾导入辊向后输送玉米秆的速度大于拨禾星轮拨指的推送速度,倾斜的玉米秆被扶禾导入辊迅速扶正,并分离成单株。进入摘穗区后,玉米秆在拉茎辊的作用下,向下运动,位于拉茎辊上方的两块摘穗板将果穗摘下,拨禾星轮将果穗继续向后推送至输送搅龙,输送搅龙将果穗向中间集中并输送至升运器。

拨禾星轮式玉米收获台行距适应性好的关键在于顺行、斜行和垂直行作业时,玉米秆被拨禾星轮推送至扶禾导入辊的过程中,不被推倒折断,倾斜玉米秆在扶禾导入辊的作用下迅速被扶正,形成单株、连续、有序喂入,并在有效拉茎长度内,将

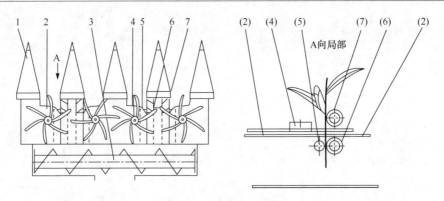

图 3-8　拨禾星轮式玉米收获台结构示意图

1. 分禾器；2. 摘穗板；3. 输送搅龙；4. 拨禾星轮；5. 短拉茎辊；6. 长拉茎辊；7. 扶禾导入辊

摘穗板上方的玉米秆全部拉下。由此可知,拨禾星轮、扶禾导入辊、拉茎辊是拨禾星轮式玉米收获台的核心部件,决定着作业效果。

1. 拨禾星轮

拨禾星轮的圆周方向上均布着 6 个拨禾指,圆周直径为 700mm,主要作用是拨禾输送和单株细分。拨指将玉米秆拨送至摘穗区的过程中转速应满足玉米秆不被推倒或折断的条件,同时能够实现顺行收获时拨指拨送单株玉米,形成单株连续有序喂入。

1) 玉米不被推倒或折断的条件分析

玉米秆在摘穗口与扶禾导入辊接触,扶禾导入辊上的螺旋导向叶片将玉米秆迅速向后输送,倾斜的玉米秆开始向后回弹,此时玉米秆与地面的夹角大于等于其与地面的极限夹角,则不会被推倒折断。

如图 3-9 所示,机器前进时,玉米秆从分禾器尖 D 滑动到分禾器尾端 E,假定只有横向偏移;拨禾星轮拨指从 E 点旋转至点 F 时,旋转角度为 $60°$,玉米在前进方向的偏移为 S,玉米与地面的夹角为 β,则玉米不被推倒或折断的条件表示为

$$\beta \geqslant \gamma \tag{3-1}$$

其中

$$\beta = \arctan \frac{H}{\sqrt{L^2 + S^2}} \tag{3-2}$$

$$S = \frac{10V}{N_b} \tag{3-3}$$

将 β、S 代入式(3-1),式(3-1)可变换为

$$N_b \geqslant \frac{10V\tan\gamma}{\sqrt{H^2 - (L\tan\gamma)^2}} \tag{3-4}$$

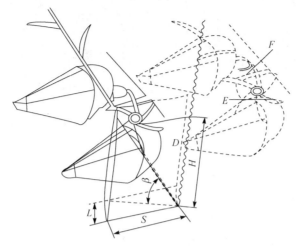

图 3-9　玉米秆偏移示意图

式中：N_b——拨禾星轮转速（r/min）；

　　V——机器前进速度（一般为 1.1～1.5m/s），取 1.5m/s；

　　H——摘穗口离地高度（一般为 0.65～0.8m），取 0.65m；

　　L——玉米秆的最大横向偏移，取 0.4m；

　　γ——玉米不被推倒折断时与地面的极限夹角（一般为 29.88°～51.90°），取 51.9°。

经计算，$N_b \geq 47.8$r/min。

2）拨禾星轮拨指单株拨送条件分析

顺行收获时，两相邻分禾器间只有 1 行玉米，若拨禾星轮拨指每旋一周转只拨送一株玉米，则能够形成单株连续喂入。如图 3-10 所示，第一株玉米在 a 处，经拨禾轮拨指 1 抓取、横向输送至摘穗口，机器前进 S_{ab}，忽略分禾器对玉米在前进方向产生的偏移，第二株玉米从 b 处滑移至 a 处，若此时拨指 2 已提前或刚好到达 a 处，则可以实现每个拨指每旋转一周只拨送一株玉米，也可表示为

$$\frac{S_{12}}{V} \geq \frac{\frac{2\pi}{6}}{\frac{2\pi N_b}{60}} \tag{3-5}$$

即

$$N_b \geq \frac{10V}{S_{12}} \tag{3-6}$$

式中：S_{12}——玉米株距（一般为 0.2～0.3m），取 0.3m；

　　V——机器作业速度（一般为 1.1～1.5m/s），取 1.5m/s。

经计算，$N_b \geq 50$r/min。

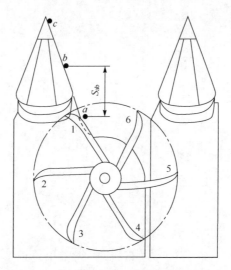

图 3-10　连续单株玉米喂入示意图

3）拨禾星轮转速

考虑到拨禾星轮转速越高越容易打断玉米茎秆,在满足玉米不被推倒或折断、单株连续有序喂入的条件下,转速越低越好,故拨禾星轮转速设计为 50r/min。

2. 扶禾导入辊

扶禾导入辊表面带有螺旋叶片,旋转时螺旋叶片将拨禾指输送来的玉米植株快速扶正并向后导送;垂直行距收获时,将拨禾指一次输送至摘穗口的多株玉米相互分离,形成单株连续有序喂入。

如图 3-11 所示,假定拨禾指一次输送 A、B 两株玉米到摘穗口,玉米 A 接触扶禾导入辊前,玉米 A、B 受拨禾星轮的强制推送作用,相对于圆弧导板的速度相等,则有

$$V_{AY} = V_{BY} = \frac{2\pi N_b R \cos\alpha}{60} \tag{3-7}$$

式中:V_{AY}——玉米 A 接触扶禾导入辊前,相对于摘穗板的速度 V_A 在 Y 方向的分量(m/s);

V_{BY}——玉米 B 接触扶禾导入辊前,相对于摘穗板的速度 V_B 在 Y 方向的分量(m/s);

R——玉米植株与扶禾导入辊接触时,拨禾星轮旋转中心 o 到玉米植株 A(或 B)的距离,设计为 0.16m;

α——玉米植株与扶禾导入辊接触时,拨禾星轮旋转中心 oA(或 B)与 Y 轴的夹角,设计为 60°。

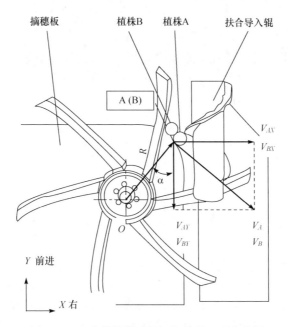

图 3-11　玉米接触扶禾导入辊前喂入速度分析

如图 3-12 所示，当玉米 A 与螺旋扶禾导入辊接触时，V_{BY} 大小保持不变，玉米 A 在扶禾导入辊导送作用下，玉米 A 相对于摘穗板的速度表示为

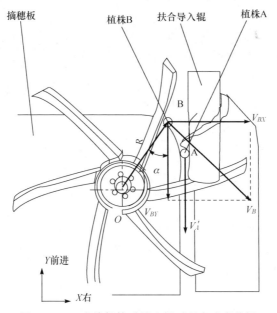

图 3-12　玉米接触扶禾导入辊时喂入速度分析

$$V'_A = \frac{N_F S_F}{60} \qquad\qquad (3\text{-}8)$$

当 $V'_A > V_{BY}$ 时,玉米秆 A 与玉米 B 开始分离。假定,玉米 B 与扶禾导入辊接触时,玉米 A 向后的位移大于等于扶禾导入辊螺距 S_f,则认为玉米 A、B 彻底分离成单株。由此,单株喂入的条件表示为

$$V'_A \frac{d}{V_{BY}} \geqslant S_f \qquad\qquad (3\text{-}9)$$

把式(3-7)、式(3-8)代入式(3-9)得

$$N_f \geqslant \frac{2\pi R\cos\alpha}{d} N_b \qquad\qquad (3\text{-}10)$$

式中:V'_A——玉米 A 与扶禾导入辊接触时,相对于摘穗板的速度(m/s);

　　N_F——扶禾导入辊转速(r/min);

　　S_F——扶禾导入辊螺距(m);

　　d——玉米秆的平均直径,取 0.02m。

经计算,$N_f \geqslant 25.12N_b = 1256$r/min,螺旋扶禾导入辊转速设计为 1300r/min,能够实现垂直收获时玉米的单株连续有序喂入;斜行收获时,玉米的喂入状态介于顺行收获与垂直行距收获之间。因此,$N_b = 50$r/min,$N_f = 1300$r/min,满足 3 种作业状态下的玉米单株连续有序喂入的要求。

3. 拉茎辊

如图 3-13 所示,短拉茎辊和长拉茎辊均为 6 棱辊,拨禾指从短拉茎辊前端到后端旋转 120°,在这个过程中将摘穗板上方的玉米秆全部拉下,拉茎辊转速需满足

$$\frac{N_L \pi D}{60} \times \frac{120}{360} \times \frac{60}{N_b} \geqslant L_Y \qquad\qquad (3\text{-}11)$$

即

$$N_L \geqslant \frac{360 N_b L_Y}{120 \pi D} \qquad\qquad (3\text{-}12)$$

式中:N_L——拉茎辊转速(r/min);

　　L_Y——摘穗板上方的玉米秆长度,玉米株高 H_Y 一般为 2.7~3.1m,摘穗板入口高度一般为 0.65~0.85m,L_Y 取最大值为 2.45m;

　　D——拉茎辊直径,取 0.12m。

经计算,$N_L \geqslant 975.3$r/min,考虑到东北地区的玉米株高有的能达到 3.3~3.4mm,拉茎辊转速适当提高,设计为 1050r/min。

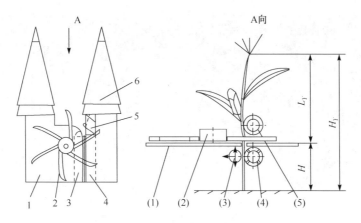

图 3-13　摘穗装置示意图

1. 摘穗板；2. 拨禾星轮；3. 短拉茎辊；4. 长拉茎辊；5. 扶禾导入辊；6. 分禾器

不分行玉米收获台实物如图 3-14 所示。

图 3-14　不分行玉米收获台俯视图

3.1.3　试验

拨禾星轮式玉米收获机田间试验如图 3-15 所示。作业速度为 1.2m/s，摘穗口离地高度为 0.8m，分别进行顺行、斜行、垂直行收获。拨禾星轮式玉米收获台漏摘和落地果穗籽粒损失检测结果见表 3-1。

图 3-15　拨禾星轮式玉米收获机田间试验

表 3-1　顺行收获试验结果

测定项目	测定点		
	1	2	3
测定区内籽粒总质量/kg	44.65	47.25	45.50
割台籽粒总质量/g	810	625	729
割台籽粒损失/%	1.81	1.32	1.60
割台损失平均值/%		1.58	

表 3-2　斜行收获检测结果

测定项目	测定点		
	1	2	3
测定区内籽粒总质量/kg	43.20	45.50	44.80
割台籽粒总质量/g	522	816	892
割台籽粒损失/%	1.21	1.79	1.99
割台损失平均值/%		1.66	

表 3-3　垂直行收获检测结果

测定项目	测定点		
	1	2	3
测定区内籽粒总质量/ kg	47.80	48.75	47.61
割台籽粒总质量/g	612	525	783
割台籽粒损失/%	1.28	1.11	1.64
割台损失平均值/%		1.34	

从表 3-1~表 3-3 可以看出,顺行、斜行、垂直行 3 种收获状态,拨禾星轮式玉米收获台漏摘、落地果穗籽粒损失率均小于 2%,达到设计要求,拨禾星轮式玉米收获台结构与运动参数设计合理,行距适应性较好。

3.2　窄行距玉米收获台

目前玉米联合收获机以对行收获作业为主,相邻分禾器间只有 1 行玉米时摘穗效果较好。图 3-16、图 3-17 是玉米收获台行数与玉米种植行距的关系,普通玉米收获机相邻分禾器间距为 600mm 左右,若不对行收获,玉米植株在分禾器高度的横向最大偏移距离为 300mm,玉米植株容易被推倒。若在同等幅宽下,增加摘

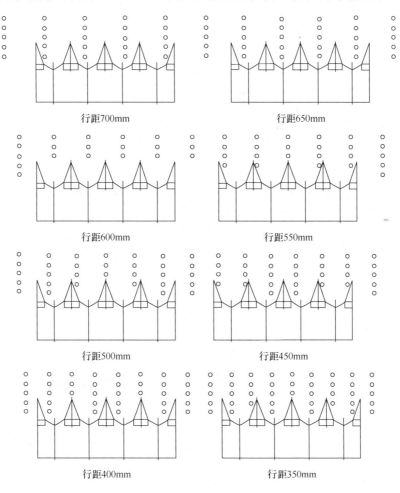

行距700mm　　　　　　　　　　　　　行距650mm

行距600mm　　　　　　　　　　　　　行距550mm

行距500mm　　　　　　　　　　　　　行距450mm

行距400mm　　　　　　　　　　　　　行距350mm

图 3-16　4 行玉米收获台与玉米种植行距的关系示意图

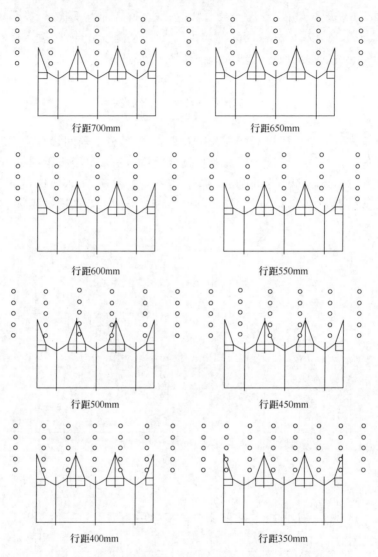

图 3-17　3 行玉米收获台与玉米种植行距的关系示意图

穗单元个数,缩短相邻分禾器间距,减小玉米植株进入摘穗装置的弯曲量,提高行距适应性。

　　如图 3-18 所示,窄行距收获台,相邻分禾器间距为 450mm 左右,玉米植株在分禾器高度的横向最大偏移距离为 225mm,玉米植株进入摘穗装置后的偏移量减小,提高摘穗质量。但是该种型式,由在同等幅宽下,增加了摘穗单元个数,增加了生产成本,未能大批量进入市场。

图 3-18　窄行距收获台

3.3　锥螺旋式玉米收获台

针对有些玉米种植区域特点,有些机具采用了旋转式圆锥分禾器。该圆锥式分禾器由圆锥体和螺旋叶片组成,其前部的螺旋叶片旋转轨迹呈圆锥状,后部的螺旋叶片运动轨迹呈圆柱状,两段螺旋自然过渡,如图 3-19 所示。

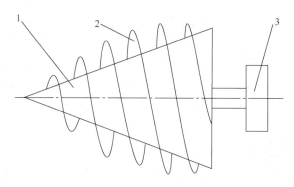

图 3-19　螺旋叶片式圆锥分禾器
1. 圆锥体；2. 螺旋叶片；3. 传动装置

分禾器的旋转轴圆锥体是全圆锥体的,锥度范围为 20°～45°,前部螺旋叶片的旋转轨迹呈现的圆锥锥度范围为 60°～120°。

这种型式的圆锥分禾器,模仿单手抓取动作,分禾同时向后推送玉米植株,分禾能力强而可靠,拉进玉米茎秆能力强,不易缠绕玉米茎秆,分禾作业稳定可靠,提高了行距适应性,但该分禾器需要转动,传动机构复杂,适用于株高 2m 以下的玉米收获,目前只在山西玉米区得到小批量推广应用,如图 3-20 所示。

图 3-20　锥螺旋喂入式收获台

3.4　"喇叭口"形双链条喂入式玉米收获台

为了提高玉米收获台的适应性,收获台喂入链条前伸呈"喇叭口"形,模仿双手抓取动作,主动抓取玉米植株,部分机型在相邻分禾器中间还配置了扶禾杆,如图 3-21 所示。喂入链条扩大了强制喂入区域,提高了机器行距适应性;扶禾杆减小了玉米植株进入摘穗装置的偏移量,并扶起倾斜的玉米,提高摘穗质量。该种机构结构简单、成本低,适用于株高 3m 以下的玉米收获,目前市场上应用较多。

图 3-21　"喇叭口"形双链条喂入式收获台

3.5　横置卧辊式玉米收获台

横置卧辊式玉米收获台主要由切割器、推禾杆、输送装置、果穗输送器、摘穗装置等组成,如图 3-22 所示。作业时,切割器先将玉米植株切下,通过输送装置实现玉米植株根部向后输送,进入摘穗辊,果穗摘下后由果穗输送器将果穗向中间集中并送进果穗升运器。该种型式的收获台结构简单,能够不对行收获,但收获速度较高时,容易堵塞,目前应用较少。

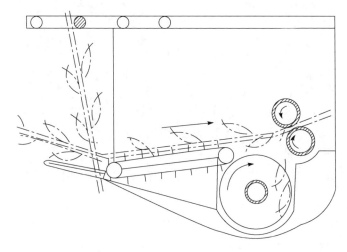

图 3-22　横置卧辊式玉米收获台

3.6　先割后摘式穗茎兼收型玉米收获台

中国农业机械化科学研究院针对我国玉米摘穗收获时损失大、剥净率低、茎秆工业化利用低率等技术瓶颈,对玉米穗茎收获工艺进行探索,研制了先割后摘式穗茎兼收型玉米收获台,主要由玉米植株不分行夹持切割输送、摘穗板拉茎辊式摘穗装置、滚筒式玉米秸秆切碎装置等组成。作业时,首先切割装置将玉米植株切下,夹持装置将玉米植株夹持后向后输送并提升,使玉米植株进入摘穗板间隙同时根部喂入拉茎辊,茎秆在拉茎辊的作用下进入茎秆切碎装置切碎回收,果穗在摘穗板的作用下与茎秆分离并向后输送至剥皮装置。

3.6.1　玉米植株夹持切割装置

先割后摘式穗茎兼收型玉米收获台的小分禾器的特点是"短、窄、尖",行距

480mm,分禾阻力小。玉米植株经小分禾器引导到夹持输送链的入口处夹持切割,必须做到先夹持后切割,否则玉米植株将被推倒落地,为此,进行切割器和夹持链之间的位置配置研究。玉米植株切割装置采用往复式切割器,开式摆环驱动,安装位置可调。采用半喂入水稻联合收割机用夹持输送链条,位于切割器的上方,实现了玉米植株不对行收割,如图 3-23 所示。

图 3-23　玉米植株夹持切割装置

3.6.2　玉米植株夹持输送装置

玉米植株进入横向拉茎辊时的姿态影响摘穗效果,在玉米植株离开夹持输送链时,其根部必须进入拉茎辊。由于在切割茎秆时,是先夹持后切割,即茎秆以后倾方式夹持输送,为此在横向拉茎辊的前方设置了一个拨根装置,将刚离开夹持输送链的玉米植株根部快速向后拨送,在其重力和横向喂入辊的作用下,喂入到横向拉茎辊中拉茎,如图 3-24 所示。

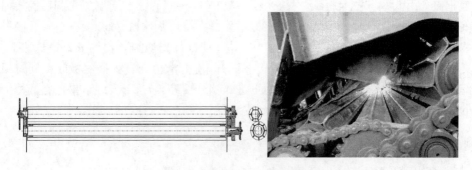

图 3-24　横向拉茎摘穗装置

3.6.3　横置拉茎摘穗装置

由一对带齿板的圆辊组成的拉茎装置,横向配置于摘穗板下方,两辊相向旋转拉茎,从而实现摘穗板与横向拉茎辊组合摘穗。

3.6.4　玉米茎秆切碎回收装置

茎秆切碎回收装置将摘穗后的玉米茎秆,通过喂入辊,均匀喂入到滚筒式切碎装置中,在多把动刀和定刀的作用下,茎秆被切碎,抛入到横置搅龙中,送到机体一侧,经抛送装置抛送装车,切碎长度短,一致性好,达到牛饲要求,如图 3-25所示。

图 3-25　茎秆切碎回收装置及切碎质量

3.6.5　田间试验

如图 3-26 所示,田间试验表明,先割后摘式穗茎兼收型玉米收获台,具有不对行收割、茎秆切碎回收等功能,可以适应不同的玉米种植行距和跨区作业,对玉米果穗有较高的剥净率,切碎回收的茎秆可以很好地满足饲喂要求。

图 3-26　先割后摘式穗茎兼收型玉米收获台田间试验

3.7　倒伏玉米收获台

　　玉米生长过程中,由于品种、自然条件(风雨交加)等因素,往往出现玉米茎秆倒伏,特别是玉米收获的中晚期,倒伏现象尤为严重,无法机械化作业,基本上依靠人工收获,劳动强度大。为此,倒伏玉米收获台上设计有茎秆捡拾器与扶禾装置,用于捡拾倒伏玉米,并导入摘穗装置。

　　倒伏玉米收获台主要由分禾器、茎秆捡拾器、强制拨禾喂入链、摘穗装置、扇形扶禾装置、螺旋输送器等组成,如图 3-27 所示。玉米收获台收获倒伏玉米时,安装在分禾器前端的茎秆捡拾器挑起倒伏的玉米茎秆,分禾器将相互交织的玉米茎秆分开并导向摘穗装置,分禾器下方的强制拨禾喂入链将玉米茎秆喂入摘穗装置,摘穗装置上方的扇形扶禾装置扶住玉米茎秆,防止其再次倒伏,使玉米茎秆顺利喂入摘穗装置,摘下的玉米果穗经螺旋输送器进入果穗升运器。

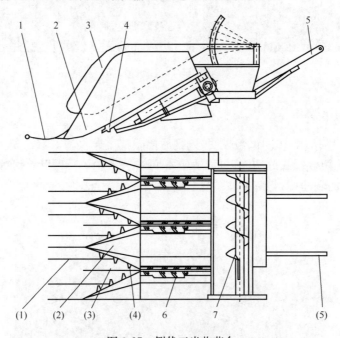

图 3-27　倒伏玉米收获台

1. 茎秆捡拾器；2. 分禾器；3. 扇形扶禾装置；4. 强制拨禾喂入链；5. 收获台悬挂架；
6. 摘穗装置；7. 螺旋输送器

　　茎秆捡拾器的前端做成圆弧形结构,保证可靠的挑起倒伏茎秆,同时避免自身插入土中或挂带玉米茎秆,如图 3-28 所示。

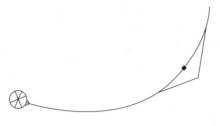

图 3-28　茎秆捡拾器

　　通过调整限位销在限位板上的位置调整扇形扶禾板角度,以适应不同高度玉米的收获,如图 3-29 所示。

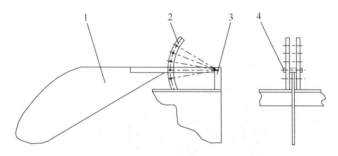

图 3-29　扇形扶禾装置
1. 扇形扶禾板；2. 限位板；3. 安装座；4. 限位销

　　如图 3-30 所示为中机北方公司配置了倒伏玉米收获台生产的 4YZ-4 型玉米联合收获机。

图 3-30　4YZ-4 型玉米联合收获机

3.8　背负式玉米收获机

　　背负式玉米联合收获机是我国特有的一种玉米收获机械,如图 3-31 所示,玉米收获台、升运器、果穗箱安装在拖拉机上,充分地利用了拖拉机的动力和行走装置,提高了拖拉机的利用率。通常一次作业可完成玉米的摘穗、升运、装箱、秸秆粉碎还田(或秸秆切碎回收)等工作,个别机型还配有剥皮装置,如图 3-32、图 3-33 所示。该种机具具有结构简单、重量轻、操作方便、机动灵活、售价低等特点,符合我国田块小且分散的国情,满足购买力较弱的用户需求。但是受到与拖拉机配套的限制,作业效率较低。

图 3-31　背负式玉米收获机

1. 玉米收获台;2. 升运器;3. 拖拉机;4. 排杂风机;
5. 果穗箱;6. 秸秆粉碎还田机

图 3-32　穗茎兼收型背负式玉米收获机

图 3-33　剥皮型背负式玉米收获机

　　目前国内已开发有单行、双行、三行等产品,分别与小四轮及大中型拖拉机配套使用,按照其与拖拉机的安装位置分为正置式和侧置式如图 3-34、图 3-35 所示,一般多为正置式背负式玉米联合收获机,作业时不需要开作业工艺道。

图 3-34　正置式玉米联合收获机　　　　　图 3-35　侧置式玉米联合收获机

　　由于玉米收获台配置在拖拉机前部,整机中心靠前,驾驶员视野不好,有部分企业把玉米收获台配置在拖拉机后部,拖拉机倒开作业,如图 3-36 所示。

图 3-36　拖拉机倒开式玉米联合收获机

3.9　小 2 行自走式玉米收获机

　　目前,我国主要应用大型自走式玉米收获机、背负式玉米收获机,牵引式玉米收获机已基本退出市场。大型自走式玉米收获机能够一次完成摘穗、剥皮、果穗收集、秸秆还田或秸秆切碎回收,功能较为齐全,作业效率高,适合农场和大田块作业,但小地块作业时,不能充分发挥机器作业性能,不符合国家倡导的节能减排政策,由于售价较高,购买力弱的用户经济压力大;背负式玉米收获机,可以充分提高拖拉机的利用率,售价较低,但与大型自走式玉米收获机相比,作业效率较低,配套性和机动性较差,是我国特有的一种过渡机型。小 2 行自走式玉米收获机兼顾二者的优点,具有体积小、结构紧凑、灵活方便、操作简单、实用性强、售价低等特点。由于小 2 行自走式玉米收获机,效率较低,左右轮距较小,平衡性较差,小 3 行、4

行自走式玉米收获机也相继问世。

小 2 行自走式玉米收获机配套动力一般为 50hp 左右,主要有玉米收获台、升运器、剥皮装置、果穗箱、行走底盘等组成,如图 3-37 所示,一次完成玉米的摘穗、升运、剥皮、装箱、秸秆粉碎还田(或秸秆切碎回收)等工作。

图 3-37　4YZ-2 型自走式玉米联合收获机

小 2 行自走式玉米收获机的摘穗辊较短,整机重量较小,能耗较小。

摘穗辊最短工作长度:

$$L_{\min} = L_g \sin\beta \tag{3-13}$$

式中:β——摘穗辊的水平倾角,一般为 $30°\sim40°$;

　　L_g——果穗最高结穗和最低结穗的高度差,一般取 $400\sim600\text{mm}$,个别可达 1000mm。

传统卧式摘穗辊长度在 $700\sim1100\text{mm}$,无法配置在小型玉米收获机上。将 β 减小,可以缩短摘穗辊长度,摘穗辊水平安装,摘穗辊有效拉茎段长度按下式计算:

$$L_{\min} = v_z \frac{L_g}{v_g} \tag{3-14}$$

式中:v_z——机器作业速度,一般为 $1.0\sim1.2\text{m/s}$;

　　v_g——摘穗辊线速度,一般为 $3.3\sim3.8\text{m/s}$。

摘穗辊有效拉茎段长度为 $105\sim220\text{mm}$,摘穗辊长度缩短为 $350\sim400\text{mm}$,能够满足摘穗作业,减轻了割台重量,适应行距 $400\sim700\text{mm}$,行距适应性较好。

3.10　综合摘穗装置

玉米收获机械的摘穗装置有两种型式,一种是"摘穗板与拉茎辊组合式",另一种是"辊式摘穗装置"。如图 3-38 所示,摘穗板与拉茎辊组合式,由摘穗板和拉茎辊组成,拉茎辊一般为 4 棱或 6 棱辊,作业时相向旋转的拉茎辊将玉米茎秆向下拉动,在摘穗板的作用下果穗脱离玉米茎秆,输送链条将摘下的玉米果穗送进横向输送搅龙。该种形式摘下果穗不与旋转的拉茎辊接触,果穗损伤小,籽粒破碎率低,但茎秆含水率较高时断茎秆较多,需配置专门的排杂装置。欧美发达国家,采用谷物联合收割机配置玉米收获台直接收获玉米籽粒,断茎秆可直接进入脱粒装置,玉米收获台基本采用摘穗板与拉茎辊组合式摘穗装置。我国自走式玉米联合收获机基本都配置了排杂剥皮装置,收获台也多采用摘穗板与拉茎辊组合式摘穗装置。摘穗辊式如图 3-39 所示,由一对斜置的摘穗辊组成,摘穗辊表面带有龙爪形凸起,作业时相向旋转,将玉米茎秆向下拉动,粗大的玉米果穗在摘穗辊的挤压下与玉米茎秆脱离,摘下的玉米果穗在输送链条的作用下,进入横向输送搅龙并向后输送,该种形式结构简单,摘穗时断茎秆少,但茎秆粗大、含水率较高时摘穗辊易堵塞,由于摘下的玉米果穗与旋转的摘穗辊接触,果穗含水量较低时啃穗严重,该种摘穗装置多应用于我国背负式玉米收获机。

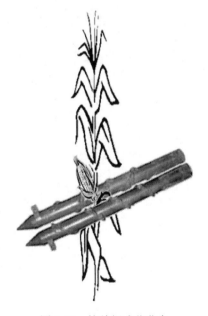

图3-38　摘穗板与拉茎辊组合式收获台　　　　图 3-39　摘穗辊式收获台

　　综合摘穗装置的工作原理是在拉径辊前面,果穗摘穗的区段覆盖一对摘穗护板,当摘穗辊夹住秸秆拉茎,果穗被挤而与秸秆分离时,果穗根部遇到辊上凸起棱即被啃伤,容易被啃伤的区域称为"风险区",故在"风险区"上面安装摘穗护板,即可避免玉米收获机在收获果穗被啃伤的情况发生。这种只需在"风险区"加装护板而无需全部盖住(如板式摘穗装置)的形式,称为"马甲式"。"马甲式"护板可以使果穗与拉径辊在非"风险区"接触,保障了玉米籽粒的低损失率。这种装置既克服了上述传统的两种摘穗装置的缺点,又综合利用了他们的优点。

　　综合摘穗装置由摘穗护板、拉茎辊、调整垫片等组成,如图 3-40 所示。摘穗护板由导板及分体护板组成,分体护板边缘装有滚套及滚轴,在摘穗过程中,由于护板盖住了果穗啃伤"风险区"而避免果穗被啃伤。玉米秸秆被拉茎辊拉茎时通过摘穗分体护板,其上的滚套、滚轴可使秸秆顺利通过而不被切断。作业时,通过调整摘穗护板由分体护板组成的长度及在拉茎辊上面的安装的部位、两摘穗护板之间的间隙、摘穗护板与拉茎辊之间的间隙,以适应不同品种、不同成熟度的玉米收获,如图 3-41 所示。

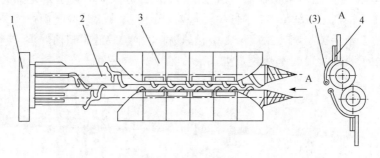

图 3-40　综合摘穗装置

1. 传动装置；2. 拉茎辊；3. 摘穗护板；4. 调整垫片

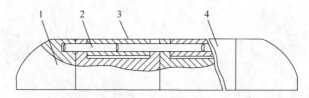

图 3-41　摘穗护板

1. 导板；2. 滚轴；3. 滚套；4. 分体护板

3.11　排杂装置试验研究

中国农业机械化科学研究院在 20 世纪 80 年代曾进行过排杂辊的室内试验研究,研究结果表明:为避免或减少啃伤果穗,排杂辊应采用较小的直径;为提高排杂效果,排杂辊应采用较长的长度。当排杂辊直径大于或等于 60mm 时,排杂辊基本上不啃果穗,但由于排杂辊抓取断茎秆的能力较差,影响了排杂效果,未能得到应用。近年来,针对国产摘穗式玉米收获机普遍存在的含杂率高的问题,中国农业机械化科学研究院玉米收获机研究团队对玉米排杂装置重新进行实验研究,结果表明,排杂效果较差的原因是排杂辊结构设计存在缺陷以及排杂辊长度 600mm 偏短造成的,据此提出了前排茎后排叶的设计理论,确定排杂辊直径为 60mm,长度为 1000mm。这种前段排茎后段排叶的排杂装置已获得国家发明专利。

排杂装置是玉米联合收获机的主要工作部件之一,决定果穗含杂率、果穗包叶剥净率及籽粒损失率和籽粒破碎率等主要性能指标。

排杂装置主要由排杂辊、果穗压送装置、铲草板和排杂风机等组成,如图 3-42 所示,主要有 4 个性能指标:籽粒损失率 η_1、籽粒破碎率 η_2、含杂率 η_3(杂质指果穗箱内残余断茎叶、苞叶等)、果穗未剥净率 η_4。

排杂辊单元由排茎段(前端)和排叶段(后端)组成,排茎段分为 4 棱和 6 棱 2 种,排叶段分为螺旋、光辊、光辊段与胶皮段组合 3 种。排茎段和排叶段相互组合,可以设计多种排杂辊方案,首先设计了 5 套排杂辊方案,进行了田间试验,其中 2 种方案排杂效果较差,另外 3 种方案效果较好,如图 3-42 所示。a 型为“4 棱螺旋辊”与“4 棱光辊”的组合单元;b 型为“4 棱螺旋辊”与“4 棱光辊与胶皮辊”的组合单元;c 型为“6 棱螺旋辊”与“6 棱光辊与胶皮辊”的组合单元。

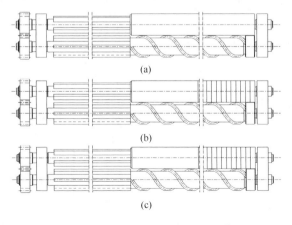

(a)

(b)

(c)

图 3-42　排杂辊单元结构示意图

　　选取对排杂装置性能指标影响显著的排杂辊单元结构形式 A、压送器与排杂辊间距 D 两个结构参数，以及排杂辊线速度 B 和压送器线速度 C 两个运动参数作为试验因素，进行正交试验，试验方案与结果见表 3-4。

表 3-4　试验方案与结果

序号	因素				性能指标			
	A	B	C	D	η_1	η_2	η_3	η_4
1	1	1	1	1	1.15	0.46	0.74	62.91
2	1	2	2	2	1.02	0.32	0.37	68.94
3	1	3	3	3	0.74	0.30	1.62	69.80
4	2	1	2	3	1.42	0.63	0.76	61.20
5	2	2	3	1	1.95	0.95	0.91	51.55
6	2	3	1	2	1.85	0.94	0.08	51.49
7	3	1	3	2	1.09	0.59	1.42	59.17
8	3	2	1	3	1.70	0.84	1.31	54.46
9	3	3	2	1	2.12	0.91	0.40	41.41

　　试验数据极差分析表，见表 3-5。从表中可以看出，因素 A、B、C、D 分别对各指标影响的主次顺序如下：籽粒损失率 A＞D＞B＞C；籽粒破碎率 A＞D＞B＞C；含杂率 C＞D＞A＞B；果穗未剥净率 A＞D＞B＞C。

表 3-5　极差分析表

指标		因素			
		A	B	C	D
籽粒损失率	K_1	2.91	3.66	4.70	5.22
	K_2	5.22	4.67	4.56	3.96
	K_3	4.91	4.71	3.78	3.86
	R	2.31	1.05	0.92	1.36
籽粒破损率	K_1	1.08	1.68	2.24	2.32
	K_2	2.52	2.11	1.86	1.85
	K_3	2.34	2.15	1.84	1.77
	R	1.44	0.47	0.40	0.55
果穗含杂率	K_1	2.73	2.92	2.13	2.05
	K_2	1.75	2.59	1.53	1.87
	K_3	3.13	2.10	3.95	3.69
	R	1.38	0.82	2.42	1.82
果穗未剥净率	K_1	201.65	183.28	168.86	155.87
	K_2	164.24	174.95	171.55	179.60
	K_3	155.04	162.70	180.52	185.46
	R	46.61	20.58	11.66	29.59

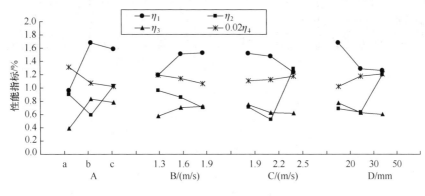

图 3-43　因素效应曲线

　　根据排杂装置的性能指标的重要程度依次为籽粒损失率、籽粒破碎率、含杂率、果穗未剥净率,分析因素效应曲线,如图 3-43 所示,得出每个因素的最佳水平和最优组合方案如下:

　　(1)a 型排杂单元与 b 型相比,籽粒损失率及破碎率较低,含杂率、果穗未剥净率较高;a 型排杂单元与 c 型相比,籽粒损失率及破碎率略高,果穗未剥净率相当,含杂率较低。根据排杂装置的性能指标的重要程度,综合分析得出 a 型排杂单元性能好于其他 2 种。

　　(2)排杂辊线速度从 1.3m/s 上升到 1.6m/s 时,籽粒损失率、破碎率明显升高,含杂率、果穗未剥净率有所降低;排杂辊线速度升高到 1.9m/s 时,籽粒损失率、破碎率的变化不大,含杂率、果穗未剥净率下降。由此可以看出,B 因素不是籽粒损失率、破碎率的主要影响因素,综合考虑排杂辊线速度为 1.9m/s 最佳。

　　(3)压送器线速度上升时,损失率、破碎率有所降低,含杂率、未剥净率升高。综合考虑,压送器线速度为 2.5m/s 最佳。

　　(4)压送器与排杂辊的间距从 20mm 增大到 30mm 时,籽粒损失率、破碎率明显降低,含杂率变化不大,果穗未剥净率明显升高;压送器与排杂辊间距增大到 50mm 时,籽粒损失率、破碎率及果穗未剥净率变化不大,含杂率急剧升高。综合考虑,压送器与排杂辊的间距为 30mm 最佳。

　　由以上综合分析得出结论:

　　(1)排杂装置的最佳工作参数组合:a 型排杂单元、排杂辊线速度为 1.9m/s、压送器线速度为 2.5m/s、压送器与排杂辊的间距为 30mm。

　　(2)排杂辊的结构形式是影响排杂装置性能的最主要因素。

　　(3)排茎段是影响籽粒损失率、破碎率和含杂率的主要因素。排茎段采用 6 棱结构时,破碎率降低但含杂率升高,适当增加棱长,能得到较理想的作业效果。

　　(4)排叶段是影响籽粒损失率和未剥净率的主要因素。排叶段加胶皮时,损失率增大、未剥净率降低。若要降低未剥净率,排叶段应加胶皮段且适当增加其长度,同时增加籽粒回收装置。

　　为进一步验证最优方案,安排了 3 次重复试验,试验结果见表 3-6。通过与表 3-5对比可以看出,最优方案作业效果理想,性能稳定。

表 3-6　验证试验结果

序号	性能指标/%			
	η_1	η_2	η_3	η_4
1	0.89	0.28	0.24	30.09
2	0.91	0.46	0.47	33.06
3	0.85	0.42	0.53	35.20

　　根据综合分析结论(3)中"适当增加棱长,能得到较理想的作业效果"的结论,追加了排茎段长度为 600mm 的 3 套方案,再次进行了试验。8 种方案如图 3-44 所示。

图 3-44　八种排杂辊方案

　　通过试验结果对比分析,排茎段长度 600mm 排杂效果较好,四棱辊比六棱辊排杂效果稍好,主要是因为对断茎秆的抓取能力强,而籽粒损伤和损失率相近。排叶段采用光辊和橡胶辊组合比光辊和螺旋辊组合排叶和剥叶效果好,但籽粒损伤和损失率增大、易缠叶缠草、且易损坏、不耐用。因此,选用前段为 600mm 长的四棱辊、后段选用 400mm 长的光辊和螺旋辊组合的排杂辊结构,进行了大面积可靠性考核。

　　试验结果表明,排杂辊转速过低,排茎、排叶能力差,排杂辊转速过高,果穗会产生浮动现象,也不利于排杂,排杂辊的适宜转速范围为 550~680r/min。因此,排杂辊的转速为 650r/min,生产考核结果表明,符合玉米收获质量要求。

第4章　玉米籽粒收获

玉米收获因不同的地区、不同的条件、不同的收获目的而采用不同的收获方式,其中籽粒直接收获方式被广泛采用,其为联合作业模式,不同功能的多种装置同时协同工作,在一个作业过程内实现玉米籽粒收获。该方式所需的劳动力少、机具通用性强、作业效率高、综合能耗小。

4.1　玉米籽粒收获技术

4.1.1　籽粒收获工艺

作物籽粒收获可以采用分段收获和一次性联合收获方式,玉米摘穗收获是分段收获过程中的一个阶段,收获的玉米果穗还要运到场院进行进一步后续的脱粒、清选等处理,以获得清洁的籽粒。一次性收获是采用联合收获机收获,其收获的过程与摘穗收获机有所不同。联合收获机能够在田间一次完成收割、脱粒、分离和清粮等作业,并获得清洁籽粒。为了能够实现籽粒收获的各种功能,联合收获机将实现功能的装置有机地集合为一体,最终达到实现籽粒收获的目的。

1. 玉米籽粒收获工艺的特点

玉米籽粒收获有分段收获与联合收获两种方式,两种收获方式采用的机具与作业工艺有所不同。

分段收获可以是人工收获、机械收获、或机械与人力结合作业等多种方式,其特点是在田间完成摘穗作业,或者进一步完成果穗剥皮作业,然后果穗运输到场院等场地,待到适宜脱粒作业时,或人工或机械进行脱粒及后续作业。

摘穗、果穗剥皮等田间作业—果穗运输—脱粒、清选等场上作业

(或)田间摘穗—果穗运输—场上果穗剥皮—脱粒、清选等场上作业

与分段收获对应的收获机械主要有玉米果穗收获机和玉米脱粒机,其中玉米果穗收获机负责田间作业阶段的主要工作,而玉米脱粒机完成场上作业阶段的主要工作。

联合收获方式的工艺特点是在田间完成全部的作业过程,一个工作流程即可获得籽粒。

摘穗—脱粒—分离—清选—输送

与联合作业工艺相对应的是联合收获机,联合收获机除具备动力、田间行走作

业必须的装置外,还必须有完成上述作业工艺要求的收割装置、脱粒装置、分离装置、清粮装置、籽粒输送等作业装置,这些装置构成籽粒收获作业的主体。

收割装置用于将收获部分与非收获部分分离,根据收获作物的不同,采用不同的结构形式。对于玉米籽粒收获,则采用玉米摘穗收割台。

脱粒装置与分离装置是联合收获机的核心部分,根据二者的不同形式将联合收获机分为传统切流型和轴流型联合收获机,玉米籽粒收获采用轴流型联合收获机较适宜。轴流型脱粒装置与分离装置集合为一体,结构比较紧凑,一般合称为脱粒分离装置。

清粮装置要实现的功能是将脱粒分离装置处理出来的含有杂余的籽粒清理干净,筛分与风选为主要方式。

籽粒处理包括未脱净的籽粒处理和干净的籽粒处理,主要有输送、复脱、存放与卸粮等作业装置。

2. 玉米籽粒联合收获机结构及工作流程

玉米割台布置在整机的正前方,与脱谷机体成"T"形配置,用以摘穗与果穗输送。割台横向输送器左右两段基本相等,保证将果穗较均匀地喂入倾斜输送器,并进入脱粒分离装置。脱谷清选部分包括脱谷、分离、清选、籽粒输送等机构,用以脱粒、分离、清选,并将籽粒输送至粮仓。脱粒分离部分是机器的中心部位,前挂倾斜输送器与割台,下联行走机架,上撑驾驶台、粮仓与发动机。驾驶室设置在机器的正前上方,驾驶员座位居中,高度适中视野良好。粮箱一般布置在脱离分离装置的上方,驾驶室的后侧。发动机位于粮仓的后侧,以减小发动机噪声对驾驶员的影响,如图 4-1 所示。

收获作业时,分禾器(5)从根部将玉米禾秆扶正并导向拨禾链(6),一对拨禾链相对回转将禾秆引向摘穗板和拉茎辊的间隙中。一对拉茎辊(8)相对旋转将禾秆强制向下方拉引。在拉茎辊的上方设有两块摘穗板(7)。两板之间的间隙较果穗直径为小,便于将果穗摘落。已摘下的果穗被拨禾链带向果穗螺旋输送器(10)。果穗螺旋输送器由收割台两侧将果穗向中央集中,并由中部喂入给倾斜输送器(4)。倾斜输送器的链耙将果穗压送喂入到由脱粒滚筒(3)与凹板(13)等构成的脱粒分离装置进行脱粒、分离与输送,滚筒上的喂入叶片抓取作物并向后输送进入滚筒的脱粒分离段,作物在轴流滚筒和上盖导向板作用下从前向后螺旋运动,同时在滚筒与凹板的作用下完成脱粒和分离,秸草被滚筒送入排草轮(22),再由排草轮将其抛出机体。从凹板前部分离出的大部分籽粒、颖糠、碎茎秸、杂余等滚筒脱出物相继落到抖动板(12)上。物料在抖动板振动下,由前向后跳跃运动,使物料分层,即籽粒下沉,颖糠和碎茎秸上浮。当跃到尾部栅条时,籽粒和颖糠小混合物从栅条缝隙落下,形成物料幕。凹板后部分离出来的混合物由脱出物滑板(20)导向抖动板栅条的后侧,也形成物料幕。在风扇(14)气流作用下,轻杂物直接漂移机体外。籽粒与重杂物选落入上筛(21),在风筛的交替作用下,籽粒经上筛初选,再经下筛(15)落入籽粒滑板(18)滑入籽粒输送器(16)。再由籽粒升运器提升送入粮箱(2)。而碎茎秸、杂余等被筛子托着边分离边向后移动,较长的茎秸最后被排出机体。而未脱净的穗头经尾筛(23)落入筛箱底板,再滑入杂余输送器(17),再由杂余升运器送到复脱器复脱或再喂入滚筒的前段复脱。

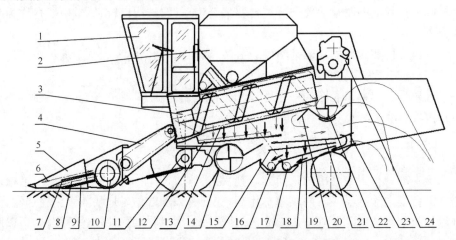

图 4-1　玉米联合收获机籽粒收获作业的工艺流程图

1. 驾驶室;2. 粮箱;3. 脱粒滚筒;4. 倾斜输送器;5. 分禾器;6. 拨禾链;7. 摘穗板;8. 拉茎辊;9. 清除刀;10. 果穗螺旋输送器;11. 前桥;12. 抖动板;13. 凹板;14. 风扇;15. 下筛;16. 籽粒输送器;17. 杂余输送器;18. 籽粒滑板;19. 筛箱底板;20. 脱出物滑板;21. 上筛;22. 排草轮;23. 尾筛;24. 发动机

4.1.2　籽粒联合收获机的收割装置

联合收获机是收获作物籽粒的机械,它以收获某类作物为主导,兼收其他多种作物。用于玉米籽粒收获的联合收获机为全喂入式的联合收获机,它可以通过更换不同的收割装置,实现对不同作物籽粒的收获,如图 4-2 所示。

1. 刚性割台

联合收获机使用的割台如果没有特别说明,一般指刚性割台。联合收获机配备这类割台就能实现对麦类等多种作物的收获作业。这类割台结构相对简单,主要由拨禾轮、切割器、喂入搅龙、摆环箱等组成。拨禾轮将作物拨向切割器。切割器将作物割下后,由拨禾轮拨倒在割台上。割台螺旋推运器将割下的作物推集到割台中部,割台螺旋推运器由螺旋和伸缩扒指两部分组成,螺旋将割下的谷物推向伸缩扒指,扒指将谷物流转过 90°纵向送入倾斜输送器,然后由倾斜输送器的输送链耙把作物喂入滚筒进行脱粒。

图 4-2　籽粒收割装置与联合收获机
1. 捡拾台；2. 刚性割台；3. 挠性割台；4. 玉米割台；5. 联合收获机

2. 挠性割台

收获大豆时不仅要求切割器能低割,而且在整个割幅范围内要能很好地适应地形。刚性割台难以满足此要求,而挠性割台正为此而设计。挠性割台在此割幅内,整体式切割器连同其护刃器梁靠其本身的挠性能形成较大的波形,以适应地形的变化。挠性割台的主要部件是弹性过渡板和浮动四杆机构。它沿整个割台宽度悬臂地安装在螺旋和切割器的中间,依靠弹簧板的弹性密贴在护刃器梁的下面。当切割器连同护刃器梁一起上下浮动时,弹簧过渡板与护刃器梁产生相对滑动。当地形变化时,切割器可以沿地面纵向和横向仿形。当用挠性割台收获直立的谷物时,不需要割台仿形,可以利用螺栓将浮动四杆机构锁住。此时,挠性割台即变成刚性割台。

3. 捡拾台

在分段收获作业时,首先将作物割倒并将其摊铺在留茬上,成为相互搭接的禾条待晾晒后收获。此时收获则需配备捡拾台的联合收割机捡拾收获,捡拾台也称捡拾器、拾禾器等。捡拾台是分段收获作业中安装在联合收割机割台上用以捡拾禾谷条铺的一种装置。要求它能将作物条铺中所有谷物全部捡拾起来并迅速抛到收割台上。按照结构的不同,可分为弹齿式、伸缩扒指式和齿带式三种。

4. 玉米割台

玉米割台是与谷物联合收获机配套用于直接收获玉米籽粒的专用装置。玉米割台的收获行数,根据谷物联合收获机的生产能力而定。通过互换玉米割台收获玉米籽粒,是一种效率较高收获方式。可一次完成摘穗、茎秆切碎还田等项作业,有的玉米割台装有切割器,先将玉米割倒,并整株喂入联合收获机的脱粒装置进行脱粒、分离和清选。

5. 其他专用割台

为了扩大联合收割机的通用性和适应性,同一台机器可配不同割幅的割台以适应不同作物和不同单产的需要外,还发展多种专用割台,如向日葵割台、捋穗型割台等,这些专用割台对收获相关作物有着更好的适应性。

4.1.3   倾斜输送器

联合收获机中联结割台和脱粒机体的倾斜输送器,通常称为过桥或输送槽。它的作用是将割台上的作物均匀连续地输送到脱粒装置内。全喂入联合收割机中有链耙式、带耙式和转轮式,其中链耙式应用最广。它由壳体和链耙两部分组成。链耙由固定在套筒滚子链上的多个耙杆组成。耙杆成 L 形或 U 形,其工作边缘做成波状齿形,以增加抓取谷物的能力。链耙由主动轴上的链轮带动,被动辊为一圆筒。被动辊可自由转动,工作时靠链条与圆筒表面的摩擦来带动圆筒转动。为了使链条不致跑偏,在圆筒上焊有筒套来限制链条,如图 4-3 所示。

被动辊是浮动的,被动轴上装有自动张紧装置,张紧支架是固定在壳体侧壁上,张紧装置浮动杆可绕其上铰接点转动,由上、下限位板来限位。当喂入的谷物层增厚时,被动辊被顶起;当谷物层减薄时,被动辊靠自重下降。为使输送链耙保持适当紧度,在壳体的两侧壁上安有调节螺栓,可使被动辊前后调节。当宽度较大时,采用三排链,左右两排齿板交错排列,以防止作物不能及时抓取而造成堆积。链耙的速度要与割台的喂入速度相适应,一般为 3~5m/s。链耙输送器应尽量短些,但输送底板的倾角应小于 50°,以利于链耙对作物的抓取与输送。

为了保证链耙的输送能力,必须合理配置其相互位置和选择运动参数。为使耙杆顺利地从割台抓起谷物,链耙下端与割台螺旋之间的距离要适当缩小,以便及时抓取谷物,避免堆积在螺旋后方,造成喂入不匀。此外,有的联合收获机倾斜输送器传动上增设了反转减速器,可使割台各工作部件逆向传动,驾驶员不离开座位即可迅速排除割台螺旋和输送链耙之间的堵塞。倾斜输送器壳体要有足够的刚

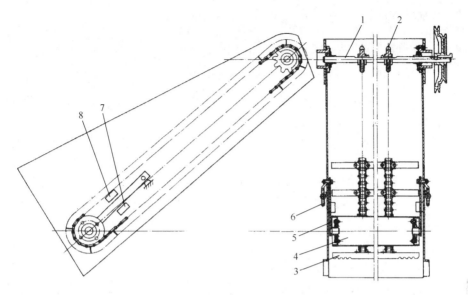

图 4-3　联合收获机的倾斜输送器

1. 主动轴；2. 链轮；3. 耙杆；4. 被动辊；5. 浮动杆；6. 调节螺栓；7. 下限位板；8. 上限位板

度，以防扭曲变形。壳体本身及其相邻部件的交接处的密闭性要好，以防漏粮和尘土飞扬。

作物是靠倾斜输送器的链耙送入脱粒滚筒室的，链耙张紧度和间隙的调整，直接影响到作物的输送和工作部件的使用寿命，必须进行合理调整。调整后的链耙张紧度必须适当，衡量链耙张紧度可以通过透视孔用手试将链耙中部上提，其提起高度为 20～35mm 为宜，调整后的链耙必须保证左右高低一致，二根链条张紧度一致，同时要检查被动轴是否浮动自如。链耙调节完，一定要拧紧锁定螺母。

4.1.4　籽粒收获评价方式

评价籽粒收获与摘穗收获的虽然都有损失率、作业速度和生产率等参数，它们之间有共同之处，也还有一定的差别。籽粒收获更注重以下几个方面。

1. 作业能力

联合收获机田间作业能力是随亩产量、田面大小、收获时间利用系数、谷草比以及潮湿程度等众多因素影响，必须有一相对可比较的指标进行判定。

联合收割机的作业能力虽然有多种衡量方式，能够比较真实反映其能力的指标为喂入量，即每单位时间内喂入机体内的作物总量，其中包括籽粒、秸秆、颖糠等全部物料，通常以 kg/s 计。以此衡量作业能力往往要受到作物的含水率、谷草比等因素的影响。国外通常用非籽粒通过量计算，即单位时间内通过机体内的除籽粒以外的物体的量。

2. 总损失率

在作物籽粒收获过程中不可避免地存在收获损失,但要将损失控制在可接受的范围内。联合收割机的收获作业总损失由收割台、脱粒、分离、清选四个部分的损失构成。

收割台部分的损失包括漏割、漏摘、不当收割等原因造成的损失,包括落粒、落穗的全部损失。脱粒损失是由于未脱净而产生的损失,经过脱粒装置及复脱后在穗头上仍未脱下的籽粒被排除机外,属脱粒过程产生的损失。经过脱粒装置的籽粒与秸草混在一起,在分离装置内进行分离,经分离后的秸草被排除机外,这些秸草内夹带有少量的籽粒,产生了夹带损失,夹带损失是由分离过程产生。清选损失是由清选过程中随颖糠等细小杂物排除机外的籽粒产生的损失,主要与清选风扇、清选筛的参数调整有关,与籽粒的清洁率相关联。

总损失为上述各项损失之和,总损失率为未收获到籽粒的重量与作物籽粒的总重量的百分比,即籽粒总损失率 η_1:

$$\eta_1 = \frac{m_2}{m_1 + m_2} \times 100\% \qquad (4\text{-}1)$$

式中:m_1——收获到的籽粒总重量;

　　m_2——未收获的粒总重量。

3. 籽粒破碎率

籽粒收获的过程中伴随着各种装置对作物籽粒的作用,就可能对籽粒产生损伤。损伤的籽粒不但降低收获的质量,也影响粮食的后续加工,乃至作物种子的发芽率。通常用破碎率来表示这一指标,在收获籽粒作业时,应控制其在某一限定水平内。

籽粒破碎率 η_2 为

$$\eta_2 = \frac{m_3}{m_1} \times 100\% \qquad (4\text{-}2)$$

式中:m_3——已收获的籽粒中破碎籽粒重量。

4. 籽粒含杂率

联合收割机所收获的作物籽粒必须清洁干净,通常用含杂率来表述,也可用籽粒清洁率来表述,对于联合收割收获作业的清洁度也有严格的质量标准规定。含杂率为已收获的籽粒中含有杂质量的百分比。

含杂率 η_3 为

$$\eta_3 = \frac{m_4}{m_1} \times 100\% \tag{4-3}$$

式中：m_4——粮箱内杂物重量。

若用籽粒清洁率表示，则其含义不同，是已收获的籽粒中的纯净籽粒的含量。但实质表达的内容一致。

4.2　脱 粒 分 离

4.2.1　作物籽粒的脱粒与分离原理

1. 脱粒装置的技术要求和工作原理

籽粒收获的一重要环节是脱粒，脱粒过程与作物的脱粒特性密切相连。脱粒特性主要是指谷物的脱粒难易程度，这种难易程度主要取决于谷粒与谷穗之间的连接强度，而他们之间的连接强度与作物的品种、成熟度和湿度有直接的关系，随着这些因素的改变，破坏谷粒与谷穗之间的连接所需要的能量也是不相同，采用的脱粒方式也不同。

1）脱粒原理

（1）冲击脱粒。

靠脱粒工作部件与穗头的相互冲击作用，使籽粒产生振动和惯性力而破坏它与穗轴的连接而实现脱粒。冲击速度越高、打击的机会多，脱粒能力越强，但破碎率也越大。

（2）揉搓脱粒。

靠脱粒元件与谷物之间，以及谷物与谷物之间的相互摩擦而使谷物脱粒。脱粒能力取决于揉搓的松紧度，也就是脱粒间隙的大小和谷层的疏密程度。

（3）梳刷脱粒。

当很窄的工作部件在谷穗之间通过时，就形成了梳刷脱粒，是靠脱粒元件对谷物施加拉力而进行的脱粒。实际上它也是冲击脱粒的一种。

（4）碾压脱粒。

靠脱粒元件对谷物施加挤压力而进行的脱粒。碾压过程中作用在谷物上的力主要是沿谷粒表面的法向力。会使谷粒与穗柄之间产生横向相对位移，该相对位移就形成了对谷粒与穗轴之间联结剪切破坏。

（5）振动脱粒。

靠脱粒元件对谷物施加高频振动而进行的脱粒。

上述几种脱粒方式是在长期的生产实践过程中总结而来的，不同的作物种类和作物品种、不同的贮存方式和后加工方式，其脱粒方法也不同，也就是说，选择何种脱粒方法完全取决于作物的特性。

　　2）脱粒装置

　　谷物本身的脱粒特性是形成各种型式脱粒装置的基础,联合收割机上的脱粒装置通常由高速旋转的滚筒和静止的凹板组成,滚筒与凹板间保持一定间隙,作物通过这一间隙时靠滚筒上脱粒元件的冲击、揉搓、碾压或梳刷作用使谷粒从茎秆上脱下,并让尽可能多的籽粒从凹板筛孔漏下,以减轻分离装置的负担。它不仅在很大程度上决定了机器的脱粒质量和生产率,而且对分离清选等也有很大影响。

　　按脱粒元件的形式不同,脱粒装置通常分为纹杆式、钉齿式和弓齿式三种。纹杆式脱粒装置利用打击和揉搓脱粒,多用于传统型联合收割机中;钉齿式脱粒装置利用冲击、挤压、揉搓等作用,对作物的抓取能力较强;弓齿式结构的脱离装置是利用梳刷原理脱粒,脱粒水稻比较适合,多用于半喂入式收获机脱粒装置。

　　对脱粒装置的技术要求是脱得干净、谷粒破碎少、分离性能好、功耗低;能适应多种作物及多种条件。这些要求和脱粒难易程度与作物品种、成熟度和湿度等有密切关系。实践表明,即使在同一穗上不同部位的谷粒脱粒难易程度差别也很大。因此以相同的机械作用强度来脱粒时,就会出现要求脱净与谷粒破碎率低之间的矛盾,为解决这些矛盾出现了不同结构形式的脱粒装置。如单滚筒脱粒装置采用用较高的打击速度和揉搓强度,而经历较短的脱粒过程;双滚筒脱粒装置则利用较长的脱粒过程、由低到高的打击速度,由小到大的揉搓强度来完成脱粒过程;轴流滚筒脱粒装置则采用较低的打击速度,更长的脱粒过程实现脱粒与分离。

　　2. 分离原理与构造特点

　　全喂入收获机脱粒装置中谷物整株都进入并通过脱粒装置,谷物经脱粒装置脱粒后变成由长稿、短稿、颖壳和谷粒等组成的混合物,称为脱出物。脱出物中的茎秆中掺混着一定量的籽粒,所以用此装置脱粒的谷物还得有专门的机构把籽粒从茎秆中分离出来,或此装置本身就具有此功能。这一机构称为分离装置,分离装置一般利用抛扬原理和离心原理来实现分离功能。

　　利用抛扬原理进行分离,这是一种常用的分离方法。当分离机构对谷物茎秆层进行抛物体运动时,利用籽粒比重大、茎秆漂浮性能好的特性,将籽粒从松散的茎秆层中分离出来。利用离心力原理进行分离时,脱出物通过线速度较高的分离滚筒时,依靠比谷粒重量大许多倍的离心力把籽粒从茎秆层中分离出来。由于采用的分离原理不同,实际使用的分离装置也不同。轴流联合收割机上采用的是滚筒式分离装置,而传统联合收割机上采用的是利用抛扬原理的逐藁器。其中键式逐藁器是目前联合收割机中应用较广的一种经典分离装置。其特点是对脱出物抖松能力很强,适用于分离负荷较大的机型中。键式逐藁器工作时,在曲柄连杆机构的驱动下整个键箱做平面运动,脱出物被抛离键面后在空中做抛物体运动,脱出物在惯性力作用下克服了本身的重力后就被抛离工作面,在空中做抛物线运动,再着落于工作面,它与工作面一起运动,直至又被抛起。如此周而复始地做一起一落的抛物体运动,使茎秆层处于较为松散的状态,比茎秆比重大的谷粒也就有较多的机会从茎秆层空隙中穿过,进而通过工作面筛孔进行分离。脱出物在抛扔过程中,长茎秆沿筛面向后输送,直至排出机外。实验证明,逐藁器上稿层自由落体运动时间越长,就越松散,分离效果也越好。这时,处于松散状态的谷粒有较多的机会穿过空隙被分离出来。

　　键式逐藁器由 3～6 个呈狭长形箱体的键并列组成,由曲轴传动。这些键依次铰接在驱动曲轴的曲柄上,各键面不在同一平面上,当曲轴转动时,相邻的键此上彼下地抖动。进到键面上的滚筒脱出物被抖动抛送,谷粒与断穗等细小脱出物由键面筛孔漏下,秸草则沿键面排往机后。现有键式逐藁器上,每个键宽度约 200～300mm,键的侧面高度应保证键上下运动时,相邻键的键面与键底间有 20～30mm 重叠量,以免漏落秸草。键的两侧有高出键面的锯齿状翅片,工作时可抖松秸草脱出物,并把秸草由前向后推送,又可支托秸草,防止机器横向倾斜工作时被抖送聚集在逐藁器一侧。每个键的下面装有向前下方倾斜的槽形底,将分离出的谷粒混合物输向前部,落入清选装置,底面与水平面的夹角一般不大于 10°。有的键无底槽,在逐藁器下方安装有作往复运动的整体式输送器,用以向前输送谷粒混合物。有的机器在无底槽键下方安装一组平行的螺旋推运器底槽,用它来输送分离的谷粒混合物,当机器遇到起伏不平的地面时,可保证谷粒混合物能稳定均匀地输送到清选装置去。

　　采用离心原理来实现分离功能的装置通常与脱粒装置结合在一起,统称为脱粒分离装置。

4.2.2　脱粒分离装置形式

1. 脱粒分离装置形式

　　作物进入脱粒装置后在脱粒滚筒、导向装置的作用下沿一定的方向运动,根据作物沿脱粒滚筒运动的方向不同,脱粒装置又可分为切流型和轴流型两类。切流式脱粒装置中,作物喂入后沿滚筒的切线方向进入又从切线方向排出,即作物从旋转滚筒的前部切线方向喂入,在滚筒与凹板之间进行脱粒后,除从凹板下面分离出一部分籽粒和细小杂余外,其余脱出物沿滚筒后部切线方向排出。作物在该装置内的时间很短,虽然有一定的分离作用,但主要起脱粒作用,必须与其他分离装置配合才能完成脱粒与分离的全过程。传统型联合收获机采用的是切流式脱粒装置与键式逐藁器的组合形式,实现对作物的脱粒与分离。

　　作物进入轴流脱粒装置后,在沿滚筒圆周切线方向做回转运动的同时,也沿滚筒轴线方向移动,即谷物沿滚筒做螺旋运动。轴流式脱粒装置中,谷物在做旋转运动的同时又有轴向运动,所以谷物在脱粒装置中运动的圈数或路程比切流式多或长。使它能在脱粒的同时进行谷粒的分离,脱净率高而破碎率低。对大豆、玉米、小麦、水稻等多种作物均有较好的适应性。其突出特点是在脱粒的同时便可以将籽粒与秸草分离开,所以不必再设其他分离装置。这种型式可以省去联合收获机中庞大的逐藁器,缩小了联合收获机的体积。

　　轴流型脱粒分离装置依据谷物喂入滚筒的方向不同可分为横向轴流与纵向轴流式两种类型。横向轴流的特点是切向喂入、轴向输送、切向排出,即谷物从横向布置滚筒的一端切向喂入,作物在沿滚筒的轴向做螺旋状运动过程中完成脱粒与分离,秸草最后从滚筒轴的另一端排出。纵向轴流的特点是轴向喂入、轴向输送、轴向排出,工作时作物由前端沿轴向喂入,进入脱粒分离装置的作物在沿滚筒的轴向做螺旋状运动过程,籽粒从凹板筛孔中分离出来,茎秆则从后端排出。

　　上述三种是联合收割机脱粒分离装置的基本形式,如图 4-4 所示,实际使用的结构虽然形式各异,但基本原理相同。可能是采用其中一种,也可能将其进行组合。

(a) 切流　　　　　　　　(b) 横向轴流　　　　　　　　(c) 纵向轴流

图 4-4　脱粒分离装置形式

2. 传统型脱粒分离装置

　　传统型脱粒分离装置由切流式脱粒装置和逐藁器式分离装置组合而成,脱粒装置主要用来进行谷物的脱粒,并有一定的分离能力。脱粒装置由切流滚筒与凹板构成,谷物被喂入脱粒滚筒和凹版组成的脱粒间隙进行打击和搓擦后,短脱出物通过栅格状凹版进入由清选筛和风机组成的清粮装置进行清选。长脱出物则进入分离装置进行茎秆与籽粒的分离,长茎秆被排出机外。这类脱粒装置通常采用纹杆滚筒与栅格凹板组合,根据收获谷物的不同脱粒特性,也可选用钉齿等其他形式的滚筒与凹板,如图 4-5 所示。

　　在传统切流脱粒装置作业时,滚筒作用于全部谷粒的机械强度相同,易于脱粒的饱满谷粒,早已脱下甚至已经受到损伤和破碎时,不太成熟的谷粒尚不能完全脱下。存在着脱净与破碎之间的矛盾。

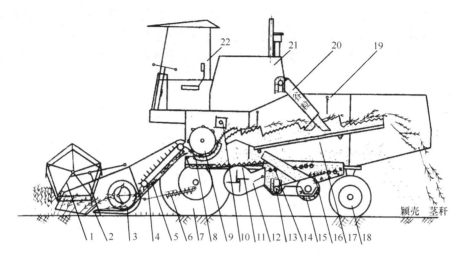

图 4-5　传统型联合收获机的工作过程

1. 拨禾轮；2. 切割器；3. 割台螺旋推运器和伸缩扒指；4. 输送链耙；5. 倾斜输送器(过桥)；6. 割台升降油缸；7. 驱动轮；8. 凹板；9. 滚筒；10. 逐稿轮；11. 阶状输送器(抖动板)；12. 风扇；13. 谷粒螺旋和谷粒升运器；14. 上筛；15. 杂余螺旋和复脱器；16. 下筛；17. 逐藁器；18. 转向轮；19. 挡帘；20. 卸粮管；21. 发动机；22. 驾驶台

　　为了便于喂入和稿草的抛离，滚筒前后方分别设有喂入轮和逐稿轮。它们与凹板、滚筒之间的相对位置对作业质量影响很大。如在直流型联合收获机上，喂入谷物较薄，就可省去喂入轮，而有的联合收获机上由于喂入速度较高也可省去。喂入轮向滚筒喂入的方向应适当。当按滚筒的径向喂入时，不易被抓取，茎秆易被铡断，以致断穗多。切向喂入时，就失去了在喂入时使厚度原来不均的谷层得以拉匀的作用。在喂入轮与滚筒之间设除草板，以防止被滚筒回带的草经喂入轮反吐出来和防止喂入轮缠草。逐稿轮片尽可能靠近滚筒，以防止后者缠草，有时也设挡草板。

　　双滚筒脱粒装置可以缓解上述矛盾。双滚筒脱粒装置采用两个滚筒串联工作。第一个滚筒的转速较低，可以把成熟的、饱满的籽粒先脱下来，并尽量在第一滚筒的凹板上分离出来。同时可使喂入的谷物层均匀和拉薄。第二个滚筒的转速较高，间隙较小，可使前一滚筒未脱净的谷粒完全脱粒。由于使用双滚筒，在喂入量增加时，未脱净率和凹板分离率的变化比单滚筒平缓，超负荷性能较强，对潮湿作物有很强的适应性。

　　双滚筒脱粒装置的第一滚筒大多采用钉齿式滚筒，第二滚筒为纹杆式滚筒。个别的机型上两个滚筒均采用纹杆式滚筒。第一滚筒用钉齿式有利于抓取作物，脱粒能力也强。第二滚筒用纹杆式有利于提高分离率，减少碎茎秆，这种形式适用于收获稻麦。配置双滚筒要注意保持作物脱粒工艺流程通畅，要使第一滚筒脱出的作物秸秆能顺利地喂入第二滚筒。有些双滚筒脱粒装置中在两个滚筒间设置中间轮,中间轮的作用相当于第一滚筒的逐稿轮,可防止作物秸秆"回草",又是第二滚筒喂入轮,使作物顺利均匀地喂入。在中间轮下设置栅格筛还可提高分离率,如图 4-6 所示。

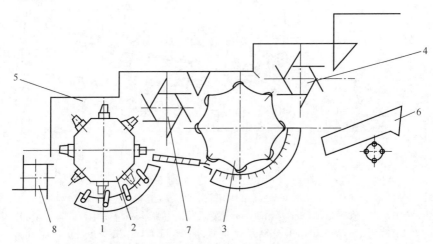

图 4-6　双滚筒与逐藁器组合脱粒分离装置

1. 喂入输送装置;2. 钉齿滚筒和凹板;3. 纹杆滚筒和凹板;4. 逐稿轮;5. 顶盖;6. 逐藁器;

7. 中间轮;8. 喂入轮

在传统脱粒装置中常常配合有辅助部件,包括喂入轮、逐稿轮和凹板出口的导向过渡栅条等。喂入轮将由输送装置送来的谷物拉薄变匀后喂入脱粒滚筒,有利于提高脱粒质量,喂入轮通常由 4~6 片后向的叶片组成,以防茎秆缠绕。有的机器为了简化机构,不设置喂入轮,由输送链(带)直接喂入。逐稿轮在滚筒的后上方,一般与滚筒相切,以引导脱出物离开滚筒,否则就会由于滚筒的高速旋转和外围的气流造成大量谷物回带,从滚筒的上方越过而反吐出脱粒装置,恶化脱粒作业并导致功率的无效耗用。

3. 非传统型脱粒分离装置

1) 切流脱粒分离装置

传统的切流脱粒装置要与逐藁器组合实现脱粒与分离过程,这种方式是联合收割机中最传统的组合方式。当然切流脱粒分离装置也可与离心式分离装置组合完成脱粒分离过程,切流滚筒与转轮式分离装置组合就是其中一典型结构。

切流脱粒装置后面布置有由多组分离轮和分离凹板组成的分离装置,其结构及分离工作原理类似普通滚筒式脱粒装置。脱出物由分离轮抓入并通过分离凹板,谷粒在离心力作用下穿过凹板筛孔分离出来,秸草始终处于切流运动状态,最终被抛出该装置外。

此种机型的脱粒凹板的包角小于传统机型脱粒凹板的包角,以便物料从脱粒滚筒出来后能顺利地进入分离滚筒。整机的长度和高度均比传统型减小了,但功率消耗却明显增加了。由于物料在通过串联的旋转分离部件时被轻轻地抖松,在喂入量较小时总损失低于轴流脱粒装置。因分离滚筒的圆周速度较小,所以功耗小,茎秆的破碎程度也比轴流型的低。

转轮式分离装置具有较强的分离能力,并可按作物条件调节转速和间隙,一般对潮湿作物与键式逐藁器相比有较好的适应性。单位面积的生产率较高。但它易使茎稿破碎,故用得较少。在收获条件较为恶劣的情况下,其生产能力高于同级别的传统型联合收割机。

2) 轴流脱粒分离装置

切流脱粒装置后面还得有专门的机构把谷粒从茎秆中分离出来,轴流式脱粒装置本身就具有此分离功能,使它能在脱粒的同时进行谷粒的分离。谷物在做旋转运动的同时又有轴向运动,所以谷物在脱粒装置中运动的路程比切流式长。轴流滚筒式脱粒分离装置与切流滚筒和逐藁器式脱离分离装置相比,作用频率高而作用力小,因此不仅脱粒干净而且破碎、破壳率低。

轴流脱粒分离装置按照布置方式有纵向与横向之分,因为纵向轴流式滚筒与机器前进方向平行,在总体配置上左右对称,可减小机体宽度。但为了使谷物能从轴的一端喂入,故设置了螺旋叶片,对谷物产生强烈的拖带冲击,实现强制喂入,同时产生一股吸气流,它有助于减少收割台上的灰尘飞扬。

横向轴流式脱粒装置在滚筒的一侧喂入,沿轴向移动脱粒,在滚筒的另一侧排出稿草。喂入比纵向的容易且通畅,茎秆横向排出顺畅,抛扔较远,便于总体配置,故在一般的脱粒机上使用较普遍。由于脱粒部分机身较宽,收割台与脱粒机部分也不易对称配置,故一般只用在大型联合收获机上。由于横向轴流上凹板分离出的脱出物在喂入的一侧要比排出端多,所在在凹板下设置两个使脱出物横向均匀分布的螺旋推运器。

3) 切轴组合脱粒分离装置

为了克服单一轴流脱粒分离装置的缺点,吸收切流脱粒装置的优点,可将二者结合一起构成切轴组合式脱粒分离装置,如图4-7所示。依据轴流滚筒的不同布置,可以有两类结构形式,一类是切流滚筒与纵向布置的轴流滚筒配合构成切轴组合式脱离装置。即在纵向布置的轴流滚筒的前端配置一个切流式滚筒,使容易脱粒的籽粒先行脱粒分离,同时可以提高轴流滚筒的喂入速度,使喂入更加均匀。其克服纵向轴流式脱粒装置的缺点,这种脱粒装置可以大幅度提高喂入量。

另外一种为切流滚筒与横向布置的轴流滚筒配合的切轴组合方式,切流滚筒与轴流滚筒配合使用,这种方式可以减小机体的横向宽度。第一滚筒为切流钉齿

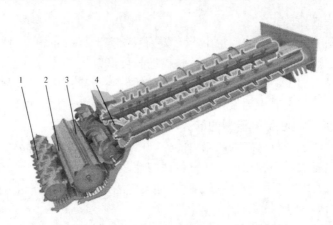

图 4-7　切流与纵轴流组合式脱粒分离装置

1. 喂入滚筒；2. 切流滚筒；3. 喂入搅龙；4. 纵轴流滚筒

滚筒,谷物首先进入切流滚筒,从切流滚筒出来后再进入第二轴流滚筒,二滚筒横向布置,沿滚筒的轴向做螺旋状运动,边运动、边脱粒、边分离,最后从滚筒轴的另一端排出。通过一、二滚筒的脱粒作用,即使在收获潮湿作物和比较难脱的谷物时,仍可获得非常理想的收割效果。

4.2.3　脱粒装置的结构与调节

1. 典型脱粒部件

1) 纹杆滚筒式脱粒装置

纹杆滚筒式脱粒装置由纹杆滚筒和凹板组成,以搓擦脱粒为主、冲击为辅,脱粒能力和分离能力强,断稿率小,有利于后续加工处理,对多种作物有较强的适应能力,尤其适合麦类作物。结构较简单,故联合收获机运用最广泛。作物进入脱粒间隙之初受到纹杆的多次打击,这时就脱下了大部分谷粒。随后因靠近凹板表面的谷物运动较慢,靠近纹杆的谷物运动较快而产生揉搓作用,纹杆速度比谷物运动速度大,它在谷物上面刮过,使得后者像爬虫一样蠕动,从而产生谷物的径向高频振动。同时当谷层在间隙中以波浪式移动时,其波浪向出口处逐渐变小。

纹杆滚筒与凹板间的脱粒过程不同阶段方式不同,在入口阶段,在打击和搓擦共同作用下脱粒以及由此引起的振动。在此期间小麦脱粒已基本完成,中段时穗头几乎已全部脱净,仅有不成熟的籽粒尚未脱净,茎秆已开始破碎。同时出口段中以搓擦为主,完全脱净,茎秆的破碎加重。谷粒在凹板上有 $60\% \sim 90\%$ 可被分离出来,分离率的密度分布亦是在入口段为最高并以指数函数规律下降。所以当凹板包角已经较大时,再以扩大包角来增强分离是无效的。纹杆滚筒式的特点是有较好的脱粒、分离性能,但是如果作物喂入不均匀和作物湿度较大,则对脱粒质量有较大影响。

　　纹杆滚筒有开式和闭式之分,如图 4-8 所示。开式滚筒上纹杆之间为空腔,有较大的抓取高度,抓取能力强。作物可纵向或横向喂入脱粒。闭式滚筒的纹杆装在薄板圆筒上,转动时周围空气形成的涡流小,功率耗用小,稿草也不易缠绕或进入滚筒腔内。它一般适于横向喂入脱粒和适用于玉米脱粒。

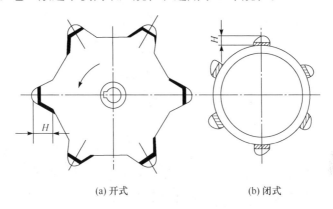

(a) 开式　　　　　　　　　　(b) 闭式

图 4-8　开式和闭式滚筒

　　纹杆滚筒一般由滚筒轴、辐盘、和纹杆构成,滚筒轴上装有若干个由钢板冲压成的多角辐盘,其凸起部分安装纹杆,较老一些的为圆形辐盘,其上铆接纹杆座和纹杆,后者用特制螺栓固定。为了平衡,纹杆总是偶数,一般为 6、8、或 10 根,随滚筒直径而异。过密其抓取能力减弱,且不便于拆装。纹杆有 A 型与 D 型两种。A型纹杆通过纹杆座安装在辐盘上。纹杆座高,抓取能力强,鼓风作用大,消耗功率多,周围的紊乱气流对分离谷粒及抛离稿草均不利。D 型纹杆为弯曲型钢断面,适用于多角辐盘,其尾部相当于纹杆座,起抓取作用。它用螺栓直接固定于辐盘上,结构简单。纹杆表面的斜纹可增强抓取和搓擦的能力,左右纹向交替安装,可抵消脱粒时茎稿向一侧的轴向移动。

　　凹板虽然有编织筛式、冲孔和栅格等形式,栅格凹板最为常用,如图 4-9 所示。凹板面积是决定脱粒装置生产率的重要因素。凹板弧长增大,横格数也增多,脱粒和分离能力增强,生产率提高;但脱出物中碎稿增多,功率耗用增大。包角过大易使潮湿作物缠绕滚筒,对分离率要求不太高的脱粒装置可采用较小的包角。凹板格板间的孔长(b)为 30～40mm,筛条间距(a)为 8～15mm,较宽时断穗增多。格板应有必要的棱角和足够的强度,以保证脱粒性能和防止变形。格板顶面高出筛条,h＝5～15mm,保证脱粒和分离作用,过大易使茎稿破碎。

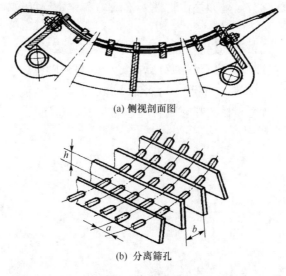

(a) 侧视剖面图

(b) 分离筛孔

图 4-9　栅格状凹板

　　脱粒装置凹板的通过性能对于联合收获机的生产率和工作质量有很大影响。如果凹板分离率很高，逐藁器的分离负荷减少，因而分离损失也可减少。凹板分离率主要取决于凹板弧长及凹板的有效分离面积。当脱粒速度增加时，凹板分离率也相应提高。凹板弧长增加脱粒净率增高，但弧长达到一定值后再增大时，脱净率就增加得极为有限，而茎秆和谷粒的破碎反倒增高。

　　2）钉齿滚筒式脱粒装置

　　钉齿滚筒式脱粒装置由钉齿滚筒和钉齿凹板组成，利用钉齿对谷物的强烈冲击以及在脱粒间隙内的搓擦而进行脱粒，如图 4-10 所示。作物在被钉齿抓取进入脱粒间隙时，在钉齿的打击、齿侧面间和钉齿顶部与凹板弧面上的搓擦作用下进行脱粒，如图 4-11 所示。钉齿凹板若为栅格状时，就可能有 30%～75% 的谷粒被分离出来；无筛孔时，则全部夹在茎稿中排到逐藁器上。这一脱粒装置的特点是：抓取谷物能力强，对不均匀喂入适应能力强，脱粒能力强，对潮湿作物以及水稻、大豆等作物的适应性较好一些；但装配要求高，成本高，稿草断碎多，凹板分离能力低，功率耗用较纹杆为大。

　　钉齿滚筒脱粒装置的脱粒性能与谷物的喂入量、脱粒速度等有关。钉齿滚筒脱粒装置的凹板分离率比纹杆滚筒式的明显减少，这是因凹板上有钉齿，减少了有效分离面积，同时也阻挡了谷物在凹板表面上的运动速度。钉齿滚筒的脱粒速度对谷粒破碎作用也是很显著的。钉齿滚筒的钉齿按螺旋线分布成排地固定在齿杆上。常用的钉齿有板刀齿、楔齿和弓齿。板刀齿薄而长，抓取和梳刷脱粒作用强，对喂入不均匀的厚层作物适应性好，打击脱粒的能力也比楔齿强。由于其梳刷作用强,齿侧间隙又大,使脱壳率降低。此外,由于齿薄,侧隙大,齿重叠量小,功率消耗比楔齿为低。楔齿基宽顶尖,纵断面几乎呈正三角形,齿面向后弯曲,齿侧面斜度大,脱潮湿长秆作物不易缠绕,脱粒间隙的调整范围大。在水稻脱粒时,弓齿脱粒的效果比刀齿还好。凹板分离率较高,脱粒作用较柔和,破碎、破壳率较低。

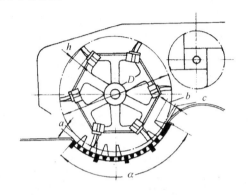 

图 4-10　钉齿滚筒脱粒装置　　　　　　　　图 4-11　钉齿的脱粒作用

a. 入口间隙;*b*. 重合度;*c*. 出口间隙;*h*. 齿高;*α*. 包角

钉齿滚筒的凹板有组合式和整体式两种。组合式凹板由钉齿凹板、栅格凹板、侧弧板等组成。整体式凹板的钉齿直接固定在格板上。凹板上的钉齿和滚筒钉齿等长或略短。钉齿排数一般为 4~6,并可随脱粒需要而增减。凹板上钉齿排数多,脱粒能力强,但茎秆断碎多,功率消耗大。在一般情况下,有四排齿已可保证脱粒干净。遇潮湿难脱作物时,可装六排钉齿。少数采用大脱粒间隙的钉齿滚筒上,为了适应难脱品种的要求,有时在凹板上装更多排数的齿。

钉齿滚筒凹板中的栅格筛凹板,其结构形式与纹杆滚筒式凹板相同。在以脱稻为主的钉齿滚筒脱粒装置上,常采用横长孔结构的栅格式凹板。凹板包角大多在 100° 左右。对分离率要求高的凹板其栅格段较长,包角可达 200° 左右。滚筒上的钉齿和凹板上的钉齿应很好配合组成脱粒间隙,故凹板上的钉齿必须位于滚筒上相邻两钉齿迹中央。凹板上的钉齿大都分几排,钉齿大都沿凹板弧长连续均匀排列,亦有两排一组地间隔排列,在两个钉齿排组间可装栅格筛凹板。为使脱粒时减少秸草破碎,并使滚筒工作时受的负荷均匀,相邻两排钉齿相互错开排列,这样滚筒上钉齿的一侧先与凹板上的钉齿一侧组成脱粒间隙进行脱粒,随后滚筒钉齿的另一侧与凹板下一排钉齿组成侧向间隙进行脱粒,滚筒钉齿两侧面交替通过凹板钉齿,有利于作物脱得干净,减少秸秆折断。

2. 脱粒装置的调节机构

脱粒装置的工作性能是指其脱粒的脱净率、破碎率、生产率、分离率(损失率)、功率消耗及脱出物中断穗量、茎秆破碎程度等。影响脱粒性能的因素很多,包括脱粒间隙、滚筒形式、喂入量、喂入方式、滚筒速度、凹板包角、滚筒直径、湿度、谷草比、脱粒时间、滚筒长度、作物种类及作物成熟度等在结构设计上主要有凹板包角,脱粒间隙、滚筒脱粒速度。

1) 脱粒间隙

为保证脱粒过程中谷层始终受到一定强度作用及为便于入口处抓取谷物,脱粒间隙都是先大后小,脱粒间隙小则脱净率高,但谷粒破碎严重,易堵塞,茎秆碎裂,谷物在脱粒装置内的移动速度快,谷层薄,有利分离。脱粒间隙对谷物脱粒性能反映最敏感的就是纹杆滚筒,因其以揉搓碾压为主要原理脱粒,间隙变化影响到谷层的压力。脱粒间隙的大小还应考虑到作物品种,干湿度等因素,干燥谷物应加大间隙提高喂入量,即保证脱净率,又提高生产率。对于钉齿式滚筒,其脱粒间隙由齿侧间隙和齿端间隙两者构成。

因为谷层在间隙中通过时其运动速度越来越快,谷层逐渐变薄。为了保持对谷层的一定作用强度以及在入口处便于抓入谷物,间隙总是逐渐变小。入口与出口间隙之比一般为 4∶1。调小间隙可增大脱净率,但过小又会使谷粒破碎和堵塞。收获干燥而完熟的谷物时,可加大间隙以提高喂入量,既保证脱净率,又提高生产率。

2) 脱粒速度(滚筒转速)

脱粒速度大则冲击力大,谷层移动速度大,谷物离心力大,谷层薄,有利分离,但过大时会出现破碎,功耗大。当脱粒速度增加时,打击和搓擦作用就加强,脱粒比较干净。此时谷物在脱粒间隙内运动速度也增加,谷物层变薄,离心力加大,凹板分离率也提高,但谷粒与茎秆的破碎将增加。此外,增大滚筒脱粒速度或增大喂入速度,均可使谷物在间隙中的移动速度增加,谷物离心力增大,并使谷层变薄促进分离。脱粒间隙减小也可使谷层移动速度提高,谷层变薄,有利于分离,但破碎率可能增加。

使谷粒出现严重损伤甚至破碎的脱粒速度称为极限速度,它与谷物的种类、品种和湿度有关。使用中的速度应选低于极限速度值。相同的作物在不同的时间,其脱粒的难易是不同的。如中午作物湿度低就比早晨有露水时易脱。所以,速度和间隙要按实际情况决定,如表 4-1 所示。

3) 凹板包角

包角大,即凹板面积大,分离率高,损失少,生产率高,但功率耗用大,碎秆多,谷物潮湿时易缠绕滚筒。凹板包角大小与脱粒滚筒的形式有关,凹板的类型也影响脱粒性能,栅格式包角较小,多与纹杆滚筒配合。冲孔筛式凹板的分离能力小于栅格式,其包角大,摩擦阻力小,茎秆运动流畅,主要用在轴流滚筒上。编织筛式凹板的筛孔率大,但强度小,易变形,主要用在弓齿脱粒滚筒上。

脱粒速度、间隙和凹板包角三者的作用不是孤立的，而是相互补充、相互制约的，应协调地调整速度和间隙，以求在不出现过高的破碎率的前提下提高脱净率和生产率，因而在联合收获机上设有灵便的无级调节滚筒速度的装置。

表 4-1　脱粒速度与间隙（纹杆滚筒与栅格凹版）

作物品种	脱粒滚筒圆周速度/(m/s)	脱粒间隙/mm	
		入口	出口
小麦	28～32	16～30	4～10
粳稻	26～30	16～30	4～10
玉米	10～17	32～45	12～22

凹板包角在结构设计时已确定，当收获不同种类、品种的作物时，为了适应不断变化着的作物状态，在使用中经常调节的是脱粒滚筒的转速和脱粒间隙。

（1）滚筒转速的调节。

滚筒的转速变化可以采用更换不同直径皮带轮的方法，而在联合收获机上普遍采用皮带无级变速的方法。图为驱动滚筒轴的主动轮，它装在逐稿轮轴上，由动盘、定盘组成。定盘由六个螺栓固定在轴套上，后者由平键与主动轴相连，定盘上还有三个导向销，起导向作用。动盘套在轴上，可以滑动。

无级变速器的被动轮装在脱粒滚筒轴上，由定盘、动盘组成。定盘由螺栓固定在大轴套上。后者由轴承、小轴套支承在滚筒轴上，经其外端的缺口和滚筒传动轮毂的驱动爪啮合，将皮带轮的动力传给滚筒轴。动盘套在大轴套上，由弹簧压紧，弹簧由压罩和卡簧定位。

驾驶员在座位上通过传动机构即可实现滚筒转速的无级调节，但这种装置必须在机器运转过程中进行调速。

（2）脱粒间隙的调节。

脱粒间隙的调节可以分别在两侧对脱粒装置的入口和出口的脱粒间隙进行调节，此法构造简单，但调节费时。联合收获机上为了防止滚筒堵塞和堵塞后能快速清理脱粒间隙里的茎秆，已广泛采用了快速脱粒间隙调节机构。

图 4-12 所示为此种机构之一例。凹板由两对吊杆通过支承轴，与支承臂相连，并由吊杆与凹板连接处侧壁上的纵向导向孔定位，在驾驶室搬动操纵杆，拉杆绕下支承轴回转，通过调节螺母与螺母方套拉动拉杆，使支承臂绕固定在机壁上的支承轴上下转动，使两对吊杆带动凹板沿导向孔移动，改变了脱粒间隙。这种机构能对凹板进行三种调节，其一凹板小轴与吊杆之间靠拧动调节螺母可调节吊杆长度，使入口和出口间隙进行分别的调节。其二拧动调节螺母可改变拉杆的长度，使入口和出口间隙同时进行调节。其三提起操纵杆，在滚筒发生超负荷的时候使凹板快速放下，突然放大间隙防止滚筒堵塞。

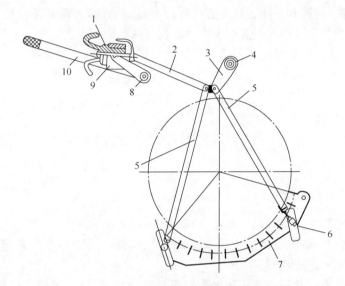

图 4-12　快速脱粒间隙调节装置

1. 调节螺母；2. 拉杆；3. 支承臂；4. 支承轴；5. 吊杆；6. 调节螺母；7. 凹板；8. 支承轴；
9. 螺母方套；10. 操纵杆

4.2.4　轴流脱粒分离装置

　　轴流式脱粒分离装置由脱粒滚筒、凹板和顶盖等组成。凹板和顶盖形成一个圆筒,把滚筒包围起来。脱粒时,作物从滚筒的喂入口喂入,随着滚筒旋转,在螺旋导板的作用下,谷物在脱粒装置内做螺旋运动。在滚筒和凹板的打击和搓擦作用下,谷粒被脱下,并通过筛状凹板分离出来。茎秆从滚筒的排草口沿圆周的切线方向排出。由于它的脱粒时间长且经多次反复的作用,在脱粒速度较传统型稍低的情况下仍有良好的脱净率。同时由于脱粒间隙大,谷粒破碎很少,加上分离与脱粒同时进行,有充裕的分离时间,所以一般能获得满意的分离质量。以上脱粒工艺过程使得该脱粒装置具有以下显著的特点:

　　脱粒能力强,谷粒损伤小、故对难脱的和易破碎的多种作物均有较好的适应性。如大豆、玉米、高粱、麦类和水稻等。

　　可省去传统的分离机构,一定程度上能简化机构,缩小尺寸。

　　茎叶破碎严重,尤其谷物干燥时脱出物含杂率更多,这就加大了清选装置的负荷。

　　功率耗用比传统式脱粒装置有明显增加。特别在谷物茎秆较长、较潮湿时,功率耗用增加较多。

　　由于轴流滚筒式脱粒装置对谷物的脱粒时间较长,滚筒转速和间隙有少许变化对脱粒质量的影响不大,因而对安装间隙和速度调节要求不很严格。

1. 轴流滚筒

滚筒分圆柱型和锥型两种。锥型滚筒的锥角一般为 10°~15°。谷物由小端喂入,大端排出。滚筒上的脱粒部件一般为纹杆式或杆齿式、板齿式,或纹杆与杆齿组合式。谷物在轴向逐渐加快流动,圆周速度逐渐增加,不断加强脱粒和分离能力。圆柱滚筒制造简单,在脱粒室内必须配置导向板引导作物才能保证轴向流动。轴流式滚筒脱粒装置按谷物喂入滚筒的方向不同可分为纵向轴流式和横向轴流式脱粒装置,纵向轴流式的结构更具特色,图 4-13 所示为纵向轴流滚筒。

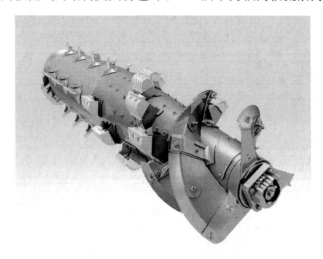

图 4-13　轴向喂入、轴向排出式轴流滚筒

轴流滚筒前段为锥体上加螺旋叶片,在外锥体喂入导板的配合下起强制喂入作用。中段的短纹杆为螺旋线排列配置,它与顶盖上的反向螺旋线配置的导板相结合加强轴向推进作用。在这一过程中,谷层逐渐变薄,在中段的尾部为了延长脱粒分离作用,纹杆段又改为轴向布置的板齿,有的板齿斜着安装,以增加轴向推送谷物的能力。后段配置的叶片起分离作用。即轴流滚筒一般分为四段,第一段为喂入段,喂入螺旋叶片使倾斜输送器过来的作物改变方向并将其送入脱粒段;第二段为主脱粒段,作物在此段完成大部分的脱粒分离工作,脱粒强度可由脱粒凹板间隙和滚筒的转速来调整;第三段为分离段,起进一步的脱粒和分离作用,未脱净的作物在此段继续被脱粒,未分离的籽粒继续被分离。第四段为排草段,最后茎秆被排出体外。

上述纹杆叶片滚筒或钉齿叶片滚筒配上栅格凹板脱整株玉米或玉米穗时,破碎率及损失率等性能均较好,但在脱潮湿玉米(谷粒含水率为 31%~33%)钉齿叶片滚筒的破碎率比纹杆叶片式显著升高,而这些型式的滚筒在脱大豆时都能达到农业技术要求,彼此无大差异。

在纹杆与杆齿组合的滚筒上则用普通纹杆滚筒并配置一段杆齿滚筒,前段的纹杆滚筒主要起脱粒作用,后段的杆齿滚筒主要起分离作用。轴流式滚筒功率耗用受作物物理机械特性影响较大,比传统型更为敏感,喂入作物长度、含水率的影响均较大。为了减少功率消耗,在保证脱粒和分离的前提下应尽量缩短滚筒长度。

2. 凹板与上盖

轴流滚筒与凹板之间间隙分可调与不可调两种,调节方式多以改变凹板的位置来实现。凹板的型式有编织筛式、冲孔式和栅格式三种,其中栅格式凹板的脱粒和分离能力最强、虽然茎秆的破碎较重,但仍是较广泛应用的一种。增大凹板包角可以提高分离能力、但实验表明凹板包角从 $180°$ 增至 $360°$ 时,分离出的谷粒量增加量较小。也就是说,上凹板的分离作用比较小,所以很少将凹板做成 $360°$ 的。常用的凹板包角为 $180°\sim240°$。脱粒间隙主要随作物种类及通过脱粒装置的谷物层厚度而定。滚筒与凹板沿轴向的脱粒间隙可向排出口方向逐渐由大变小,以提高脱粒和分离能力。

滚筒的上盖内表面上通常装螺旋导向板,与滚筒上的导向板一起控制轴向推运谷物的速度,从而达到控制脱粒和分离作用,导向板的螺旋升角 β 为 $20°\sim50°$,过大则使作物沿滚筒做轴向移动的速度减小,虽有利于脱净,但谷物滞留造成稿草过碎。导向板的数目随滚筒的长度而异,长度增加时导板块数也大致按比例增加。导向板的高度影响上盖与滚筒的间隙,间隙大则谷物轴向流动不畅,生产率低,间隙小则碎草多且功耗大,易堵塞,此间隙一般沿滚筒轴由大到小变化。导向板与滚筒间隙 $10\sim15mm$,间隙过大作物流动不畅,间隙过小,碎草过多,有的大型联合收割机将其间隙沿轴向设计成大小不同,以提高其分离效果。

切向喂入的轴流式脱粒装置,喂入段内的导板必须将喂入的作物导入喂入段宽度以外,即在喂入口的地方用一条导向板横跨喂入口的全宽,以避免在喂入口处产生回带作物现象,造成喂入不均匀;最后一块导板应将脱过的草导送到排草口位置,导向板应伸到排草口宽度 1/3 的地方,否则排草将困难;其余导向板的配置前后应有一定的重叠量,以保证作物轴向的连续移动。

4.3 籽 粒 清 选

经脱粒装置脱下的和经分离装置分离出的短脱出物中混有断、碎茎秆、颖壳和灰尘等细小夹杂物,籽粒收获过程的清选环节就是要将这些杂质从籽粒中分离出去。联合收割机的清粮装置的功用就是将混合物中的籽粒分离出来,将其他混杂物排出机外,以得到清洁的籽粒。

4.3.1　清粮原理与清粮方式

1. 籽粒的物理特性

籽粒中的混夹杂物和谷粒之间,在某些方面一定有不同的特性,只要找到谷粒和夹杂物有明显差异的特性,即可以利用被清选对象各组成部分之间的物理机械性质的差异将他们分离开。机械清选最常用的几种物理机械特性如下:

1) 谷粒的大小和形状

谷粒大小和形状是由长、宽、厚三个尺寸决定的,根据谷粒的这些特性,我们可以用圆孔筛、长孔筛和窝眼筒等工作部件分别按谷粒宽度、厚度和长度来进行分离,这种方法应用得非常普遍。

2) 谷粒比重和体积密度

由于谷粒本身组成物质状态(水分、成熟度和受虫害损伤程度等)以及结构的不同,其比重也不一样。利用谷粒比重不同的特性,可以采用液选或重力清选来分离。

3) 谷粒表面特性

不同类型作物其谷粒表面特性是不一样的,有光滑的、粗糙的、带有薄膜或带毛的等。由于表面特性不同,因此使这些谷粒相互间的摩擦,即其休止角不相同,以及对其他物体如木板、铁板、不同筛面以及各种纺织物的表面摩擦角也各不相同。可采用各种类型的摩擦式分离器进行分离。

4) 谷粒的空气动力特性

物体的空气动力特性可以用飘浮速度或飘浮系数来表示。飘浮系数不同的物体在和气流做相对运动时,受到的气流作用力也不相同。根据这一原理,可将脱出物向空中抛掷,或利用风扇所产生的气流来吹扬脱出物,靠气流对脱出物各部分作用力的不同来进行清选。

上述特性是联合收割机、脱粒机、清选机设计可利用的特性,这些机械的清选装置均利用清选对象各组成部分之间物理机械性质的差异而将它们分离开来。

2. 籽粒的清选方式

1) 气流清选

气流清选是按照谷粒的空气动力特性进行分离,是利用谷粒和其他夹杂物的空气动力特性不同来清选的。常用的方法有以下三种。

(1) 利用垂直气流进行清选。

工作时谷粒混合物被喂料辊送至垂直吸气道下部的筛面上。由于受到气流的作用,悬浮速度低于气流速度的轻杂物被吸向上方。当吸至断面较大的部位时,由于气流速度降低,一部分籽粒和混杂物开始落入沉降室内,被搅龙输送到机外,最轻的杂质被风吹出。

(2) 利用倾斜气流进行清选。

是利用倾斜气流分离谷粒混合物的装置。它是利用谷粒和夹杂物在气流中的不同运动轨迹来进行清选的。在筛下斜向吹风或对于落下的混合物斜向吹风,这时被吹物体即依其飘浮特性被风吹至不同的距离,依其距离远近来进行分离,籽粒愈轻则被吹送愈远。

(3) 利用不同空气阻力进行分离。

将谷粒混合物以一定速度并与水平成一定角度抛入空中,依空气对各种物料阻力的不同,其抛掷距离亦不相同:轻者近,重者远,从而进行分离。

2) 筛分

筛分是按谷粒的尺寸特性分离,根据尺寸的大小,分别用不同的方法将谷粒从细小脱出物中分离出来。

(1) 按谷粒厚度分离。

按厚度分离是用长孔筛进行的,长方形筛孔的宽度应大于谷粒的厚度而小于谷粒的宽度,筛孔的长度大于谷粒的长度,谷粒不需竖起来即可通过筛孔。谷粒长度和宽度尺寸不受长方形筛孔的限制,这样筛子只需做水平振动即可。

(2) 按谷粒宽度分离。

按宽度分离是用圆孔筛进行的,筛孔的直径小于谷粒的长度而大于谷粒的宽度,分离时谷粒竖起来通过筛孔,厚度和长度尺寸不受筛圆孔的限制。当谷粒长度大于筛孔直径二倍时,如果筛子只做水平振动,谷粒不易竖直通过筛孔,需要带有垂直运动。

(3) 按谷粒长度分离。

按长度分离是用选粮筒来进行的,选粮筒为一在内壁上带有圆形窝眼的圆筒,筒内有承种槽。工作时,将需要进行清选的谷粒置于筒内,并使清选筒做旋转运动。落于窝眼中的短谷粒(或短小夹杂物),被旋转的选粮筒带到较高的位置,而后靠谷粒本身的重力落于承种槽内,长谷粒(或长夹杂物)进不到窝眼内,由选粮筒壁的摩擦力向上带动,其上升高度较低,落不到承种槽内,于是与短谷粒分开。

在固定作业的谷粒清选机上,利用圆孔筛和长孔筛等分级筛及选粮筒,可以精确地将谷粒按宽度、厚度、长度分成不同等级;但在田间工作的谷物联合收割机上,并不急需对谷粒进行精确地清选或分级,而是要把谷粒从细小脱出物中分离出来,因此通常都采用编织筛、鱼鳞筛等分离筛。

3) 风筛组合分选

在联合收割机上,最常用的是风选与筛选配合的清粮装置,利用混合物各组成部分的尺寸特性和空气动力特性将筛子和风机配合进行分离选别。因为如果只用筛子进行分离,混杂在脱出物中的谷粒很少有机会直接通过筛孔,并且筛孔又经常会被混杂物所堵塞。有了气流配合可将轻杂物吹离筛面。试验证明:气流参数与振动参数之间存在一定的相互关系,只有当气流的作用力抵消了物料的重力而使物料处于疏松状态时,才能有最高的分离效率并吹出机外,有利于谷粒的分离。

根据对于清粮装置的研究已经可以初步确定气流筛子式清选机构的合理参数,为了得到最佳的分离效果,一方面要有合理的机械振动参数(如筛子的振幅和频率),另一方面还要有一个能适于细小脱出物层流动的气流参数。短脱出物进入由清选筛和风机组成的清粮装置后,利用风机的配合在筛面上做前后的往复运动,借以获得更多的机会通过筛孔。

4.3.2　筛选装置

1. 清选筛类型

目前应用的筛子有四种形式:编织筛、鱼眼筛、冲孔筛、鱼鳞筛。清粮装置上较多的采用鱼鳞筛与冲孔筛。

1) 编织筛

编织筛用金属丝编织而成,多为方孔,制造简单、筛孔率大、筛落能力强、气流阻力小、有效面积大、谷粒的通过性能好,生产率高,在多层筛子配置中宜作上筛。但平面强度小,易变形,且不可调节,主要用于清理脱出物中较大的混杂物。

2) 冲孔筛

冲孔筛是在薄金属板才上冲制具有特定形状的筛孔,孔形有圆孔和长孔两种,筛孔比较准确,清除杂质干净,可以得到较清洁的谷粒。制造简单、不易变形、但有效面积小、对气流的阻力也比较大,生产率低,一般用于下筛。清选不同作物时,需更换筛片。

3) 鱼眼筛

鱼眼筛是在薄钢板上冲压出凸起的鱼眼状的月牙形筛孔。这种筛孔可以减少短茎秆通过筛孔的机会,而沿着筛面并对着鱼眼孔方向运动的谷粒仍可通过,鱼眼筛向后推送混杂物的性能较好,不易堵塞,且重量轻,结构简单,但它只有单方向的分离作用,生产率较低。

4) 鱼鳞筛

鱼鳞筛是由冲压而成的鱼鳞筛片和鱼鳞筛孔组合而成。应用最广的是可调节开度大小的鱼鳞筛,各个鳞片转轴是联动的,可同时改变开度。筛面不易堵塞、生产率高、适应性强。但结构复杂,重量大。鱼鳞筛通用性好,引导气流吹除轻杂质和排送大杂质的性能好,在联合收获机上应用较多。

在实际的使用中,筛子不是单一使用,而且要运动,这就要组成一装置实现其功用,联合收割机中的筛箱即是实际应用的筛选装置,其驱动机构称为筛箱驱动装置。

2. 筛箱

筛箱是清除籽粒中杂物的主要工作装置,是由抖动板与筛子组成的振动分离系统。筛子装在箱体内,由导轨承托以便拆装,筛子两侧边缘的上方固定有密封用的橡胶条,以防止谷粒从缝隙中漏出。筛箱内的筛子有单层筛和多层筛不同方式,单层筛用于简易结构收割机中,双层筛应用最为广泛,主要由筛箱体、抖动板、上筛、下筛及尾筛等部件构成。筛箱体的结构也多种形式,可以是单体机构,也可是两体或三体结构。单体结构的筛箱,其抖动板、上筛、下筛及尾筛等部件一起运动,而两体或三体结构筛箱中的抖动板、上筛、下筛就要与所安装的箱体一起运动,相互之间运动参数不同。

阶状抖动板起输送作用,它与筛子一起往复运动,把从凹板和逐藁器分离出来的谷粒混合物输送到上筛的前端。在阶状抖动板末端有指状筛、使谷粒混合物抖动疏松,将较长的短茎秆架起,使谷粒混合物首先与筛面接触、短茎秆处于谷层的表面,提高清选效果。抖动板主要包括阶梯板、逐稿板和指杆栅条,用以输送至初分离滚筒分离物料。抖动板不允许逐稿板和指杆栅条卷曲和弯曲,以免影响筛分效果。抖动板随总体安排的不同可以是向下倾,也可以是向上输送。抖动板向上、向后输送能力与板面摆动方向角有关。

筛子的筛面一般都上倾,这样可以增加筛落强度,上下筛的倾角均可调节。在粮箱籽粒含杂率不高的前提下,上筛开度尽可能大一些为好,在收大粒或杂草多的潮湿作物时应全开,收其他作物时不应小于 2/3 开度,并且前段开度略小于后段开度。下筛对清选质量影响较大,一般以较小开度为宜,如果上筛全开,下筛可开 2/3,应随上筛开度相应减小。尾筛的调节与上筛后段类同,同时尾筛还可旋转一定的角度来适应不同的需要。不同田间作业条件下只有通过试割观察调整,运用以上基本原则,才能达到满意的清选质量。

为了适应颖壳等夹杂物较多的作物的清选,发展了三层筛的清粮装置,即在二层筛之间加了一层中筛,前后错开,上筛伸到中筛的约 1/3 处,中筛又伸到下筛的约 1/3 处。这样混合物就有三次跌落机会,加强了疏松和气流吹散的效果,对干燥的麦类作物可以提高清选能力,但对大豆、玉米说,因为清选负荷通常较小,也没有混合物的缠结问题,其清粮效果没有什么差别。

3. 筛箱驱动

筛箱的驱动机构为一曲柄连杆机构,它主要由偏心链轮、连杆、摇臂等组成,如图 4-14、图 4-15 所示。摇臂下端与下筛箱前部铰接,上部中间铰点与抖动板的后部及上筛箱的前部铰接。动力通过连杆驱动摇臂的上端摆动,实现抖动板及上下筛箱的往复运动。在安装筛箱时,各铰接处胶套、轴及其轴承座配合时,只有在筛箱处于前后振动中间位置时才可将其紧固螺栓拧紧,确保胶套在往复运动中正反扭转弹性变形量小而均衡。

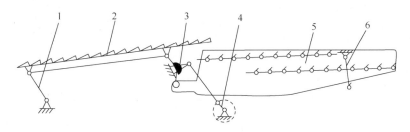

图 4-14　筛架的配置及驱动方式
1. 支杆；2. 抖动板；3. 摇杆；4. 曲柄连杆机构；5. 筛架；6. 吊杆

图 4-15　筛箱驱动
1. 下筛箱；2. 摇臂；3. 连杆

由于吊杆和连杆长度远大于曲柄半径,可近似认为筛子的运动是振幅为 $A=2r$(r 为曲柄半径)的直线往复运动。有些联合收获机的上筛分前后两段,可分别按需要调节。不易堵塞、生产率高,但结构复杂、一般用作粗选的上筛,个别情况下也用作细选的下筛。

如在双层筛上,上筛与抖动板共用一框架或前后铰连,抖动板的角 ε 与上筛的相仿,以增强输送谷粒混合物的能力。下筛与滑板另外构成一筛箱体。上下两件由曲柄对称驱动。二者的惯性力得以平衡,但通常上件较重,若为整体驱动,则此惯性力的不平衡将更甚。阶状抖动板的每个阶梯长度应小于谷物在阶面上每次向前移动或抛离的距离以保证谷物输送。

筛子的转速和摆幅,是构成筛子运动的主要因素,两者必须适当配合。一般规律是转速低者摆幅宜大,转速高者摆幅宜小。

4.3.3 清粮装置的风机

联合收获机及脱粒机的清粮装置上风机都是低压风机,主要有轴向进风的离心风机、横流风机和轴流风机等几种。因为它与筛子配合工作,因而宽度较大;大多采用双面进风、直叶片、圆筒形外壳或张开度不大的蜗形外壳,用切角叶片来改善出口气流的不均匀度。有的联合收获机采用径向进气风机,风扇两侧无进风口,靠前向叶轮的回转,使气流由壳体圆周处径向进入、通过叶轮后,再从出风口排出。这种清粮风机的特点是出口气流速度比较均匀,即使宽度很大时,也不影响气流速度的均匀性。但其结构比较复杂,需用变更转速来调节流量,故目前应用较少。

1. 离心风机

离心风机主要由叶轮、进风口及蜗壳等组成。叶轮转动时,叶片构成的流道内的空气,受离心力作用而向外运动,在叶轮中央产生真空度,因而从进风口轴向吸入空气。吸入的空气在叶轮入口处折转 90°后,进入叶道,在叶片作用下获得动能和压能。从叶道甩出的气流进入蜗壳,经集中、导流后,从出风口排出。叶轮回转时,从动力机得到能量并对气体做功,使气体得到动压和静压。

风机叶轮叶片形状可分为直叶片和曲叶片;按叶片出口安装角可分为前倾、径向及后倾叶片三类,对应的风机叶轮称为前向、径向和后向叶轮。后向叶片风机效率高、噪声小、流量增大时动力机不易超载,缺点是在相同的风量、风压时,需要较大的叶轮直径或转速;前向叶片风机效率较低、噪声大,但在相同风压、风量时,风机尺寸小,转速低。径向直叶片风机的压头损失大,效率低,但形状简单、制作方便。当风机效率不作为主要考核指标时,它常被用作低压风机,农机上常用作清粮风机。另外,后向直叶片风机效率较径向直叶片风机高,制造也比较简单,适用于动压低、静压与动压比值较高的场合。

离心风机结构简单、便于配置,控制面域大,但气流分布不均匀。联合收割机清选装置对风机的要求除了能使气流吹到筛面,还要气流在横向分布均匀,但在宽幅的离心式风机的出口管道内常常是不均匀的,且随着宽度与叶轮直径比值的增大而更为严重。它使清洁率下降、谷粒吹落损失增加。一般通过配置多个风机、在出口风管内加横向导风板和在外壳开孔放风来均匀气流。

2. 横流风机

横流风机又称贯流风机或径向进气风机,横流风机特点是气流在宽度方向分布较为均匀,改变进风口开度大小可使风量调节范围较大。在产生相同气流的前提下,径向进风风机的径向尺寸可比轴向进风的离心风机缩小约 2/5,并且试验表明就用于谷物收获机械上对它所要求产生的气流来说,它的转速、功率消耗与噪声均比离心风机低。

横流风机由叶轮、蜗壳及蜗舌等组成。叶轮为多叶式、长圆筒形,一部分敞开,另一部分为蜗壳包围。蜗壳两侧没有像离心风机那样的进风口。叶轮回转时,气流从叶轮敞开处进入叶栅,穿过叶轮内部,从另一面叶栅处排入蜗壳,形成工作气流。气流在叶轮内的流动情况很复杂,而且叶轮内的气流速度场是非稳定的。风机出风口处气流速度和压力是均匀的,壳体形状、蜗舌位置及风机进出口压差对涡心位置有明显影响,目前主要靠试验来决定各尺寸的最佳范围。

横流风机的动压高、出口气流速度大、气流到达距离较远,横流风机的出风口气流沿轴向分布较均匀,特别是当风机沿轴向的宽度与风机的叶轮直径之比很大时更为明显。横流风机的效率较低,在流量较大时,动静压比较大。在风机直径小时,可产生较大流量。横流风机能得到均匀的气流,且不受宽度的限制。横流风机具有较高的压力系数和流量系数,能以较小的直径和较低的转速满足联合收割机清选所要求的均匀气流速度。

3. 轴流风机

离心风机中气流在叶轮内的流动是径向的,而在轴流风机中,气流在叶轮内是沿轴向流动的。轴流风机由整流罩、叶轮、导叶、整流体、集风器及扩散筒等组成,如图 4-16 所示。其中叶轮是回转的,称为转子,其他部分则是固定的。工作时气流从集风器进入,通过叶轮使气流获得能量,然后流入导叶,使气流转为轴向,最后,气流通过扩散筒,将部分轴向气流的动能转变为静压能。气流从扩散筒流出后,输入清粮作业中。采用轴流风机可使筛面气流均匀分布,风机结构尺寸也可缩小。轴上安装两个风速制动盘,其直径大小和它与风机间的距离可以控制气流分布状况,并可消除在出口管道下方与侧壁处的涡流,由转速调节风量。

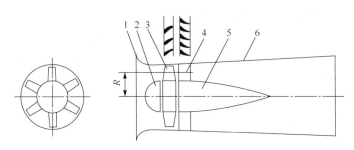

图 4-16　轴流风机结构简图

1. 集风器;2. 整流罩;3. 叶轮;4. 导叶;5. 整流体;6. 扩散筒

轴流风机有下面四种基本类型:

1) 无导叶的单独叶轮

无导叶的单独叶轮是最简单的一种类型，由叶栅流出的气流绝对速度可分解为轴向速度及圆周分速度。圆周分速度的存在导致能量损失，使风机效率降低。这种类型的轴流风机结构简单、制作方便、价格便宜，故在风机中应用很广，主要用于厂房的通风换气。

2) 叶轮配后导叶

在无导叶的单独叶轮后配导叶，这一类型的风机叶轮速度与单独叶轮型相同，压力和效率都比前者高，叶片有不同安装角时最佳工况范围不同，现在最高效率已可达90%左右，在风机中应用最普遍。

3) 叶轮配前导叶

导叶装在叶轮之前，气流通过导叶再进入叶轮。气流进入导叶时为轴向，流出导叶时速度具有与叶轮旋转方向相反的圆周分速度，称为负预旋。这种配置形式具有较高的压力系数，但叶轮中相对速度 ω 较大，因而损失较大、效率较低，一般 $\eta = 0.78 \sim 0.82$ 左右。

4) 叶轮配前后导叶

这类风机是上面两种风机的结合。叶轮进口气流速度与出口气流速度对称，风机的效率 $\eta = 0.82 \sim 0.85$。由于多了一排导叶，使结构复杂，实际上很少采用。将前导叶作成角度可调，其效果较好，常用于多级轴流风机。

4.3.4 气流筛子清选装置

1. 气流与筛子配合装置结构

清选质量的好坏，决定于能否依据作物的种类、干湿度、杂草多少、滚筒脱出物破碎程度等恰当和正确地调整清选装置各调节部位。风扇筛子组合式清选装置的清选能力主要由风扇风量和筛子面积的大小所决定。风量不足不仅清选不干净、含杂率高，而且可能造成筛面的损失增加；风量过大则引起风速偏高，造成籽粒吹出损失。筛子面积不够，分离到筛面的糠籽混合物得不到充分的筛分，籽粒也会大量跑出而损失掉。

1) 常规结构

清选系统位于脱粒分离装置的下面，用于滚筒分离脱出物的清选，以获得干净籽粒。清选部分主要由筛箱、驱动机构、风扇等部件组成。

基本结构由阶状抖动板、上筛、下筛（及中筛）、尾筛、风扇及传动机构等组成，如图 4-17 所示。筛体与抖动板一起做往复运动，抖动板后为指状筛，使谷粒先于短茎稿落与筛面接触，提高分离效果。风扇产生的气流均匀作用在整个筛面上，用于清除颖壳，短茎稿经过筛子后由筛体后部排出，未脱净的断穗等则由尾筛中分离出来进入杂余螺旋推运器，送到脱粒装置进行二次脱粒。为改善清选效果，筛体的倾斜角度可以调节。

　　风扇为后倾直叶片离心式农用型结构,主要由蜗壳、叶轮、风扇轴、皮带轮等构成。叶轮由叶片固定在辐条上,然后再将辐条固定在轴上,并由两扁钢键块联结构成。键块焊辐条上,并贴放在轴的平槽上,安装紧固后必须紧贴牢固,否则应加调整垫片消除间隙。风扇产生的气流经扩散后吹到筛子的全长上,将轻杂物吹出机外。尾筛的作用是将未脱净的断穗头从较大的杂物中分离出来、进入杂余螺旋推运器、以便二次脱粒。上筛为鱼鳞筛、下筛为平面冲孔筛或鱼鳞筛;上下筛的倾角均可调节。

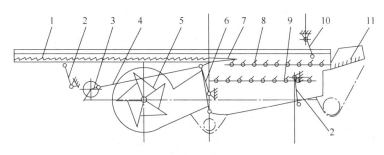

图 4-17　风筛式清选装置

1. 抖动板;2. 支杆;3. 曲柄;4. 连杆;5. 风扇;6. 双摇杆;7. 指装筛;8. 上筛;9. 下筛;
10. 吊杆;11. 尾筛

　　风扇的风速与风量的变化由调节风扇的转速来实现。调节转速由风扇变速轮调速螺母来调节。调整转速时,首先松开张紧轮,再松开调整螺母,再旋动靠近变速轮侧的螺母来改变皮带轮的直径,实现变速。调整完后再备紧两螺母,再张紧皮带轮,张紧的过程中,边张紧边旋动变速皮带轮,使皮带张紧合适。风扇风量与风速调节应与筛片开度匹配,在不同田间作业条件下应首先按上述原则试割调整。

　　2) 多筛箱结构

　　抖动板与筛箱的驱动有多种形式,抖动板与上筛做相对运动,对物料在上筛筛面的分布有均匀作用,且相互间可平衡部分惯性力,减少机器振动,而上下筛做相对运动,有利于防止二筛之间的堵塞、亦可部分平衡惯性力。

　　除阶状抖动板外,尚有螺旋输送装置型式,设在凹板及逐藁器下方的螺旋式输送装置,它在机器全宽内横向并列若干个,其前段输送从凹板分离下来的谷粒混合物、其后段往前推运输送从逐藁器分离下来的谷粒混合物,二者都引至上筛的前端。它代替了凹板下的阶状抖动板、逐藁器键箱下的滑槽或抖动滑板。它输送可靠,因为收获潮湿多草的作物时,阶状抖动板槽内易为碎叶泥土所黏结,影响输送,键箱滑槽内有时也会出现堵塞;同时,它可避免在横坡地工作时抖动板上谷粒混合物向一侧集中的弊病。采用螺旋可以保证输送均匀、提高清选质量,并且由于取消抖动板,使上下筛筛箱的重量趋于一致,惯性力可减少,相互间可得到大部分平衡、减少振动。但结构复杂,尚未被广泛采用。

　　清选装置采用传统的风扇加鱼鳞筛结构,鱼鳞筛为双层结构,每层都有各自的调节装置以适应不同工况,如图 4-18 所示。风扇为传统式轴向进风式风扇,其工艺简单,方便加工。抖动板、上筛箱与下筛箱相向运动以减小振动。

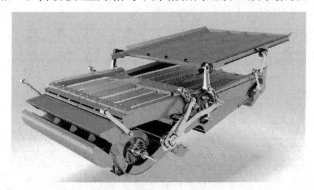

图 4-18　联合收获机清粮装置

　　由于筛箱较宽,质量分布也不对称,故均为在两侧设曲柄连杆驱动机构。为了防止曲轴轴承座由于惯性力而使与机架的固定不可靠,通常在二者的接合面上刻有细锯齿纹,加固其联结。连杆端部的轴承与筛架的销连轴是通过橡胶环连接的、后者被压紧在轴承与轴之间,这样,消除了二者的配合间隙和运动中的冲击。实践表明,这对减轻机架的振动是比较有效的。

3) 双风道结构

　　清粮装置是依靠气流把飘浮性能较强的夹杂物吹走,尺寸较大的夹杂物靠筛子清除,这就要求气流在筛面入口处以较大的流速将混合物吹散。为了使不太饱满的籽粒不被吹出机外,要求中部气流降低,尾部更低,如图 4-19 所示。

图 4-19　双风道结构示意图

为了获得上述质量的气流,对气流与筛子的配置提出下述要求,气流吹送方向与筛面成 25°～30°,风扇出气管道吹着筛面在长度方向的范围应为筛子全长的 4/10～6/10。气流吹着空间(即由筛箱、侧壁、逐藁器键底所构成的管道)的形状应是逐渐扩大的。这样才能保证筛面从前到后有一个逐渐下降的流速分布。为此有的联合收割机采用双风道结构,以达到对气流与筛子的良好匹配。

2. 风筛清选系统的调整

清选质量不仅用进入粮仓中谷粒的清洁度来判断,更重要的是依据清选损失来查定。在设计清选装置时,除了考率风扇和筛子的相互配置关系和正确的筛子运动参数外,必须恰当地确定筛子的大小和风扇尺寸才能取得满意的结果。这些在设计中已确定,在实际使用中要通过检查及时、正确调整才能够提高谷粒清洁度,减少筛面跑粮等清选损失。

1) 收获和清选不同作物时的调整

作物的种类不同,籽粒大小及表面光滑程度就不同,脱出物中谷粒和短秆、颖糠等杂物比重也不同。大粒作物籽粒比重大,容易利用脱出物的飘浮速度不同进行清选,适当加大风扇的风量和筛孔开度,就可以得到满意的清选效果;小粒作物的籽粒小而轻,与碎茎秆的比重几乎相同,清选时就需要减小风量、关小筛孔开度、缩小筛孔径、加大下筛倾斜度,在小风吹出轻杂的基础上,着重依靠筛选作用,清除比籽粒体积大的碎茎秆等杂物。清选小粒作物时,风量大容易吹出籽粒增加损失,筛孔大谷粒的清洁度会降低。

作物籽粒的光滑度不同,分离清选的难易程度也不一样。籽粒光滑就容易穿过碎小脱出物层而达到筛面,并穿过筛孔得到分离。若籽粒表面有绒毛或绒刺,则不易从脱出物的碎茎叶中选出,这时应适当增大鱼鳞筛孔的开度,调整筛子向上的振幅,增加抖动力,并相应加大风量和筛子前部的风速,以吹散筛上混杂物,振动分离。

2) 收获与清选不同湿度作物时的调整

如作物干燥,籽粒与茎叶的比重差较大,应充分利用风选作用,风量不要过大,但应加大筛子中后部的风速,利用脱出物不同的飘浮速度清除轻杂。筛孔开度不要太大,以去掉大杂,提高谷粒清洁度;若收割清选潮湿作物,尤其是难脱粒的作物,脱出物中碎茎叶较多,筛面负荷重,籽粒和碎茎叶的比重差又小,应利用较强的风速在筛子中部、前部吹起脱出物层,清除部分轻杂,协助抖动分离。此时,筛孔开度、筛子倾斜度、筛子振幅均应增大,充分利用筛选手段取得满意的清选效果。

3) 收获与清选杂草较多作物时的调整

收获杂草较多的作物时,滚筒脱出物中碎杂草茎叶比例增多,筛面负荷增大,可利用脱出物飘浮速度不同的条件,加大风量吹散脱出物厚层,吹出轻杂。风向调整以加强中部风速为宜。筛选在此时是清除大杂的必要措施。由于筛面负荷大，筛孔开度应视籽粒清洁度和筛面裹粒损失情况适当加大。

若作物中混杂青而多汁杂草较多，则滚筒脱出物极易成团，不仅分离和清选均较困难，而且容易发生滑板，阶梯振动板，筛孔堵塞的故障。这时，应增大风量，加大筛面中前部的风速。筛孔开度要放到最大，加大筛子振幅，而尾筛的倾斜度适当放低，以免杂余螺旋中的碎青杂草过多而堵塞螺旋推运器。此外，在细心检查，正确调整的同时，要及时停机清理滑板、筛面和阶梯振动板的黏结堵塞杂物，保证清选装置的正常工作和较好的清选质量。

4）当滚筒脱出物破碎程度较大时的调整

当作物干燥、茎秆脆而易碎时，脱出物的破碎程度增大，清选室的清选负荷也随之增大。针对这种情况，在调整清选装置之前，应首先调整滚筒和凹板间隙，在脱粒干净的前提下，尽量放大滚筒凹板间隙，减轻茎秆破碎及筛面负荷。若调整间隙后，脱出物破碎程度还较大，筛面负荷还大，应利用脱出物中籽粒和碎茎叶的比重差较大的特点，适当开大筛孔，加大振幅，调整风向，加大筛子中部的风速，适当增大风量，抛松并吹散脱出物层，使籽粒穿过作物层空隙得到分离。为防止籽粒被吹出或抛出，尾筛倾斜度适当增大，杂余螺旋后挡板适当提高。

5）依自然条件变化进行调整

联合收割机在坡地上沿等高线方向作业，机体横向倾斜，清洁室筛面一侧较低，筛面上的碎小脱出物层一侧偏厚，使偏低一侧筛面的清选能力降低，筛面损失增大。如果筛面和阶梯振动板有纵向中间隔板，可在收割机横向倾斜度不大时，保证筛面横向负荷均匀。有的机型可以通过调平系统进行调整。

应该说明的是，影响清选的因素不是单一的，应综合考虑各因素，抓住主要因素，采取相应措施，以获得最佳的清选效果。

4.4　籽　粒　处　理

谷物联合收割机收获流程比较复杂，在收获过程中谷物以多种形式存在，比如谷粒、茎秆，颖糠、杂余等物质统称为物料，经过脱粒分离装置、清选装置后的物料中的茎秆与颖糠被排除机体，籽粒与杂余还要进一步处理。干净籽粒需要输送到粮箱内暂时存放。少量残存在穗头上的未脱净籽粒还需进一步脱粒处理，以减少脱粒损失。

4.4.1　籽粒处理系统

籽粒经上筛、下筛落入籽粒滑板再滑入籽粒输送器，籽粒输送器通常是螺旋式输送器，该输送器将籽粒输送到车体的一侧，再由籽粒升运器提升送入粮箱。而未脱净的穗头经尾筛落入筛箱底板,再滑入杂余输送器,再由杂余升运器送到复脱器或滚筒复脱。杂余搅龙位于清选筛的后下方,主要任务是将未透筛也未被吹出割机外的断穗、籽粒、短茎秆、轻杂余等收集起来,以供再次脱粒、分离、清选,以提高作业质量、减少作业损失而设的辅助部件。

完成上述作业过程所有的装置与机构,构成了籽粒处理系统,该系统的功能包括籽粒、杂余的输送、杂余的复脱、籽粒存放与卸粮。该系统可划分为三个部分,一是籽粒输送部分,二是杂余输送与复脱部分,三是粮箱部分。

籽粒输送与杂余输送装置的结构形式基本一致,主要有螺旋式输送器、刮板式输送器和抛扬器等三种,它们由于结构上的差异被应用于收割机不同部分的输送。

4.4.2　籽粒升运装置

能够实现籽粒输送的装置有多种,在联合收割机中主要采用的是螺旋输送器和刮板升运器、抛扬式输送器。其中螺旋输送器即可用于水平输送,也可用于竖直提升。而刮板升运器主要用于竖直提升。螺旋输送器的原理在前面章节中已有论述,此处所提及的籽粒升运器专指刮板升运器。

刮板式输送器可以输送谷粒、杂余。它既可倾斜输送也可垂直输送,一般倾角不大于 45°。刮板式输送器由带双翼的套筒链子组成,其上安装橡胶刮板,在输送壳体内运转。通常下面为工作边,也有少数是上面为工作边。当用刮板链的下边为工作边时,物料升至顶部时靠自身重量从刮板上滑落下来卸出。卸粮口的长度要保证物料能及时卸净。

升运器由籽粒搅龙轴焊合、升运器壳体、链轮、刮板链条等组成,如图 4-20 所示。升运器壳体主要由钢板、型钢等焊合而成,是升运器的骨架,其结构应牢固、可靠。主动链轮的位置可以位于升运器的顶部,也可以位于升运器的底部,主要根据

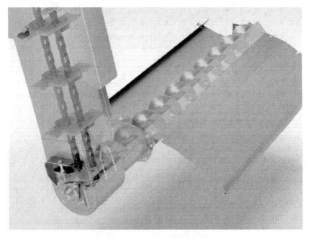

图 4-20　升运器结构

整机的传动布置来确定。输送链条和刮板是升运器的主要工作部件。输送链条一般采用的是套筒滚子链,上边带有异形连接板,通过螺栓或者铆接的方式,将输送链条和刮板连接到一起。升运器上还装有输送链张紧装置,其作用就是通过调节张紧装置中的张紧螺栓来调整输送链条的松紧。

升运器壳下盖,与籽粒输送搅龙的底盖密封,防止漏粮,尤其应检查升运器刮板链条传动的张紧度。调整时,松开张紧螺栓、锁紧螺母,调节该螺栓、上提张紧板,刮板链条张紧;反之放松。在调节张紧螺栓时应两侧同步调整,并要注意保持链轮轴的水平位置,不得偏斜,更不准水平窜动。

4.4.3　复脱装置

未脱净的籽粒复脱的方式有两种,一种是采用回收的方式,将其回收后重新送入脱粒分离装置,在脱粒分离装置内完成复脱工艺。另外一种是采用专门的复脱装置复脱,这种装置通常称之为复脱器。

复脱器有两种。一种是在杂余输送器出口加一小锥形滚筒,靠滚筒上的纹杆与搓板间的错擦,使杂余得到再脱。脱粒间隙由移动锥筒的轴向位置来调整,复脱后的籽粒由其后的扬谷轮抛扔到清粮室。

另一种是在杂余输送器轴端的扬谷器壳体上,装有多个可拆装的 U 形板或阶梯型搓板,杂余经扬谷轮高速旋转的叶片进行抛扔,离心力将其抛甩在搓板上产生强烈的冲击和搓擦使其脱粒,然后再由扬谷轮扔到清粮室。为了适应作物的不同状态,复脱器的纹杆、搓板及叶片直径均可拆减或调整。

扬谷器由扬谷轮和输送管道等组成,与水平螺旋输送器配合,多用于输送杂余,如图 4-21 所示。扬谷器与输送器同轴,在输送器的一端有出口。由输送器送来的籽粒,利用扬谷轮高速旋转的叶片进行抛扔,输送管道一般呈倾斜状态,其倾较一般大于 60°。优点是结构简单,成本低,但升运高度较低,一般为 1~1.5m。同时因抛扔速度较高,输送管道的拐弯处磨损较严重。其生产率随扬谷轮的直径加大和转速增加而提高。但转速提高可能要增加籽粒的损伤。

抛扔器是由叶轮、外壳和管道组成,通常装在螺旋输送器的出口端的轴上组成一体。实验证明当叶轮线速度不变时抛扔器的生产率是随着升运高度的增加而减少,抛扔器的主要尺寸参数为:叶轮外径 220~400mm,叶片宽 45~65mm,叶片高度 40~60mm,叶片数量 3~6,叶片与外壳的轴向间隙为 5~6mm,径向间隙 5~8mm,转速取决于叶轮大小及升运高度,一般 $n=1300~1600r/min$,但是由于打击摩擦造成物料的破损,尤其是当谷粒干燥而洁净的时候,因此这种输送装置在联合收割机上应用的较少。

复脱器设置在杂余螺旋输送器一端,脱净后再送入清粮室,一般送入抖动板上

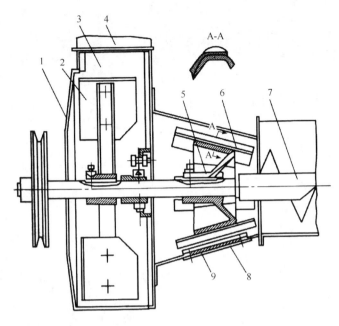

图 4-21　扬谷器

1. 壳盖；2. 扬谷轮；3. 壳体；4. 抛物筒；5. 锥体；6. 螺纹杆；7. 杂余推运器；8. 搓板；9. 底盖

或筛子的前部,如图 4-22 所示为新疆-2 型联合收割机杂余复脱装置。升运器的主动链轮通常装有安全离合装置。升运器工作时,升运器的负荷在正常范围中,所产生的轴向负荷不足以克服弹簧力。如果升运器发生堵塞,轴向负荷超过弹簧的预紧力,离合装置的主动齿盘与被动齿盘脱开,升运器停止转动,对整机产生保护作用。

4.4.4　籽粒粮箱

　　粮箱是联合收割机用来储存粮食籽粒的装置,具有存储与卸粮的功能。联合收割机的粮箱都布置在机体的顶部,即将粮箱置于脱粒机顶盖上发动机的前部或后部。该方案结构简单,便于总体布置,对驱动轮的重量分配较均匀,缺点是机器的重心过高,稳定性较差。有的大型联合收割机为了降低机器的重心高度,将粮箱设计成马鞍形跨在脱粒分离装置上,籽粒输送到上面,再到两侧,缺点是卸粮时需要将两侧的粮食再提升到卸粮螺旋输送器处,需增加垂直输送器。也有将粮箱放在联合收获机的一侧,侧置式结构简单、便于布置,但对于行走轮重量分配不均匀。

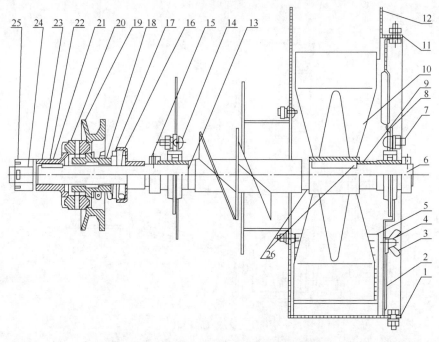

图 4-22　新疆-2 型联合收割机杂余复脱装置

1. 壳体；2. 调节孔盖；3. 锁紧螺母；4. 压板；5. 搓板；6. 杂余搅龙；7. 外球面轴承；8. 间套；
9. 键；10. 叶轮；11. 复脱器盖；12. 抛射筒；13. 调整垫；14. 外球面轴承；15. 轴套；16. 挡圈；
17. 离合器弹簧；18. 含油轴套；19. 皮带轮；20. 齿垫；21. 键；22. 安全棘轮套；23. 垫圈；24. 螺
母；25. 销；26. 调节垫

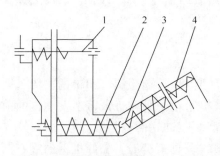

图 4-23　粮箱

1. 分布搅龙；2. 输送搅龙；
3. 万向节；4. 卸粮搅龙

1. 粮箱结构

粮箱部分包括粮箱体、卸粮搅龙、卸粮离合器及其操纵系统等，如图 4-23 所示。为了行走卸粮，大型联合收割机的卸粮螺旋输送器卸粮口距地面 3～3.5m，伸出联合收割机行走轮侧边 2.5～3m，运输状态卸粮螺旋向后旋与机体平行。

现代的大型联合收割机，由于作业能力强，需要配置较大的粮箱，但加大粮箱必然伴随着体积高度的增加，为了解决这一问题，采用上部可折叠形式，运输状态恢复以便降低高度，收获作业时打开以增加粮箱的容量。

为了缓和最初急剧增加的功率及畅通卸粮，应在横搅龙盖板两边喂粮口处设置活动盖板,盖板的开关用液压油缸控制,当收割机收获时,活动盖板关闭喂粮口,以免粮食进入横搅龙舱,造成卸粮负荷增加。卸粮时,将活动盖逐渐打开,粮食逐渐进入横搅龙舱进行卸粮。作业时要经常根据粮食的干湿及杂质的多少,调节粮仓内水平搅龙上盖板与粮仓壁间的间隙。一般籽粒潮湿、杂质多时调大,反之调小。

2. 卸粮方式

联合收割机的粮箱与联合收割机整机的技术水平一致,既有先进的卸粮装置用于大型联合收割机上,也有简易的卸粮装置用于小型简易联合收割机中。其主要有以下几种方式。

1) 全自动卸粮

粮箱内粮食通过输送搅龙进行卸粮,粮箱盛满后在收割状态下卸入同步运行的运输车辆内,也可在停止收割时卸粮。卸粮工作由机手在驾驶室内通过操作卸粮离合器进行卸粮,卸粮筒式粮箱在国内外已广泛采用。有水平垂直式和倾斜式。

水平垂直式结构用在喂入量大的大型收割机上,工作时粮食通过水平搅龙输送到垂直搅龙筒内,从水平搅龙通过底传动箱变为垂直搅龙转动,再从垂直转动通过小锥齿轮箱变为水平转动进行卸粮,这种粮箱的结构复杂,传动件多、笨重。倾斜式结构使用在中型喂入量收割机上,工作时粮箱底部的水平搅龙将粮食通过过渡弯筒输送到卸粮筒内,水平搅龙通过外部转轴带动卸粮筒内的搅龙。其优点是粮食通过过渡筒进入卸粮筒内,卸粮畅通,基本上无挤塞、堵塞现象,但结构较复杂,外部传动件较多。卸粮筒始终与粮箱保持封闭,可以旋转到机器放置的不同位置。

2) 开式卸粮装置

有的联合收割机采用的是合叶式对接卸粮筒结构,工作时由粮箱底部水平横搅龙将粮食输送到倾斜搅龙筒内进行卸粮,其传动形式为水平搅龙轴与斜搅龙轴直接啮合传动,或通过万向节连接转动,结构简单、传动件少,如图 4-24 所示。在作业结束运输时,松开锁扣,卸粮筒放置时可以旋转到机器侧面,与车体保持平行位置,此时卸粮口处于非封闭状态,易于造成粮食损失。收获作业前,宜先将卸粮筒拉起,将卸粮搅龙旋至与箱体结合位置并锁紧,使卸粮筒内的搅龙与粮箱内的水平搅龙接合。当需卸粮时,接合卸粮离合器使卸粮

图 4-24　粮箱卸粮装置

1. 锁扣; 2. 卸粮搅龙;

3. 粮仓箱体; 4. 水平搅龙

搅龙旋转,将粮箱内的籽粒排除。

3) 简易粮箱

小型联合收割机的粮箱容积小,结构简单。为了节省传动装置,采用重力卸粮方式。粮箱内部没有卸粮搅龙,粮箱内侧的侧壁较陡,使籽粒靠重力可自动滑落到粮箱的下部。在粮箱一侧的下部开有卸粮口,卸粮口有插板封闭,保证在收获作业时籽粒不会滑落出来。出粮口的外侧,安装一可翻转的卸粮槽,联合收割机作业及运输时,其处于收起状态,当卸粮时将其放下,用于将粮食籽粒引导滑落到运粮车车厢内或接粮袋内,如图 4-25 所示。也有的机器为了增加粮箱的有效容积,在粮箱的底部水平布置一卸粮搅龙正对出粮口,卸粮时驱动搅龙运转即可将籽粒推出出粮口,从卸粮槽滑落。这种形式的粮箱是在停止作业时进行卸粮,卸粮的工作环境好于站台式卸粮环境,但是停车卸粮时间大大占用了正常收割机作业时间,工作效率低于站台式卸粮收割机。

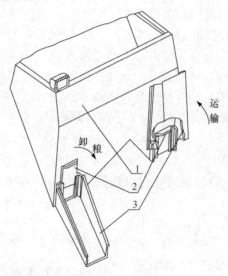

图 4-25　简易粮箱
1. 粮箱箱体；2. 出粮口插板；3. 卸粮槽

4) 卸粮台

一般用于中小型联合收割机上,特别是早期的联合收割机上,籽粒经输送器升运到双支卸粮管入口,再通向接粮口,有操纵阀门控制轮流倒卸。也有在卸粮口上部配置一小的临时粮箱,用于暂时存放少量粮食籽粒。配有这种卸粮装置的收割机可边作业边卸粮,卸粮台上可站 1~2 人,从卸粮口轮流接粮装袋,装好的粮袋抛放到地上。为了作业人员的安全,卸粮台都装有栏杆。在运输状态,台板可折叠。这种形式的卸粮装置结构简单、紧凑,容易制造,成本低,但站台上的人常处在卸粮及收割机工作的尘土里作业,工作环境十分恶劣。

4.5　脱粒机与籽粒联合收割机

4.5.1　玉米脱粒机

收获时,玉米籽粒含水率都偏高,如果采用直接收获脱粒的工艺,籽粒势必破碎严重。因此,目前我国玉米的收获方式还主要以果穗收获为主。采用分段收获法收获时,用机械或人工摘穗和剥皮后要进一步脱粒,经几天晾晒后,待籽粒湿度降到 20%,然后进行脱粒。脱粒可以是人工手工脱粒或借助简单的工具脱粒,而机动脱粒机是最常用的场上脱粒机械。脱粒机械是收获过程中最重要的机具之一,在分段收获法中占主导地位,利用脱粒机械可使收获周期比人工收获缩短。

脱粒机是场上固定作业机具,如图 4-26 所示,是早期使用的一种收获机具。脱粒机的功能既可以单一简约,又可完善复杂,简式脱粒机只有脱粒功能,而复式脱粒机具有联合收获机除收割以外的全部收获功能。一般说的玉米脱粒机是指玉米穗的脱粒机,脱粒光穗或带包叶玉米穗,其结构简单、生产率较高。

1. 传统型玉米脱粒机

玉米脱粒机主要由滚筒、凹版、筛子、风扇、喂料斗、籽粒滑板、螺旋导杆等组成,采用切向喂入轴端排穗轴的轴流脱粒装置,如图 4-27所示。以 TY-4.5 玉米脱粒机为例,这种玉米脱粒机是切向喂入,玉米穗由喂入斗喂入,经高速回转的滚筒的冲击和玉米穗、滚

图 4-26　玉米脱粒机具

筒、凹板的相互作用下被脱粒。脱下的玉米籽粒及细小混杂物从凹板筛分离出来,再由气流清选,轻杂物被吹出机外,玉米粒沿滑板滑下由出粮口排出。玉米芯沿滚筒轴向后移,从轴端排出至振动筛上,进一步把玉米粒从中清选出去。

出口的开度可调,调小时以增长脱粒时间,加强脱粒作用。用切向力作用较易破坏玉米与穗芯的连接,同时籽粒损伤也小。因而常用矮而粗的钉齿冲击玉米穗,使籽粒脱落又使穗子不断旋转改变状态,同时玉米穗还与凹板搓擦实现脱粒,如图 4-28 所示。玉米脱粒滚筒有圆柱型与锥型两种,有闭式也有开式。钉齿按螺旋排列,以单头居多数。齿排数有 3、4、6、8、10 五种,以 4、6 排为多。钉齿形状有:方形的,边长 22mm;圆柱形倾斜齿,直径为 12~24mm;还有球顶方根齿。脱光穗玉米用齿长为 15～30mm 的短钉齿,脱带皮玉米穗的为大于 30mm 的长钉齿。脱粒线速度一般为 6～10m/s,滚筒直径一般为 300～600mm。凹板有冲孔式和栅格式两种。凹板包角为 120°～180°,上盖板装有导向板。

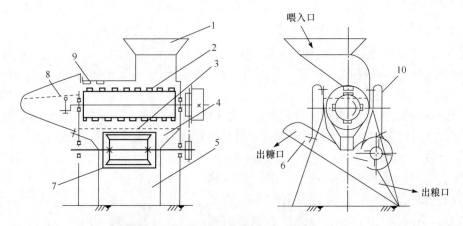

图 4-27　玉米脱粒机结构示意图

1. 喂入斗;2. 脱粒滚筒;3. 筛状凹板;4. 滑板;5～6. 出粮口;
7. 风扇;8. 振动筛;9. 螺旋导杆;10. 弹性振动杆

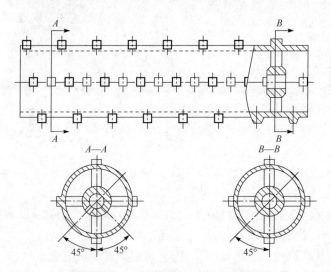

图 4-28　玉米脱粒滚筒结构示意图

　　为了保证玉米穗顺利喂入而不堵塞,料斗底板应有一定的倾斜,使进入滚筒的玉米穗能在滚筒向下回转一侧。玉米脱粒机的生产率决定于配套动力的大小,虽然可以直接脱粒未剥皮的玉米,但生产率要降低。

2. 差速式玉米脱粒机

在美国、加拿大等国采用差速式脱粒机脱玉米种子,具有不伤胚芽、不断穗、破碎低等特点。脱粒机由机架、进料斗和脱粒、清选、籽粒回收等装置构成,如图 4-29 所示。水平安装在机架上的螺旋辊和直辊组成差速脱粒部件,二辊以不同的转速同向旋转,使玉米穗在脱粒的同时向排芯口运动,脱下的籽粒及小杂质从两辊间隙落到排料区,排料区的杂质经筛上的出口排除,籽粒经筛子下方的回收滑板回收。排芯口安装一套压板机构,根据果穗品种、含水率等,可适当调整压板的压力,从而调节排芯口大小,以保证过穗脱净率,待籽粒完全脱粒后,玉米芯从压板下排出。

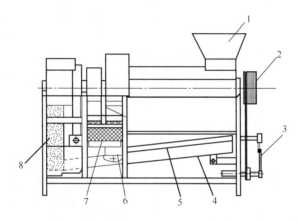

图 4-29　玉米种子脱粒机

1. 进料斗;2. 皮带轮;3. 筛子调节板;4. 籽粒回收滑板;5. 筛子;

6. 筛子排杂口;7. 排芯口;8. 籽粒升运器

玉米穗从喂入口喂入,由于玉米穗的下落过程中的位置是随机的,它首先与螺旋辊接触,受到螺旋辊的回带作用,玉米穗可能被抛起或者随螺旋辊表面旋转,玉米穗在自重分力的作用下,克服玉米穗与螺旋辊摩擦力,沿着螺旋辊表面轴向运动。在运动的过程逐渐调整位置姿态,当玉米穗的轴线方向与两辊轴线平行后,由于螺旋轴向分力的作用下,玉米穗沿平行两辊轴线方向运动,同时受到直辊作用,并在直辊与螺旋辊的切向摩擦力的作用下,绕自身轴线旋转的同时,开始差速脱粒。由于玉米穗外形类似锥形,上部直径较大,先接触脱粒部件,所以玉米在两辊在差速运动作用下,玉米穗上部首先开始脱粒,同时由于自转速度越来越大,脱粒越来越快,玉米穗上部籽粒脱完后,玉米穗中部开始脱粒,玉米穗下部籽粒最后脱下。

脱下的玉米籽粒沿着两辊间隙平抛下落,在下落到上筛的过程中,由于风机作用,把飘浮性大的杂质首先清选出去,质量大的杂质和籽粒,直接掉到滚筒下部的上筛里,通过上筛的清选,把直径大的杂质筛选出去,籽粒和直径小的玉米籽粒从上筛掉到籽粒回收板,同时沿籽粒回收板向籽粒回收箱运动。也有利用升运器,将种子玉米籽粒从籽粒回收箱输出到籽粒排出口,而后装袋回收。被脱粒干净的玉米芯直接从玉米芯出口排出,下落到倾斜筛上,玉米芯沿着倾斜筛排出脱粒机外。

4.5.2　籽粒联合收割机

联合收获机能同时完成作物的收割、脱粒、分离、清选和秸秆处理等多项作业,从而获得比较清洁的籽粒。联合收割机最初以收获一种作物为基础,逐渐发展可以收获多种作物。玉米籽粒收获就是在常规联合收割机上,更换割台及一部分零部件实现玉米籽粒收获。玉米割台的拉茎辊继续拉住茎秆,直到摘下玉米穗。喂送链夹持玉米穗并把它们带到横向搅龙中,横向搅龙再把它们输送到倾斜输送器中,然后均匀地送至脱粒滚筒和凹板之间进行脱粒分离,被脱下的籽粒通过凹板的栅格落到阶梯抖动板上面,进入风筛清选系统。通过清选后干净的籽粒进入粮箱,杂余被风机吹出机体外,脱粒后的茎秆被排出机体外。

1. 更换割台

玉米的特性与小麦水稻等不同,虽然都是收获作物的籽粒,但收获时收割作业的方式不同,因此在利用联合收割机收获玉米籽粒时,首先要将割台部分更换。通常情况下,割台与倾斜输送器挂联在一起,再通过液压或机械传动方式将主机的动力传递给割台部分。对于有的中小型联合收割机,其割台相对较短,倾斜输送器与割台通常是刚性连接,因此在互换割台时是将割台与倾斜输送器一起拆卸下来,一同互换。

2. 更换脱粒部件

传统切流式联合收割机的脱粒装置设计的主要收获对象是麦类作物,所采用的滚筒通常是开式纹杆滚筒,虽然开式纹杆滚筒同样可用于对玉米脱粒,但作业效果不如闭式钉齿滚筒。玉米脱粒的工作原理是靠钉齿对玉米穗的冲击作用及玉米穗相互间、玉米穗与滚筒、凹板间的搓擦作用而脱粒,在有可能的条件下可以更换滚筒。防止玉米粒进入滚筒内,减少破碎,也防止玉米穗进入滚筒造成漏脱。由于麦类作物与玉米的生物学特性不同,其分离、脱粒特性也不同,脱粒麦类作物与脱粒玉米的脱粒分离要求、凹板栅格尺寸不同,所以更换凹板十分必要。

3. 调整间隙与速度

调整凹版间隙是利用联合收割机收获玉米籽粒必须要进行的工作,只需向下调整凹板使其与滚筒之间间隙增大。一般入口间隙大约为 32mm,出口间隙为 16mm。由于玉米具有易破碎性,因此要大幅度降低脱粒部件转速,减小滚筒对玉米的冲击力,以降低玉米脱粒的破碎率。实现变速可采用不同的方式,如果机器上安装滚筒变速器,可用滚筒变速器就直接把滚筒的转速调整到所需的转速。

大型联合收割机在滚筒前部都布置有集石槽,以防止碎石块进入脱粒装置。当用联合收割机收割玉米之前,一定要使用集石槽盖板安装在集石槽上,在集石槽盖板的两端用螺栓固定,避免玉米进入集石槽内造成损失。

联合收割机收获玉米籽粒时,脱粒环节十分重要。根据玉米籽粒与玉米芯的连接特点,以及由于籽粒在玉米芯的头部和根部连接力相差很大,脱粒难易程度相差也较大,传统型式联合收获机是切流滚筒型,即谷物沿旋转滚筒的前部切线方向喂入,经几分之一秒时间脱粒后,沿滚筒后部切线方向排出,很难达到脱净与籽粒破碎之间的协调,因此玉米脱粒采用轴流脱粒装置较适宜。单从脱粒玉米的角度来看钉齿滚筒较为适宜。为了提高脱粒能力,特别是脱未剥苞叶玉米穗的能力,可在滚筒的前端、后端或两端带螺旋板。

轴流式联合收割机对玉米的适应性优于传统切流式联合收割机,轴流联合收割机的脱粒滚筒,除了一些小型联合收割机外,通常都设计成闭式滚筒,对大豆、玉米、小麦、水稻等多种作物均有较好的适应性。这类联合收割机脱粒分离装置中的凹版由多个部分构成,在脱粒玉米时要对部分凹板进行更换,最佳设计是无需更换即可实现良好的脱粒效果。

轴流脱粒分离装置中,滚筒盖板对作物在该装置内的运动时间影响较大。更换分离滚筒盖板,增加作物在轴流滚筒内的分离时间,增强轴流滚筒的分离效果,做到玉米与杂余在通过轴流滚筒时彻底分离,减少分离损失。

轴流脱粒分离装置中,存在切流脱粒滚筒与轴流分离滚筒为两体的结构形式,收玉米时轴流分离滚筒与凹板间隙如果可调,则可调大,而轴流滚筒的转速则需要降低。

4.5.3　中国玉米籽粒联合收获的主导产品

玉米籽粒联合收获的基础是全喂入联合收割机,在其基础上更换玉米割台实现玉米籽粒收获。早期全喂入联合收割机以传统型联合收割机为主导产品,收获作物以麦类作物为主,这类联合收割机经过更换割台、调整脱粒等装置后也可实现玉米籽粒收获。相对而言,轴流型联合收割机更适宜玉米籽粒收获。我国自主研发的两型轴流联合收割机,已逐渐成为玉米籽粒联合收割收割机的主导产品。

1. 横向轴流联合收割机——新疆-2

20 世纪 80 年代末期,为了适宜当时农业生产状况,解决多种作物的兼获问题,中国农业机械化科学研究院研发了一款切、轴流结合型联合收割机,该联合收割机吸收了传统切流双滚筒式联合收割机的结构特点,增加轴流滚筒的因素,形成了具有我国特色的切轴组合双滚筒联合收割机,其第一滚筒为切流滚筒,第二滚筒为横向布置的轴流滚筒,吸收切流喂入顺畅、轴流脱粒分离效果好的优点。该机型喂入量 2kg/s,以收获水稻和小麦为主要目标,最初由新疆联合收割机厂生产,命名为新疆-2,如图 4-30 所示。后期国内多个企业以该机型为基础,又相继出现多个品牌的产品,这些产品主要结构参数相同,性能相近,是我国主导的联合收割机产品,如图 4-31 所示。

图 4-30　早期的新疆-2 型联合收割机　　　　图 4-31　玉米籽粒收割机

近年来为了解决玉米籽粒联合收获的问题,同时提高原新疆-2 联合收割机的适用性,专门为这一档次的联合收割机研制了割台,通过更换玉米收获割台,实现玉米籽粒收获。该割台可直接将玉米秸秆和玉米果穗直接收割,一起进入脱粒装置,实现玉米籽粒收获。

2. 纵向轴流联合收割机——双力-3

经过十多年的发展,以新疆-2 联合收割机为代表的联合收割机族已成为我国自走式联合收割机的主力机型,但该族收割机的在作业效率上受到结构的制约,在作业能力上难以有较大的突破。为此在 20 世纪末期,为了提高轴流联合收割机作业能力问题,中国农业机械化科学院研发了纵向轴流联合收割机,其目的是在继承轴流联合收割机适应性的基础上,奠定大喂入量联合收割机的基础。该型联合收割机由当时的双力集团生产,第一代产品命名为双力-3 型联合收割机,如图 4-32 所示,现在的时风、福田生产的纵向轴流联合收割机产品均在此基础上发展起来,构成一类纵向联合收割机族,如图 4-33 所示。

图 4-32　双力-3 型纵向轴流联合收割机　　图4-33　国产大型纵向轴流玉米籽粒联合收割机

　　该族联合收割机具有更大的作业能力,在作业能力方面具有更大的发展空间。对于作物的适应性也有较大提高,配备不同的附件、割台适用不同作物的收获,在北方一些规模较大的农场的玉米籽粒收获时已用上这些收割机。

4.5.4　国际大型籽粒联合收割机

　　玉米籽粒直收机型在欧美等发达国家应用较广泛,由于这些国家的种植方式多为一年一季,收获时玉米籽粒的含水率很低,大多数国家采用玉米摘穗并直接脱粒的收获方式。如美国的约翰迪尔公司、凯斯公司、德国的 Mengle 公司、道依茨公司生产的玉米联合收获机,绝大部分是在小麦联合收获机上换装玉米割台,并通过调节脱粒滚筒的转速和脱粒间隙进行玉米的收获,如图 4-34 所示为凯斯公司玉米联合收获机。

图 4-34　凯斯公司的玉米联合收获机

　　国外谷物联合收割机近年来的技术发展趋势,是逐步向完全自动化进行收获作业的方向发展,大部分联合收割机均已采用电子传感器对所收获的粮食质量进行不间断监控,并随时进行调控。国外大型联合收割机出现了发动机功率达到550马力的超大功率谷物联合收割机,该收割机的收割作业割幅宽度达到10.50m,其谷物的小时收割量可达50t,其粮箱容量最大可达11m³。

第5章　玉米秸秆收获

5.1　玉米秸秆综合利用现状

按谷草比1∶1.2计算,2013/14年度,全球玉米秸秆产量近12亿t,中国产量2.5亿t,如此大规模的生物质资源是否能够合理有效的规模化利用,是值得研究的重要课题。

玉米秸秆化学成分主要为碳、氮、磷和钾等,其中碳水化合物占30%以上,有机质含量平均为15%,蛋白质和脂肪也占有一定比例,基本组织构成以纤维素、中纤维素和木质素为主。自规模化种植以来,玉米秸秆的这些生物学特性便使其成为可以开发利用的宝贵资源,发展至今以形成作为燃料、肥料、饲料和工业加工原料等多形式多用途全方位利用格局。

5.1.1　燃料技术

秸秆做燃料利用的方式主要有秸秆气化、液化、固化直燃三种。

玉米秸秆气化是一种生物质热解气化技术,其目标是建立农村生活用能集中供气系统。目前主要有两种方式,一种是通过玉米秸秆在缺氧环境下燃烧产生以一氧化碳为主要成分的可燃气体;另一种是秸秆厌氧发酵产出沼气。秸秆气化可以提高农民生活水平,缓解目前农村燃料紧张的局面。

玉米秸秆液化主要包括制作生物柴油和燃料乙醇。利用秸秆制备生物柴油是指以秸秆等木质纤维素为原料,通过快速热解液化等进行转化,经过水解、发酵等过程制备柴油。但由于相关技术和成本的约束,使其还无法替代石油燃料。利用秸秆制作燃料乙醇是利用微生物将秸秆中的纤维素、木质素等分解为葡萄糖等,再利用葡萄糖等发酵生产乙醇。随着纤维原料的超临界预处理与水解技术等的突破,为玉米秸秆制取乙醇提供了重要的理论基础,也使制作燃料乙醇具有广阔的研究和应用前景。从长远的经济效益、环境效益、生态效益综合来看,从植物秸秆原料制取乙醇有其重要的战略意义。

秸秆固化直燃包括生物质发电和生物质固化燃料两种利用方式,生物质发电包括农林生物质发电、垃圾发电和沼气发电。玉米秸秆由于其丰富的储量在农林生物质发电中占有重要比例,在玉米主产区建设以玉米秸秆为燃料的生物质发电厂,既能充分利用秸秆资源,又能增加能源供应和农民收入。直燃发电是生物质资源有效利用的重要方式。与燃煤发电十分相似,两者都是燃料在锅炉内燃烧产生蒸汽、汽轮机将蒸汽的热能转化为机械能、发电机再将机械能转化为电能的过程。从汽轮机开始,两者基本是相同的。但由于燃料的特性不同,这两种发电方式也有区别,主要是生物质燃料具有高氯、高碱、挥发分高、灰熔点低等特点,燃烧时易腐蚀锅炉,并产生结渣、结焦等,因此,对锅炉设计有特殊的技术要求。固化燃料技术是通过专门设备将秸秆压缩成型,储运、使用方便,清洁环保,燃烧效率高,既可作为农村居民的炊事和取暖燃料,也可作为城市分散供热的燃料。我国预计到2020年,生物质固化燃料将成为普遍使用的一种优质燃料。

近几年,世界各国开始高度重视秸秆发电项目的开发,将其作为21世纪发展可再生能源的战略重点和具备发展潜力的战略性产业,如日本的"阳光计划"、美国的"能源农场"、印度的"绿色能源工厂"等。秸秆发电技术已被联合国列为重点项目予以推广,欧洲许多国家已经建成了多个秸秆直燃发电厂,其中丹麦的秸秆发电等可再生能源已占该国能源消耗总量的24%。一些国家为了扩大秸秆发电的规模,想方设法提高农作物秸秆的产量。在这些国家,连道路两边都能看到政府鼓励农民种植的农作物。我国通过引进、消化、吸收国外先进技术(主要选择引进丹麦的先进技术),嫁接商品化、集约化、规模化的管理经验,并结合中国的国情,在农村大力推广实施秸秆发电技术。

5.1.2　饲料技术

玉米秸秆含有丰富的可利用化学成分,但均以纤维素等非淀粉类大分子物质存在。作为粗饲料营养价值较低,经过加工处理后,可以转变成高营养的牲畜饲料。常见的玉米秸秆饲料加工技术有青贮饲料技术、揉草揉搓加工技术、叶穰纤维饲料块技术、直接铡碎饲喂技术、高效生化蛋白全价饲料技术、氨化技术、膨化技术、颗粒技术等。

具有代表性的饲料加工技术有以下三种。青贮饲料技术应用最广,青贮饲料占用空间小、营养物质丰富、饲料可长时间保存、芳香酸味还可以提高饲草的适口性和消化率,是牛、羊饲养的优质饲料。揉草揉搓加工技术是利用专用设备将秸秆拉丝揉搓后干贮,能破除秸秆外层硬皮和秸秆结,对提高成草率和秸秆利用率效果显著。叶穰纤维饲料块技术是玉米秸秆经过皮穰分离机的加工处理,剩下叶穰用作基础饲料,制成营养丰富、易于消化吸收的饲料块,不仅可以作为牛羊等反刍动物的优质饲料,而且可做猪、鹅、鸭的饲料,对降低饲养成本和发展节粮型饲料是一项重大突破。

5.1.3　肥料技术

玉米秸秆还田对于改善土壤活性和提高土壤有机质含量具有十分重要的作用,玉米秸秆中丰富的钾元素可以增加土壤钾离子的含量,有效弥补我国钾肥资源短缺局面。常见的玉米秸秆还田技术有直接还田、堆沤还田、过腹还田、牲畜垫圈还田及速腐还田等。直接还田技术应用最广,主要有粉碎还田、整株还田、覆盖还田和免耕还田四种技术。

粉碎还田是指用粉碎还田机将玉米秸秆切碎后抛撒于田间,并结合耕地作业,翻埋入土,使之腐烂。在美国 68% 的秸秆实行粉碎还田,玉米秸秆粉碎还田是旱作农业区提高土壤肥力最有效的办法。整株还田是用带铧深耕犁进行深耕,将玉米整秆全部埋于地下的作业方式,是在粉碎还田基础上发展起来的一项技术,减少了作业成本、降低了能源消耗、操作简便。覆盖还田是利用整秆覆盖机将玉米秸秆覆盖在作物的行间地表,具有蓄水保墒的功能,尤其适用于降雨量少的旱地。免耕还田是保护性耕作中的一种,在玉米收获后,免去粉碎秸秆、施肥、耕翻作业工序,一次完成施肥、播种、镇压和轧倒秸秆全部工序,是所有还田模式中耕作过程最简单的一种,对提高土壤的含水量贡献显著。

因玉米秸秆的碳氮比为 53∶1,氮素不足,直接还田不利于作物生长发育。必须调整到 25∶1 才有利于秸秆腐熟,因此在玉米秸秆还田过程中需配合施用有机肥料。为保证玉米秸秆的含水量,玉米秸秆还田应在秋收后立即进行,玉米秸秆还田数量也应控制在一定的范围内,以避免秸秆未被充分腐烂分解。

5.1.4　工业加工原料技术

玉米秸秆纤维作为一种天然纤维素纤维,生物降解性好,是一种产量巨大的资源,作为深加工原料具有良好的经济效益和广阔的应用前景。

1. 造纸技术

植物纤维是发展制浆工业的基本原料,由于我国自然资源匮乏,在制浆纤维原料中,由芦苇、竹子、稻麦秸秆、棉、麻等构成的草类比重大于国外。随着玉米秸秆造纸技术的推广应用,减少了木材消耗量,改变了传统造纸业以木浆、稻草等为原料的生产方式。

2. 板材加工技术

当前玉米秸秆压块机等机具技术成熟,以玉米秸秆为主要原料生产的高密度纤维板和人造板已成为木质材料的理想替代品,可以应用到住宅建筑、温室材料等诸多领域。具有市场前景广阔、增加农民收入等特点。

3. 生产可降解制品技术

以玉米秸秆为主的植物纤维做原料生产的一次性可降解餐具和包装材料制作过程无有害气体和废渣的污染,制品使用废弃后一个月左右可降解成为有机肥料,可以替代不易回收、不易降解的泡沫塑料餐具和包装材料,避免环境污染。

4. 栽培食用菌技术

玉米秸秆中含有丰富的纤维素和木质素等有机物,是栽培食用菌的良好材料,较好解决了用木屑等作基料的生产成本问题,生产鲜菇后剩余的蘑菇糠可作为优质有机肥还田。不仅开拓了新的原料来源,使玉米秸秆资源多级增值,而且有效促进了生态农业的发展。

5.2　玉米秸秆收获工艺

5.2.1　国外收获工艺

国外农作物秸秆收获技术已有100多年的历史,已经形成了比较完备的收储运技术和装备体系。经历了作业模式从分段作业到联合作业,配套动力从畜力到拖拉机,作业机具从单项到成套等发展过程,装备品种齐全,系列完整,能满足各种生产条件下全面机械化的需要。产品朝系列化、标准化,大型、自动化与信息化方向发展,与农业产业体系的协调性铰高,满足了以农作物秸秆为原料的规模化工业利用产业的发展需求。秸秆收集利用技术路线如图 5-1 所示。

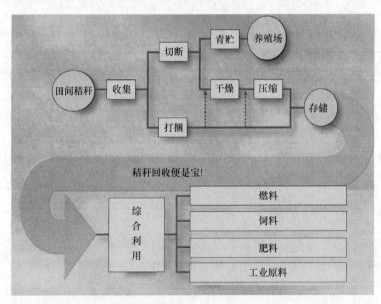

图 5-1　国外秸秆收集利用技术路线图

国外玉米秸秆收集利用方式主要有三种,第一种是用作青贮饲料,第二种是直接粉碎还田作肥料,第三种是整秆回收。

1. 玉米青贮饲料

青贮玉米产量高，营养丰富，是世界上用于生产肉、奶等畜产品最重要的饲料来源。畜牧业发达的国家，几乎都与发展青贮玉米密切相关。例如，欧洲和美国广泛使用玉米作为青贮饲料。美国青贮玉米的种植面积占玉米种植面积的 8% 左右，欧洲每年大约种植 40 万 hm² 的青贮玉米，占玉米种植面积的 80% 左右。其中法国和德国种植面积最大，超过欧洲种植面积的一半。英国、丹麦、卢森堡、荷兰等国种植的玉米几乎全部是青贮玉米。

玉米青饲机械化技术，是指在玉米乳熟期至蜡熟期期间，通过青饲收获机械，在完成摘穗后（或不摘穗保留全株）整株玉米切碎加工，然后将切碎的秸秆即刻入窖，通过盐化或氨化处理后进行密封发酵，保持玉米秸秆长期青草香味，保证家畜一年四季都能吃上青绿多汁的饲草。

玉米青饲收获机在田间作业时可依次完成对玉米作物的收割、切碎并将碎物料抛送至饲料挂车中，可分为自走式、牵引式和悬挂式三种类型。其中自走式机型有独立的行走底盘，主机可配带不同的割台对多种作物进行收获，具有生产效率高、机动性能好、适应性广等特点，适合大型奶牛场及农牧场使用。牵引式机型是以拖拉机为配套动力，主机可以配带多种割台作业.具有适应性广、使用成本低、收获后不占用动力等特点，适合在较大的田地作业。悬挂式机型与拖拉机配套使用，主机一般只配带高秆作物割台收获青饲玉米和高粱，具有结构紧凑、转弯半径小、机动灵活等特点，适合小型奶牛场、农牧场及个体农户使用。不摘穗收获整株的代表机型 CLAAS 自走式玉米青饲收获机如图 5-2 所示，先摘穗再收获秸秆作青饲的代表机型苏联 KCKY-6 自走式玉米联合收获机如图 5-3 所示。

图 5-2　CLAAS玉米青饲收割机

图 5-3　苏联 KCKY-6 型玉米收获机

2. 玉米秸秆直接粉碎还田作肥料

与青贮玉米对应的是籽实玉米，这是目前玉米作物的主要收获形式，根据各地种植农艺不同，有果穗和籽粒两种收获技术方式，秸秆就是指玉米植株摘下果穗后的剩余部分。秸秆粉碎还田是把秸秆用切碎装置切碎，然后均匀撒于田间，再通过耕作时的翻埋，将粉碎的秸秆埋于土壤中，利用土壤中的微生物将秸秆腐化分解，提高土壤有机质含量，增加土壤肥力。

美国、加拿大及西欧国家收获时玉米籽粒的含水率很低，因此普遍采用谷物联合收割机配玉米割台直接收获玉米籽粒的收获方式。收获工艺是摘穗、脱粒、清选和秸秆切碎还田。秸秆切碎还田方式有拉茎刀挤切和甩刀砍切两种形式。代表机型 CLAAS 和 DEERE 自走式玉米籽粒收获机如图 5-4、图 5-5 所示，配置的秸秆切碎装置如图 5-6、图 5-7 所示。

俄罗斯、乌克兰及东欧等国家由于收获时玉米含水率较高，因此普遍采用专用的玉米联合收割机直接收获玉米果穗。收获工艺是摘穗、剥皮和秸秆切碎青贮或还田。机型主要有牵引式和自走式，收获行数三行至六行，玉米割台采用摘穗板拉茎辊结构和摘穗辊结构两种形式。一般配用单独的粉碎还田机部件切碎秸秆。

图 5-4　CLAAS 玉米收获机

图 5-5　John Deere 玉米收获机

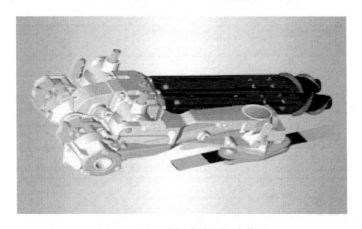

图 5-6　甩刀砍切式秸秆切碎装置

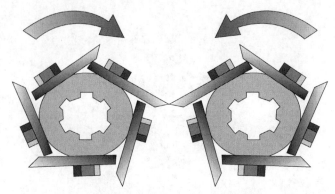

图 5-7　拉茎刀挤切式秸秆切碎装置

3. 玉米秸秆整秆回收利用

　　玉米秸秆的整秆回收利用研究成果不多见,一般采用分段收获,将摘完穗的玉米秸秆压扁、晾晒,再打捆成形。如通过玉米联合收获机作业,将摘完穗的玉米秸秆割倒,放置田间自然晾干,当秸秆降至合适的水分时,利用大型捡拾打捆机(方捆机或圆捆机)进行收获。该方式也仅限于一年一季的种植模式,农艺上能够允许留有足够的晾晒时间。图 5-8、图 5-9 为大型打捆设备收集作业。

图 5-8　CASE 大型圆捆机

图 5-9　CLAAS 大型方捆机

5.2.2　国内收获工艺

目前我国玉米秸秆利用方式与国外基本相同,也有三种:除了青贮饲料和粉碎还田以外,秸秆收集主要以人工为主。玉米青饲收割技术和国外一样,比较成熟,主要产品已经系列化,有小型悬挂式、牵引式和大型自走式,一般根据养殖场规模的大小来配置不同的设备。小型养殖场或个体农户一般选用与拖拉机配套的单行或双行玉米青贮饲料收获机,而大型饲养场则配备自走式不对行玉米青贮饲料收获机械。主要机型如图 5-10～图 5-13 所示。

图 5-10　中机美诺玉米青饲收获机

图 5-11　中农机丰美玉米青饲收获机

图 5-12　农哈哈悬挂式玉米青饲收获机

图 5-13　牵引式玉米青饲收获机

　　玉米秸秆粉碎还田主要实现方式有两种,秸秆粉碎还田机和带秸秆粉碎装置的玉米收获机。秸秆粉碎还田机作为辅助装置广泛应用在背负式和自走式玉米联合收获机上,实现摘穗、果穗收集、秸秆粉碎还田一体化,如图 5-14～图 5-17 所示。以河北冀新和山东海山等产品为代表的秸秆处理方式是玉米摘穗台上配备秸秆切割粉碎装置,实现摘穗后直接粉碎秸秆,优点是比秸秆还田机大大节省动力,减少整机振动负荷,如图 5-18、图 5-19 所示。

图 5-14　勇猛玉米收获机侧视图

图 5-15　勇猛玉米收获机后视图

图 5-16　富康悬挂式玉米收获机

图 5-17　中农机悬挂式玉米收获机

图 5-18　冀新玉米收获机

图 5-19　海山悬挂式玉米收获机

　　第三种方式收集利用还主要以人工为主,依靠人力,完成田间摘穗后玉米秸秆的割倒、晾晒、捆扎、装车、运输和储存,固定式液压打包机完成打包压缩,如图 5-20～图 5-23 所示。从 20 世纪 70 年代末期开始从美国、法国和当时的联邦德国等国引进捡拾打捆机,采用捡拾打捆工艺收获牧草和秸秆,与此同时开始自行研制国产捡拾打捆机。20 世纪 80 年代初研制成功并在吉林、江苏和内蒙古等地投入生产和使用。我国秸秆收获机械的真正起步大约在 2000 年左右,从德国 CLAAS 公司、美国 CNH(凯斯－纽荷兰)公司、美国 John Deere(约翰迪尔)公司引入小方捆打捆机开始,我国陆续研发了小圆捆打捆机、正牵引小方捆打捆机、侧牵引小方捆打捆机以及二次压缩机等产品,高密度大方捆和大圆捆打捆机目前国内还处于研发试生产阶段,尚未形成规模化生产能力。如图 5-20 所示为人工进行玉米的割秆放铺作业,图 5-21 为借助畜力进行玉米秸秆运输,图 5-22、图 5-23 所示为液压打捆机及进行固定液压打捆作业。

图 5-20　人工割秆放铺作业

图 5-21 畜力运输玉米秸秆

图 5-22 液压打捆机

　　由于玉米秸秆粗壮、高大、节硬、表皮密实,水分含量较高且不易蒸发,不适合直接打捆作业是造成玉米秸秆机械收获困难的关键因素。现有的应用技术主要集中在固定式打捆,借用废品收集的液压式打捆机,采用人工上料、人工穿绳捆扎,但是此种方式人工劳动强度高,生产率太低且成本高。另一种方式就是通过玉米联合收获机作业将摘完穗的玉米秸秆割倒,放置田间自然晾干,当秸秆降至合适的水分时利用捡拾打捆机、大方捆打捆机或圆捆机进行收获。最近几年来,有关单位也从国外引进了方捆打捆设备,进行试验或者采用技术相对成熟的国产小型打捆设

图 5-23　玉米秸秆固定打捆

备进行改造。但是由于秸秆没有经过破节、裂皮、压扁等技术处理,水分不能快速蒸发,导致缠绕、堵塞工作部件、结构强度不足、捆型不整、密度低、可靠性不高的问题大量存在。因此,在玉米摘穗收获后,对秸秆进行切割调质铺放处理,使其含水率快速降低,是解决秸秆打捆机不能正常作业,尤其是不能打成高密度大方捆的关键所在。

5.3　玉米秸秆机械特性

5.3.1　玉米植株的物理特性

1. 秸秆

玉米秸秆各部分结构和特性差别较大,表现为不同部位的叶子特性差异较大,叶子纵、横方向上组织结构差异较大,品种影响较大。另外,若秸秆保存一段时间,含水率对其特性也有较大影响。

(1) 秸秆的直径变化范围很大,造成设计摘穗辊直径的困难。在距地表150mm 处,秸秆直径为 15~38mm;在结穗部位,秸秆直径为 15~25mm。

(2) 秸秆高度变化也很大,除了品种不同造成的差异,即使对于同一品种,其秸秆高度变化范围也很大,一般为 1500~3000mm。

(3) 秸秆形状近于锥形,锥度均值约为 1∶70,但结穗部位以上锥度较大,结穗部位以下锥度较小。

（4）玉米叶子分叶片、叶鞘和叶舌 3 部分。叶片薄、扁平，中央纵贯一条主脉（又称中脉或中肋）。叶片大小因品种或栽培条件不同有很大差别，一般叶片长800～1000mm。叶鞘基部着生于茎节上，包在秸秆的节间周围，其边缘彼此重叠，质地坚硬，结构与叶片相似。叶鞘与叶片交接处为叶舌，紧贴秸秆。

2. 果穗

雌穗由秸秆上叶腋中的腋芽发育而成，生在穗柄的顶端。玉米果穗为变态的侧枝，果穗柄为缩短的秸秆，各节生一片仅具叶鞘的变态叶，即苞叶，包裹着果穗，起保护作用。一般苞叶数目与穗柄节数相等。

（1）果穗呈圆柱或锥状，其直径 40～60mm，穗长 200～320mm。

（2）结穗高度变化也很大，除品种差异外，对于同一品种，其变化范围也很大。一般最低玉米结穗高度在 440～1220 mm。

3. 果穗柄

穗柄呈截锥状，较细的一端与秸秆相连接，较粗的一端与穗芯相连。穗柄直径为 13～20 mm。穗柄与秸秆连接强度为 500～850N，而与穗芯的连接强度为200～500N（剥开苞叶），苞叶状态受穗根部含水率影响较大。

4. 苞叶

苞叶包裹果穗，也生于穗柄。苞叶包裹果穗较紧时不宜剥除，致使摘穗时从穗柄与秸秆连接处断开，摘穗阻力较大；当苞叶含水率降低到一定程度，包裹果穗较松，摘穗时往往在果穗柄与穗芯连接处断开，并剥除大部分（有时全部）苞叶。苞叶状态对于不直接脱粒的摘穗收获方式的摘穗质量之影响要超过籽粒含水率的影响。

5.3.2　玉米秸秆的微观结构

玉米秸秆由节和管状节间部分组成。玉米秸秆横断面由表皮（外皮层）、基本组织（木质部）和维管束（髓芯）三部分组成，如图 5-24 所示，左图为玉米秸秆横切面，右图为其维管束横切面。

结合秸秆的微观结构可以解释秸秆力学行为。玉米秸秆解剖试验表明，在成熟的玉米秸秆中，邻接表皮处由 2～4 层排列紧密、形状较小的纤维细胞组成皮下层，这是硅质化的厚壁细胞所形成的机械组织，成熟时都已木质化。

图 5-25 为玉米秸秆表皮 SEM（扫描式电子显微镜）照片。如果玉米种植过密，直径显著减小，表皮下机械组织内厚壁细胞数目减少，细胞壁薄，因而秸秆和机械组织的坚韧性受到影响。如果秸秆纤维组织发育不好，植株高而细弱，节间距增

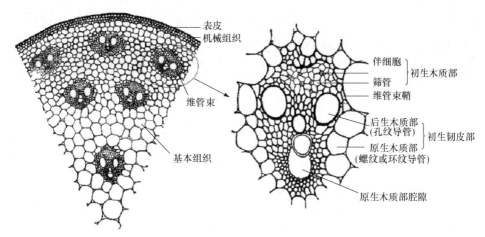

图 5-24　秸秆横切面微观结构图

大,秸秆表皮细胞细长,细胞壁变薄,削弱了秸秆机械组织的坚韧性。这一特性决定了秸秆抗冲击性的差异。深入研究材料的微结构特征,特别是通过研究材料的孔隙空间分布和尺寸分析,找出其孔隙分布规律,并结合到孔隙介质的宏观力学模型之中,有利于克服传统的连续介质力学模型对孔隙介质普适性差之弱点,以建立更为本质的力学模型。

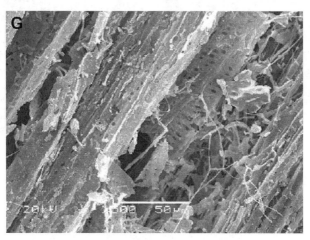

图 5-25　玉米秸秆表皮 SEM 照片

5.3.3　玉米秸秆的机械特性

材料的性能是指材料在不同环境(温度、介质、湿度)下,承受各种外加载荷(拉伸、压缩、弯曲、扭转、冲击、交变应力等)时所表现出的特征,性能指标包括:弹性指标、硬度指标、强度指标、塑性指标、韧性指标、疲劳性能、断裂韧度等。玉米秸秆的机械特性是指秸秆抵抗外力与变形所呈现的性能,是玉米秸秆的固有特性。秸秆的特性影响作物收获和秸秆加工过程中的切割力、切割功耗和切割器的结构等多个因素。秸秆的力学特性包括拉伸强度、剪切强度、弹性模量、刚性模量以及秸秆的弯曲特性等。在设计收获机切割器时,应考虑秸秆弹性模量对夹持力的影响;玉米秸秆作为饲料作物切割时,需要考虑拉伸强度、剪切强度、弯曲强度等生物力学性质指标和秸秆生长部位、直径、截面积、含水率等形态特性参数指标对切割性能的影响。采用三点弯曲法研究玉米秸秆在集中弯曲载荷下的力学机械特性。

在 WDW-300 型微控电子万能材料试验机上进行试验,该机最大试验力500N,选用量程为50kg的传感器。设定万能试验机加载速度为100mm/min,位移最大变化值为25mm,支撑架跨度为80mm。采用三点弯曲变形法加载如图5-26所示。将玉米秸秆试样放在支座上,在秸秆外皮与支撑块接触处涂抹一层石蜡,以减小摩擦阻力,载荷F作用在跨度中点,以100mm/min的速度加载,直至秸秆断裂,此时所需载荷定义为最大载荷。在试验运行过程中计算机能动态显示秸秆断裂所需最大载荷(N)、变形量(mm)和载荷-变形曲线,并自动记录秸秆的抗弯强度(MPa)、弹性模量(GPa)等机械特性参数。

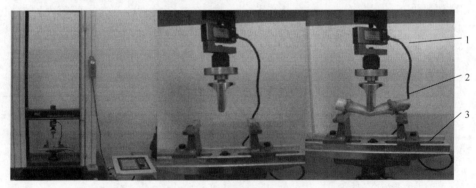

图 5-26　三点弯曲变形法试验
1. 传感器;2. 弯曲头;3. 支座

对玉米秸秆进行弯曲断裂试验,分析秸秆断裂所需最大载荷、弹性模量、抗弯强度在品种、生长部位、直径、截面积和含水率等参数影响下的变化规律。由于玉米的品种差异性决定了其组织结构及力学特性的不同,对4种玉米秸秆进行弯曲断裂试验,重复5次,取平均值,得到玉米秸秆物理机械特性参数,平均抗弯强度为7.85MPa,抗弯弹性模量为0.15GPa。

为分析玉米秸秆不同生长部位对抗弯力学特性的影响规律,对甜玉2号品种玉米秸秆的节位1～5进行了弯曲断裂试验研究,得到载荷-变形曲线如图5-27所示,分析后发现秸秆不同生长部位的曲线图变化趋势相似,靠近根部秸秆在弯曲载荷下,线性范围较大,表明线弹性高,刚度较大。随生长部位的升高,线弹性范围减小而非线弹性范围增大,最大载荷逐渐减小,断裂时的变形量逐渐增大。这与秸秆不同生长部位的组织结构差异有关,靠近根部的秸秆的基本组织木质化严重、纤维含量高。植物体这种高木质化的基本组织结构具有较好的线弹性和较高的抵抗变形的能力。同时由图可见,秸秆断裂所需最大载荷随生长部位升高呈下降趋势,是由于玉米秸秆自下而上各节间的密度逐渐减小,秸秆的外皮厚度也减小,致使秸秆的机械强度随之降低。

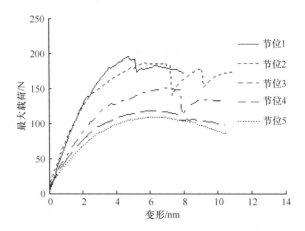

图 5-27　不同生长部位的载荷-变形曲线图

　　分析图 5-27,还可发现在整个弯曲过程中,秸秆力学性能大致经历了 3 个阶段:①近似线弹性阶段:在弯曲加载的初始阶段,载荷与变形的关系近似为线性,表示在这一阶段内,载荷与变形成正比关系,如果卸载,变形会恢复到起始状态,秸秆材料服从胡克定律。②非线弹性阶段:继续加载,当载荷达到某一数值,曲线呈非线弹性变化趋势,载荷有微小变化即引起变形较大变化,直至载荷达到最大。③变形断裂阶段:弯曲应力超过最大抗弯强度后秸秆断裂,载荷开始变小,而仍然有变形存在,秸秆瞬间被破坏,呈现明显的脆断性,断口发生在秸秆的横截面内。断裂形式基本分为中性层断裂、秸秆底部轴向断裂和秸秆横向断裂。

　　为了使试验结果接近实际情况,试验时选择一个品种的粗、中、细直径进行弯曲断裂试验。对最大载荷与截面积散点图分析后发现,秸秆个体之间所需最大载荷的差异较大。主要原因,一是秸秆的成熟度不完全相同,因此其含水率也存在差异;二是与秸秆的生长环境等因素密切相关,生长条件好,秸秆的纤维组织发育好,表皮细胞致密变厚,增强了秸秆机械组织的强韧性,反之,如种植过密或阳光不足等,秸秆直径变小,节间增长,细胞壁变薄,秸秆的坚韧性大大减弱。随直径的增加,玉米秸秆的抗弯强度和弹性模量呈下降趋势。

　　玉米的成熟期不同,其秸秆中含有的水分也存在差异,因此秸秆的含水率对切割性能的影响不容忽视。新鲜秸秆含水率高,脆性大,秸秆容易断裂;随秸秆内部的水分逐渐减小,内部组织的木质化程度加重,秸秆韧性逐渐增强,抗变形的能力也随之升高,因而所需最大载荷也增加。方差分析进一步表明,含水率对秸秆断裂所需最大载荷的影响极显著($P<0.01$)。由此可见,秸秆的含水率会引起切割阻力的较大变化,这对于机具的磨损和生产率等都会产生影响。

5.4　玉米秸秆切割技术

5.4.1　切割机理分析

玉米秸秆切割是指用切割装置把进入收割工作区的玉米秸秆从田间直立状态(摘穗前)或倒伏状态(机械摘穗后)以较低割茬割断的过程,同时配合输送部件完成输送要求。切割部位以秸秆根部为主,此处直径较大,表皮密实坚硬,切割阻力大,切割要求高于稻麦类作物。切割器工作时,应能将秸秆干净、迅速切断,而不是将秸秆撕断、折断或把秸秆从土中拔出,割后留茬要整齐,切割省力。玉米秸秆切割装置是玉米秸秆收获机的核心工作部件,切割刀片的寿命直接影响整机生产率,其工作性能影响整机的工作质量和可靠性,在整机功耗中占比较大,是本机研究的重点之一。

现有切割器按照切割原理可分机械支承(有定刀支承)切割和惯性支承(无支承)切割两种。有机械支承切割的切割器上装有切割元件动刀和支承切割元件定刀,动刀是活动的,而定刀多半做成固定的,这种切割器的切割速度相对较低。惯性支承切割的切割器上没有定刀,因此这种切割器动刀的速度比有支承切割器要高得多。对于在切割时仍立于土中的秸秆来说,提高切割速度可以更有效地利用秸秆对切割元件砍切力的惯性阻力,这种惯性阻力代替了切割器上机械对秸秆的支承。

在机械支承切割中又有一点支承切割和两点支承切割之分,其切割过程如图 5-28 所示。

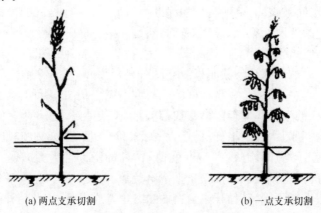

(a) 两点支承切割　　　　　　　　　(b) 一点支承切割

图 5-28　机械支承切割

对直径细、刚度小的秸秆,取两点支承切割较为有利,如图 5-28(a)所示,切割时秸秆弯曲较小(接近剪切状态),切割较省力。对直径粗、刚度大的秸秆,则可取一点支承切割,如图 5-28(b)所示。由试验观察:有支承切割的割刀速度,在 0.3～0.6m/s 时,秸秆有被压扁和撕破现象,且阻力由大逐渐减小;当速度超过 0.6m/s 时,秸秆被压扁和撕破的现象消失,且阻力减少缓慢,故一般对切割谷物取割刀速度为 0.8m/s 以上。

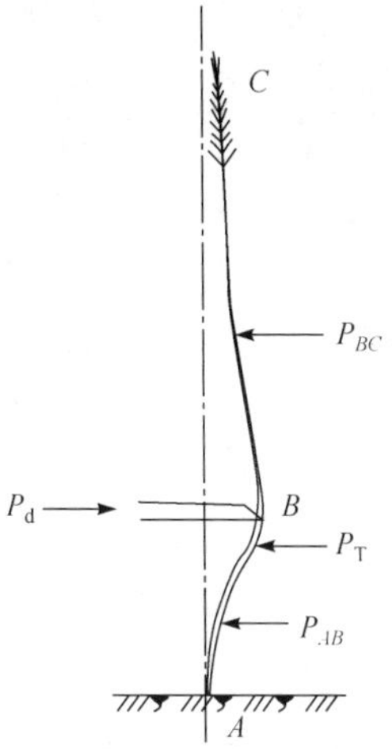

图 5-29　惯性支承切割

惯性支承切割的过程,如图 5-29 所示。切割时有切割力、秸秆的惯性力和秸秆的反弹力等。为使切割可靠,应使秸秆惯性力与秸秆反弹力之和大于或等于切割力,即

$$P_d \leqslant P_{AB} + P_{BC} + P_r \qquad (5-1)$$

式中:P_d——割刀的切割力;

　　　P_{AB}——秸秆的惯性力;

　　　P_{BC}——秸秆的惯性力;

　　　P_r——秸秆的反弹力。

若将秸秆视为一端固定的悬臂梁,根据材料力学分析可知:为增大惯性力和秸秆的反弹力,除需尽可能降低割茬外,还应提高切割速度。据试验资料,对细秸秆作物(如牧草)切割速度应为 30～40m/s;对粗秸秆作物如玉米,由于秸秆刚度较大,切割速度可较低,为 6～20m/s。

5.4.2　切割装置研究

根据切割器结构及工作原理的不同可分为两类:主要有往复式切割、回转式切割两种方式。往复式切割器在收获机械中应用较广泛,特点是通用性广,适应性强,特别是对散播作物,工作可靠,但惯性力影响大,速度低,对秸秆产生较大前推力,两次切割现象严重,刀杆及刀片容易变形或损坏。回转式切割器形式多样,特点是切割速度高,滑切作用大,切割能力强,惯性力易平衡,但传动机构复杂,割幅较小,不同形式的切割器应用领域有所不同。

1. 往复式切割器

往复式切割器是应用最为广泛的切割器,它属于具有滑切作用的平面往复式切割器类型。在谷物收割机、牧草收割机、谷物联合收获机和玉米收获机上采用较多。它能适应一般或较高作业速度(6～10km/h)的要求,工作质量较好,但其往复

惯性力较大,振动较大。切割时,秸秆有倾斜和晃动,因而对秸秆坚硬、易于落粒的作物易产生落粒损失(如大豆收获)。对粗秆作物,由于切割时间长和有多次切割现象,则割茬不够整齐。

　　往复式切割是有支承切割,定刀可以产生足够的支承反力,所以只要给动刀一定的速度就可以把秸秆切断。带倾斜齿纹刀刃的刀片是动刀,起着动切割元件的作用,固定在切割器梁上的护刃器或定刀均起支承切割元件的作用。按照动刀的数目可分为单动刀与双动刀两种。单刀往复式切割器适合切割大直径作物秸秆,属于大功率重载切割,振动较大,适用于自走式或悬挂式机械。双刀往复式切割器往复速度快,易于切割小直径作物秸秆,振动小,属于小功率轻载切割,适用于轻型机械。由于护刃器的尖部在切割粗秸秆时会增大切割阻力,所以玉米收获机切割器的护刃器与割草机不同,一般都没有刀尖。

　　往复式切割器的传动机构有多种类型,常用的如曲柄滑块机构、曲柄摇杆-移动导杆机构、摆环机构、行星齿轮机构等。以往的研究表明不同的传动机构在一定范围内运动规律相近,故教科书上经典的近似方法是将割刀的运动看成是简谐运动。如图 5-30 所示,往复式切割器按结构尺寸与行程关系分有以下几种:

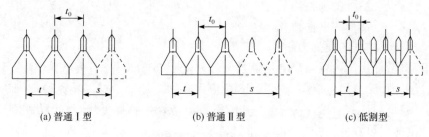

(a) 普通Ⅰ型　　　　　　　(b) 普通Ⅱ型　　　　　　　(c) 低割型

图 5-30　往复式切割器

1) 普通Ⅰ型

其尺寸关系为

$$S=t=t_0=76.2\mathrm{mm} \tag{5-2}$$

式中:S——割刀行程;

　　t——动刀片间距;

　　t_0——护刃齿间距。

　　普通Ⅰ型切割器的特点是:割刀的切割速度较高,切割性能较强,对粗、细秸秆的适应性能较大,但切割时秸秆倾斜度较大、割茬较高。这种切割器在国际上应用较为广泛,多用于麦类作物和牧草收获机械上。

　　也有采用较标准尺寸为小的切割器,其尺寸关系为

$$S=t=t_0=50、60 \quad 或 \quad 70\mathrm{mm} \tag{5-3}$$

其特点是:动刀片较窄长(切割角较小),护刃器为钢板制成,无护舌,对立式割

台的横向输送较为有利。其切割能力较强,割茬较低。

在粗秸秆作物收割机上,有采用较标准尺寸为大的切割器,其尺寸关系为

$$S=t=t_0=90 \quad 或 \quad 100mm \tag{5-4}$$

其护刃齿的间距较大,专用于收割粗秸秆作物。青饲玉米收割机、高粱收割机和对行收割的玉米收获机采用。

2) 普通 II 型

其尺寸关系为

$$S=2t=2t_0=152.4mm \tag{5-5}$$

该切割器的动刀片间距 t 及护刃器间距 t_0 与普通 I 型相同,但其割刀行程为普通 I 型的 2 倍。其割刀往复运动的频率较低,因而往复惯性力较小。此点对抗振性较差的小型机器具有特殊意义,适于在小型收割机和联合收获机上采用。

3) 低割型

其尺寸关系为

$$S=t=2t_0=76.2、101.6mm \tag{5-6}$$

切割器的割刀行程 S 和动刀片间距 t 均较大,但护刃齿的间距 t_0 较小。切割时,秸秆倾斜量和摇动较小,因而割茬较低,对收割大豆和牧草较为有利,但对粗秸秆作物的适应性较差。

低割型切割器由于切割时割刀速度较低,在秸秆青湿和杂草较多时切割质量较差,割茬不整齐并有堵刀现象,目前应用较少。

综上所述,对于往复式切割器这种结构,在玉米等粗秸秆作物收割机上,采用普通 I 型较标准尺寸为大的切割器。

2. 回转式切割器

回转式切割器根据切割器结构原理和回转平面的不同可分为两类:一类是圆面回转式切割器,又叫圆盘式切割器;另一类是圆柱回转式切割器,又叫转子式切割器。圆盘式切割器属于平面回转类型,刀具刃口在水平面内回转切割,形成一个切割平面;转子式切割器属于空间回转类型,刀具安装在转轴上,刀具刃口随转轴回转在空间上形成一个切割圆柱面。

3. 圆盘式切割器

圆盘式切割器按割盘数目可分为单圆盘和多圆盘两类。目前小型整秆式收割机上普遍采用单圆盘式切割器,多圆盘切割器在段式收割机上应用较多。圆盘切割器的研究内容主要包括切割转速、圆盘倾角、刀刃形状、漏割、重割等。

圆盘式切割器属于平面回转切割器的类型,这类切割器采用的切割方式为正切、斜切和滑切。正切和斜切装置上装有固定在圆盘上的垂直或倾斜刀刃的动刀

片和定刀片。滑切的切割器装有两个圆周上带刃口相互重叠的圆盘。每个圆盘能同时起到切割和支承切割元件的作用。

圆盘式切割器的割刀在水平面(或有少许倾斜)内作回转运动,因而运转较平稳,振动较小。该切割器按有无支承部件来分,有无支承切割式和有支承切割式两种。

1) 无支承圆盘式切割器

该切割器的割刀圆周速度较大,为 $25\sim50m/s$,其切割能力较强。切割时靠秸秆本身的刚度和惯性支承。目前在牧草收割机和甘蔗收割机上采用较多,在小型水稻收割机上也采用。

在牧草收割机上多采用双盘或多组圆盘式切割器,如图 5-31(c)、(e)所示,每个刀盘由刀盘架、刀片、锥形送草盘和拨草鼓等组成。刀片和刀盘体的连接有铰链式和固定式两种。在牧草收割机上,为适应高速作业和提高对地面的适应性,多采用铰链式刀片。其刀片的形状如图 5-31(d)所示。其刃部少许向下弯曲,切割时对秸秆有向上抬起的作用。工作中每对圆盘刀相对向内侧回转。当刀片将牧草割断并沿送草盘滑向拨草鼓时,拨草鼓以较高的速度将秸秆抛向后方,使其形成条铺。在多组双盘式切割器上,为了简化机构常在送草盘的锥面上安装小叶片,以代替拨草鼓的作用。刀盘的传动有上传动式和下传动式两种:上传动式用皮带传动,其结构简单,但不紧凑;下传动式用齿轮传动,其下方设有封闭盒,结构较紧凑,是今后主要的应用方向。

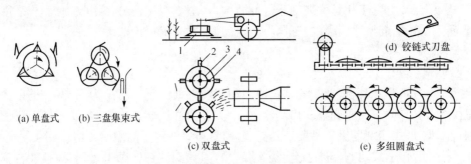

(a) 单盘式　　(b) 三盘集束式　　(c) 双盘式　　(d) 铰链式刀盘　　(e) 多组圆盘式

图 5-31　圆盘式切割器
1. 刀盘架;2. 刀片;3. 送草盘;4. 拨草鼓

圆盘式切割器可适应 $10\sim25km/h$ 的高速作业。最低割茬可达 $3\sim5cm$,工作可靠性较强,但其功率消耗较大。近年来国外回转式割草机的机型发展较多,并有扩大生产的趋势。

在甘蔗收割机上多采用具有梯形或矩形固定刀片的单盘和双盘式切割器。一般刀盘前端向下倾斜 $7°\sim9°$,以利于减少秸秆重切和破头率。

在小型水稻收割机上,有采用单盘和多盘集束式回转式切割器。多盘集束式切割器能将割后的秸秆成小束地输出,以利于打捆和成束脱粒。它由顺时针回转的三个圆盘刀及挡禾装置组成,如图 5-31(b)所示。圆盘刀除随刀架回转外自身作逆时针回转,在其外侧的刀架上有拦禾装置。圆盘刀(刃部为锯齿状)将禾秆切断后推向拦禾装置。该装置间断地把集成小束的禾秆传递给侧面的输送机构。这种切割器因结构较复杂应用较少。

2) 有支承圆盘式切割器

该切割器除具有回转刀盘外,还设有支承刀片。收割时该刀片支承秸秆由回转刀进行切割,如图 5-32 所示。其回转速度较低,一般为 6~10m/s。刀盘由 5~6 个刀片和刀盘体铆合而成。其刀片刃线较径向线向后倾斜 α 角(切割角),该角不大于 30°。支承刀多置于圆盘刀的上方,两者保有约 0.5mm 的垂直间隙(可调)。

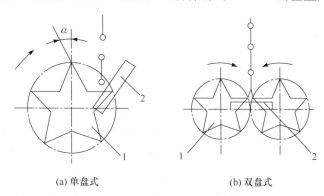

(a) 单盘式   (b) 双盘式

图 5-32 有支承圆盘式切割器

1. 回转刀盘;2. 支承刀片

4. 转子式切割器

转子式切割器又叫圆柱形切割器,属于无支承切割方式,有两种结构型式。

一种是转子式切割-切碎器,又叫甩刀式粉碎器,其上装有水平转轴,切割元件刚性或铰接固定在转轴上。这种切割-切碎器在切割秸秆的同时将秸秆切碎,并抛撒在田间或通过气流输送把碎秸秆抛送到运输设备。铰接固定的切割器在田间碰上坚硬的障碍物时,能在一定程度上避免切割元件的损坏。

转子式切割-切碎器由水平横轴、刀盘体、刀片和护罩等组成如图 5-33 所示。刀片铰链在刀盘体上分 3~4 行交错排列。刀片宽为 50~150mm,配置上有少许重叠。刀片有正置式和侧置式两种。正置式多用在牧草收割机上,切割时对秸秆有向上提起的作用,刀片前端有一倾角。侧置式多用在粗秸秆切碎机上。

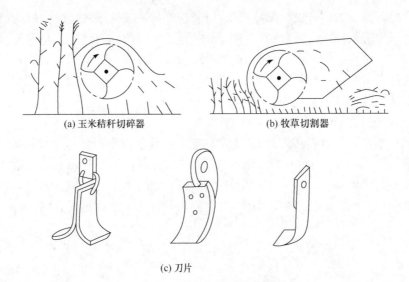

(a) 玉米秸秆切碎器　　　　　　　　(b) 牧草切割器

(c) 刀片

图 5-33　转子式切割-切碎器

　　收割时,割刀逆滚动方向回转,将秸秆切断并拾起抛向后方。在牧草收割机上为了有利于秸秆铺放,其护罩较长较低;在粗秸秆切碎机上为有利于向地面抛撒秸秆,其护罩较短。由于转速较高,一般割幅较小为 0.8~2m。在割幅较大的机器上可采用多组并联的结构。

　　另一种是转子铣刀式回转切割器,如图 5-34 所示,有一根水平管轴,其上固定两组成对装配的异形刀片,为使切割阻力更为均匀,相邻一组的刀片相差 90°角交错安装。为提高刀片刃口耐磨性和保证自磨刃,其上面焊有硬质合金。这种切割器在切割秸秆的同时,还能将秸秆抛入秸秆输送装置。特点是空间结构紧凑,平衡性好,可实现高转速切割。

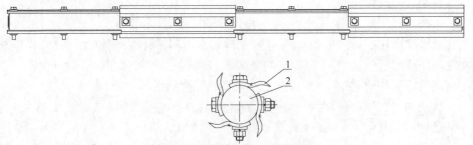

图 5-34　转子铣刀式回转切割器

1. 刀片；2. 转子轴

　　这两种切割方式,切割元件的刀刃做回转运动,刀刃的轨迹都是一个绕切割器轴的圆柱面,因此尽管有结构上的差别,它们还是归为同一种类型——圆柱形切割器。

5.4.3　玉米秸秆切割试验研究

　　结合实际条件,选择往复式和圆盘式两种切割方式来开展试验研究,分析切割过程,并对玉米秸秆剪切相关性能指标进行定量定性分析。

　　1. 往复式单秸秆切割试验研究

　　往复式单秸秆切割试验台是集往复切割和切割力变化信号的监测与控制等功能为一体的秸秆切割性能试验设备,主要用于在室内模拟农作物单秸秆的切割过程,可实现切割速度、切割方式、动定刀间隙等结构参数的实时测量,对不同品种、截面积、含水率、切割位置的秸秆进行切割,获取其切割过程中峰值切割力和切割功耗等试验数据,为切割器的优化设计提供依据。

　　该试验台主要包括摆切式往复切割装置和数据采集分析系统。摆切式往复切割装置是通过摆锤式切割装置完成往复切割过程,改变摆锤的摆角获得不同的切割速度。动刀安装在重力摆锤末端,定刀通过称重传感器固定在移动支架上,移动支架可以调节动定刀间隙。针对不同作物合理选择称重传感器量程,试验过程中适当调节刀片组合形式、刀片间隙、秸秆削切角度和切割位置。数据采集分析系统是在工控机中安装高频数据采集卡,对称重传感器测量得到的切割力信号进行数据存储和分析,得到峰值切割力、平均切割力和切割功耗等参数。摆切式往复切割试验台结构示意图如图 5-35 所示,包括安装底座、称重传感器、定刀、指针、刻度盘、摆锤、动刀、移动支架、专用滤波放大器、高频数据采集卡、工控机、固定轴套、传动轴、轴承、秸秆、横梁等。

　　试验前,根据试验方案,选择不同品种、截面积、含水率的秸秆进行试验,合理选择称重传感器的量程、动定刀片组合形式、动定刀片间隙,秸秆放置时调节好秸秆纤维方向与动刀片切割方向的夹角和秸秆的切割位置。切割时,抬起摆锤使其顶端的指针在刻度盘上显示切割速度对应的角度,由静止作惯性下摆,高频数据采集卡根据作物和切割速度的不同,采样频率在 $0\sim50kHz$ 范围内连续可调。称重传感器测得切割力变化信号,通过高频数据采集卡对测得的切割力变化信号进行实时显示和存储。工控机中测控系统对整个试验过程进行监测和采集试验数据。

　　数据采集分析系统如图 5-36 所示,包括称重传感器、稳压直流电源、高频数据采集卡和工控机。稳压直流电源为称重传感器供电,称重传感器通过专用滤波放大器与安装在工控机中的高频数据采集卡连接,根据作物秸秆的切割力不同选择称重传感器量程。高频数据采集卡根据作物和切割速度的不同,采样频率在

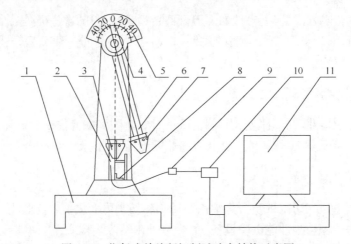

图 5-35　往复式单秸秆切割试验台结构示意图

1. 安装底座；2. 称重传感器；3. 定刀；4. 指针；5. 刻度盘；6. 摆锤；7. 动刀；8. 移动支架；9. 专用滤波放大器；10. 高频数据采集卡；11. 工控机

0～50kHz范围内连续可调。传感器输出的切割力变化信号经滤波器放大为 4～20mA 或 1～5V 的模拟电压信号（误差小于 0.5%），通过高频数据采集卡实时显示和存储在工控机中，并根据称重传感器的标定分析得到切断秸秆的峰值切割力、平均切割力、切割功耗等参数。

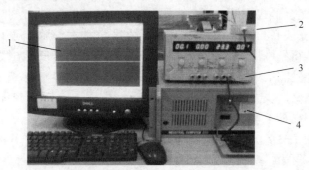

图 5-36　数据采集分析系统实物图

1. 工控机；2. 高频数据采集卡；3. 称重传感器；4. 稳压直流电源

试验样品选取秸秆平均直径 16～22mm，含水率 64%～75%，株高 1400～1800mm，结穗高度 500～1100mm。根茬离地均取 50mm，然后去叶、去毛根，用干净毛巾将外皮擦拭干净。

试验时，将玉米秸秆水平放置在移动支架上，紧靠定刀刀刃，通过改变摆杆的提升角度使得动刀实现预定的切割速度，在重力作用下作切割运动，单秸秆切割过程演示如图 5-37 所示。当速度为 1～2.5m/s 时，根据玉米秸秆平均直径得到切割时间为 6～22ms。当采样频率过高，数据处理计算量增大；采样频率过低，导致试验误差较大。试验设定切割力采样频率为 2kHz，则在一个切割周期至少获得 12 个数据，从而绘出连续的切割力随时间变化的曲线如图 5-38 所示。试验发现，不同的切割参数试验条件下，切割力随时间变化情况具有相似性。通过分析可知，由于秸秆属于各向异性、非匀质、非线性的具有复合特性的植物纤维材料，其纤维组织属于一种弹—塑性体，在切割之前，存在预压弹性变形阶段，若在匀速的情况下上升时间 t_r 相对于下降时间 t_d 会很长，但由于切割过程中割刀速度会迅速减小，所以最终使得切割力上升时间 t_r 微大于下降时间 t_d。试验中，取曲线上的峰值作为秸秆最大切割力。

图 5-37 单秸秆切割过程

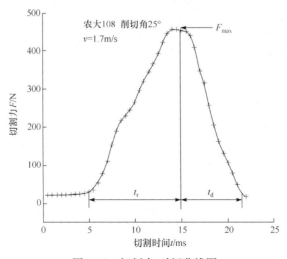

图 5-38 切割力-时间曲线图

玉米秸秆切割试验采用单因素随机区组试验,将考察的因素作为区组,设置若干个处理。单因素试验的因素水平编码表如表 5-1。切割性能的试验指标为切断单秸秆的峰值切割力和切割功耗。

表 5-1　因素水平编码表

水平	切割速度/(m/s)	斜切角/(°)	品种	部位
1	1.1	0	甜玉米	1
2	1.4	10	登海 6213	2
3	1.7	20	农单 5 号	3
4	2.0	30	东单 60	4
5	2.2	40	登海 11	5
6	2.5		农大 108	

为了减小玉米秸秆个别差异性的影响,每一参数条件下的试验重复五次取均值,同时在切割过程中避免切在节点处。

因为玉米秸秆不是均匀体,在不同方向上的机械性能并不相同,所以在切割秸秆过程中,刀刃与秸秆相对运动的方向对切割力的影响不容忽视。随着削切角的增大,刀刃沿秸秆的切向位移愈大,切割时所需的法向切削力便愈小;同时齿刃刀的刃口在切向沿秸秆产生滑移,微齿起了切开秸秆纤维的作用,则切割力减小。但当削切角增加到一定值时,法向切削力急剧上升,原因是由于随削切角的增加刀具的楔角逐渐减小,当楔角减小至仅凭法向切削力来切断秸秆时,切割力将随削切角增加而增大。综合试验数据发现,当削切角为 20°左右时,切割力和功耗较小,切割性能较优。

当割刀的切割速度增大时,在切割点秸秆传递变形的时间减小,所需的功耗和力减小。方差分析结果进一步表明,切割速度对玉米秸秆的峰值切割力和切割功耗的影响都显著。

当削切角为 25°,$v=1.7\mathrm{m/s}$ 时,选择甜玉 2 号在不同含水率的情况下,对其峰值切割力 F_{max} 及切割功耗 w 进行测量,发现随着含水率的增加,F_{max} 及 w 呈下降趋势,方差分析结果进一步表明,含水率对玉米秸秆的峰值切割力和切割功耗的影响显著。含水率较低时,容易出现黏刀现象,含水率高时,断口齐平,切割质量良好。所以在收获玉米秸秆时,可以选择含水率较高时期。

当削切角为 25°,$v=1.7\mathrm{m/s}$ 时,选择甜玉 2 号在不同动定刀间隙的情况下,对其峰值切割力 F_{max} 及切割功耗 w 进行测量,发现动定刀间隙对玉米秸秆的峰值切割力和切割功耗的影响显著。当间隙为 4mm 时,端口不齐且伴有撕裂现象,间隙为 2～3mm 时,断口齐平,无黏刀现象,切割质量良好。

当削切角为 25°时,选取甜玉 2 号在距离根部 150～550mm 位置,对其峰值切

割力 F_{max} 及切割功耗 w 进行测量,发现随着切割位置的增加,F_{max} 及 w 明显下降,当切割位置离地 350mm 时的 F_{max} 和 w 比 150mm 平均降低 20%~38%。

玉米秸秆表皮细胞含硅化细胞和气孔器,与长细胞呈纵向间隔排列成行。切割力主要是克服这种组织结构对于抵抗秸秆切断的阻力。试验发现随着切割位置远离秸秆根部,含外皮时的切割力和功耗呈明显下降趋势,其原因是由于玉米秸秆从根部到顶部各节间的密度逐渐减小,秸秆的外皮厚度逐渐减小,致使秸秆的机械强度随之降低。另外,秸秆的外皮与内穰的机械强度差异较大,外皮机械强度高,内穰较低,外皮所需切割力占 63%~83%。

由于叶鞘维管束与茎维管束在节点处汇合,进入节部的维管束不断分枝,产生许多小维管束,彼此交错形成复杂的网状结构。同时从茎节横切面观察,表皮维管束近圆形,呈帽状覆盖于维管束外方,其内部有较少的机械组织包围着维管束,机械组织非常发达,难以破坏。试验发现玉米秸秆茎节与节间相比,峰值切割力和切割功耗都增加了 56%。

2. 圆盘式秸秆切割试验研究

圆盘式秸秆切割试验台主要由圆盘式切割测量装置、行走台车、切割高度调整电机、中央控制台、秸秆夹持装置和高速摄像装置等六部分构成,如图 5-39 所示。圆盘式切割测量装置由电机驱动,实现切割速度的连续调节,输出轴系经扭矩传感器后带动刀盘旋转,切割固定于秸秆夹持装置中的待切秸秆,切割扭矩由传感器测量得到,经计算后可得出切割力和切割能耗。行走台车行进速度受自带的变频调速电机控制。高度调整电机带动切割支座进行无级调整切割高度(切割点在秸秆

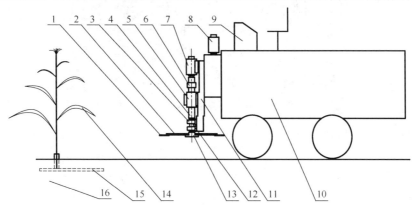

图 5-39 圆盘式切割试验台原理图

1. 切割刀片;2. 刀盘;3. 轴承座;4. 联轴器 A;5. 转矩转速传感器;6. 联轴器 B;7. 切割电机;8. 高度调整电机;9. 中央控制台;10. 行走台车;11. 切割支座;12. 刀盘轴;13. 幅盘;14. 作物秸秆;15. 秸秆固定装置;16. 土槽

上的位置)。通过改变刀片在刀盘的安装角度可实现滑切角的调整,而削切角、秸秆株距、行距由秸秆固定装置设定。中央控制台完成台车行止和速度、切割速度、切割高度的设置。高速摄像及图像运动分析系统用于实时记录秸秆在切割过程中的运动变化情况,并可以实现缓慢回放,进行秸秆的切割运动规律分析。总体装置通用性强,操作方法稳定可靠,既可用于室内模拟也可用于田间实测。

　　玉米秸秆圆盘切割试验台的结构如图5-40所示。在试验台上利用高速摄像机在线拍摄了秸秆的切割过程,为真实分析玉米秸秆的切割过程,选取在一定工况下具有代表性的图片进行观察和分析。图5-41为切割过程时序图,记录了玉米秸秆的切割过程。转动着的刀盘带着动刀片向秸秆方向运动,直到接触到秸秆,在相互冲击力作用下,此时并未开始切割,秸秆发生扭曲变形,正好受支撑作用,动刀片齿尖划破秸秆并切入,齿面垂直于秸秆纤维压缩切削层开始切割,随后秸秆和动刀片相互推挤、撞击,使秸秆发生一定的倾斜,相邻动刀片出现错位,形成多刀切割,如时序6所示。随着动刀片的前进与移动,秸秆不断被切割,直至动刀片完全切断秸秆。切断后的秸秆因摩擦力和惯性力共同作用飞离切割器。

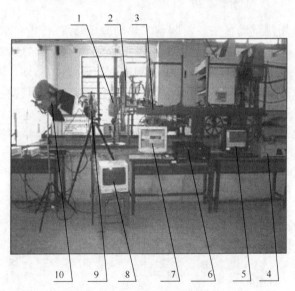

图 5-40　圆盘切割试验台

1. 圆盘式切割装置;2. 切割高度调整装置;3. 行走台车装置;4. 切割力及切割扭矩采集系统主机;
5. 数据采集显示器;6. 图像运动分析系统主机;7. 图像采集显示器;8. 高速摄像监视器;9. 高速摄像机;10. 摄像灯

　　切割过程可分为3个阶段:①接触阶段(时序1-4):当锯齿开始接触秸秆时,锯齿尖接触秸秆,此时秸秆无支撑作用,在切割力矩和摩擦力的共同作用下发生变形,并被迫靠在夹套上,动刀片同时受秸秆的反作用力,此阶段未切割。②切入阶段(时序 5-8):因动刀片继续前进,动刀片开始作用于被支撑的秸秆,刀片齿尖切入秸秆,再由齿面垂直于秸秆的纤维压缩切削层,并由齿尖沿切削层底面切削秸秆。因动刀片采用斜锯齿,切入时由点接触逐渐转为线接触。通过观察图像运动分析系统的慢速回放采集的图片发现,不同情况下参与秸秆切割所需的刀片数不同。③切断阶段(时序 9-10):锯齿切断秸秆的所有相连纤维,此时秸秆受到摩擦力和惯性力的共同作用飞离切割器。整个过程均是依靠动刀片的锯齿齿尖卡住秸秆,逐渐切入,直至切断,减小了振动,使运行更平稳。

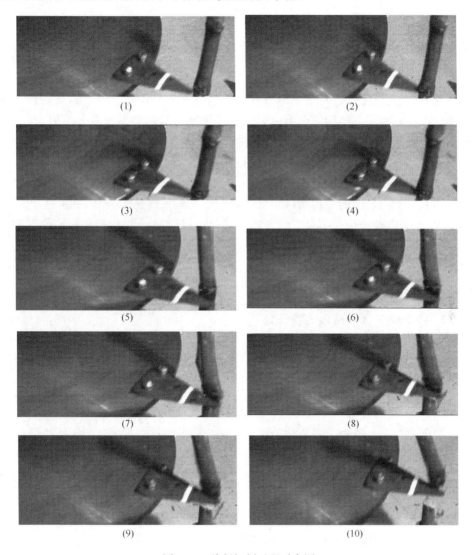

图 5-41　秸秆切割过程时序图

对拍摄的图像进行分析,以秸秆节点为标记点,对节点在切割前后的位移进行测量,得到了各种工况下玉米秸秆切割点在切割前后的速度和加速度数值。通过对不同切割工况下,扭矩转速传感器测得的切割功耗等试验数据进行对比研究,发现当刀盘半径为 250mm 时,刀盘转速为 650rpm,刀盘与秸秆倾角 80°,切割功耗较小。

5.5　玉米秸秆调质技术

5.5.1　玉米秸秆调质机理分析

调质是对玉米秸秆进行挤压、揉搓处理,用机械方法改变其物理性状,结果是使其破节、裂皮,最终达到快速脱水、易于高效高密度打捆的目标。调质是比较新的概念,是最近几年随着对玉米秸秆的处理利用发展提出的新技术,目前还没有成熟的技术模式和部件结构。调质一词也是借用金属材料热处理工艺的名词,本意是指淬火加高温回火的双重热处理,改变金相组织结构,调整材料综合力学性能,因为玉米秸秆的处理也是要改变秸秆的力学性能,所以借用它的工艺思想,表示对秸秆进行加工处理的一种方式。

调质机构主要结构型式是有一组或若干组相向回转的调质辊,每对辊上下垂直布置,上下辊转速采用上高下低方式差速运转,调质辊上采用螺旋板齿或直棱板齿。技术原理是回转调质辊抓取螺旋输送器收拢出口过来的秸秆,通过两辊之间的狭窄间隙实现对秸秆的挤压,同时,上下板齿差速输送对秸秆产生纵向滑切和揉搓,秸秆出来后实现破节、裂皮。

5.5.2　玉米秸秆调质装置试验研究

根据上述技术原理研制了螺旋齿辊式秸秆调质试验装置,并选择秸秆喂入速度、调质齿辊转速及调质齿辊工作间隙等因素,进行室内秸秆调质正交试验,考察各参数变化对其作业性能的影响,得到最优组合,为秸秆调质装置的研制提供依据。

调质试验装置结构如图 5-42 所示,调质齿辊 2、3 的辊面上以 5°螺旋角纵向均布 10 个螺旋凸棱,且二辊相位方向相同。

研制螺旋齿辊式秸秆调质装置的目的是将其安装在秸秆收获调质机上,实现秸秆收获的同时完成调质作业。因此,物料的喂入速度须与收获机械的行驶速度协调一致。为此设计了相应的输送装置及其控制系统,通过输送装置模拟收获机械的行驶状态,确保与实际秸秆收获状态的一致性。

利用所设计的玉米秸秆调质试验台,如图 5-43 所示,采用调质齿辊差速转动方式对摘穗后玉米秸秆进行挤压、揉搓的连续调质正交试验,分析调质齿辊的工作

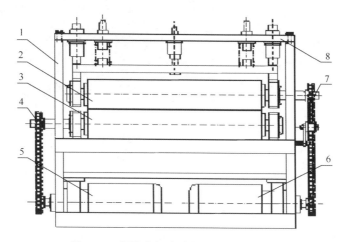

图 5-42　螺旋齿辊式秸秆调质装置结构图

1. 机架；2、3. 调质齿辊；4、7. 链传动；5、6. 电机；8. 浮动压下装置

图 5-43　玉米秸秆调质实验台

间隙、调质齿辊转速及秸秆喂入速度对秸秆调质性能的影响。

　　玉米秸秆的调质是秸秆从两个相向旋转的调质辊间通过，以获得压扁、破皮及裂节等力学及物理状态改变的过程，如图 5-44 所示。秸秆调质过程不是沿其整个长度上同时发生，而是在秸秆喂入过程中连续进行的过程。秸秆调质从截面 A-A' 开始，达到 B-B' 时终了，且 $AA' /\!/ BB'$，图中 $AA'BB'$ 即为秸秆的调质区。调质区的形状用秸秆与调质辊接触面的正视图和俯视图共同表示。

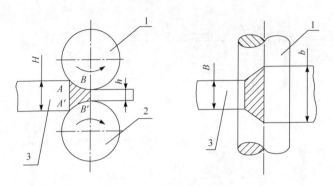

图 5-44　秸秆调质过程
1. 上调质辊；2. 下调质辊；3. 秸秆

　　宽展率指秸秆调质前后横截面的径向宽度尺寸的变化量与其调质前横截面径向宽度尺寸的比值。

$$\delta_k = \frac{b-B}{B} \times 100\% \qquad (5\text{-}7)$$

式中：B、b——秸秆调质前后横截面径向宽度尺寸(mm)。

　　压下率指秸秆调质前后横截面径向厚度尺寸的变化量与其调质前横截面径向厚度尺寸的比值。

$$\delta_y = \frac{H-h}{H} \times 100\% \qquad (5\text{-}8)$$

式中：H、h——秸秆调质前后横截面径向厚度尺寸(mm)。

　　失水率指秸秆调质前后含水率的绝对变化量。

$$\Delta P = P_0 - P_k \qquad (5\text{-}9)$$

式中：p_0——秸秆调质前含水率(%)；

　　　　p_k——秸秆调质后自然晾晒一段时间的含水率(%)。

试验结论：

　　(1) 研制的螺旋齿辊秸秆调质试验装置,能够综合考察影响调质性能的各种因素,差速作业实现对已摘穗玉米秸秆压裂、破节的调质处理。

　　(2) 试验表明,调质齿辊的调质间隙对玉米秸秆裂皮破节的性能影响最显著。

　　(3) 用宽展率、压下率及失水率等指标间接评价秸秆调质性能,最优组合为调质间隙 2mm,调质齿辊转速 65r/min,秸秆喂入速度 4km/h 时,秸秆裂皮、破节的调质效果最优,且加快失水率速率,对应试验组合的秸秆破节率直接感官评定为 90% 左右,理论分析能够反映秸秆破皮、裂节的调质性能。

5.5.3　玉米秸秆调质装置作业效果

根据试验结论设计秸秆切割调质台,安装在摘穗台底部,与摘穗台共同构成玉米收获台上下双层工作平台,主要有秸秆切割输送装置和秸秆调质铺放装置两部分构成。

1. 秸秆切割输送装置

玉米秸秆被拉茎辊拉下后直接进入到秸秆处理部件,首先进入秸秆切割输送装置。秸秆切割输送装置如图 5-45 所示,通过机架和侧壁板安装在摘穗台底部,主要有转子铣刀式回转切割器和螺旋输送器构成。秸秆进入切割区时即被割刀快速切断,随即在割刀回转抛送作用下进入螺旋输送器,由螺旋输送器向割台中部集拢,秸秆切割输送装置幅宽与摘穗台相同,全幅收割全部摘穗玉米秸秆。

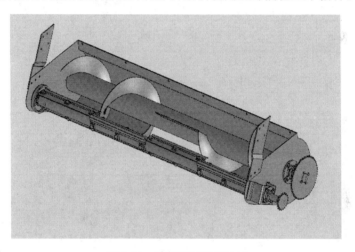

图 5-45　秸秆切割输送装置

秸秆切割输送装置主要参数有割刀回转直径,转速,螺旋输送器直径,转速等。

2. 秸秆调质铺放装置

秸秆调质铺放装置安装在摘穗台后下方,与秸秆切割输送装置相连接,由一对调质辊组成。输送器送过来的秸秆经过调质辊中间通道,被上下调质辊挤压、揉搓后,实现破节、裂皮,如图 5-46 所示。

田间工作过程及效果如图 5-47、图 5-48 所示。实测破节率达到 92% 以上,秸秆水分能在短时间内快速蒸发,由秸秆调质玉米收获机调质铺放的秸秆经晾晒一天后,用普通小方捆打捆机对秸秆铺条进行捡拾打捆,打捆效果良好,捆形方整,密度适中,经过多次装卸运输捆形不散。

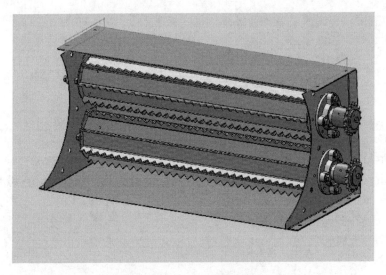

图 5-46　秸秆调质铺放装置

图 5-47　调质铺条整体效果

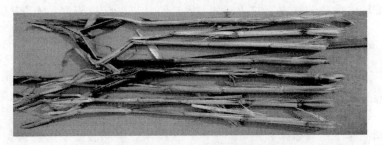

图 5-48　调质处理后的秸秆

5.6　玉米秸秆打捆技术

5.6.1　打捆机械

1870 年美国人迪得里克(Dederic)研制出人类历史上的第一台机械式固定牧草压捆机,被改进完善后,在欧美一些国家得到广泛应用。20 世纪 30 年代初,小方捆打捆机问世,40 年代世界各国开始推广,50 年代生产进入高峰,保有量趋于饱和,当时美国拥有捡拾压捆机约 70 万台,90% 以上的牧草采用捡拾压捆工艺。60 年代中期,圆草捆卷捆机问世,自 70 年代中期开始商业化生产牧草收获用大型圆捆捡拾器,80 年代,方捆机和圆捆机并行。欧美发达国家的各大农机公司首先致力于完善方捆机系列,提高方捆机生产率,发展多样化产品,扩大其使用范围,与此同时,积极开发圆捆机的新产品,各公司的产品自成系列。近年来,秸秆打捆机更成熟,结构参数更合理,采用自动控制和自动监视装置,可靠性、生产率显著提高。

我国 20 世纪 50 年代末开始生产小型畜力固定式牧草打捆机,60 年代初,在引进、吸收国外小方捆捡拾打捆机基础上,开展小方捆机研究,80 年代初期实现了批量生产,该机型主要应用于牧草打捆,可一次实现捡拾、压缩、打捆联合作业。随着市场对高密度草捆和农作物秸秆捆的规模化工业利用需求,国内部分科研机构开始研制高密度打捆机,包括机械式和液压式,基本都是小捆型,还存在着配套动力不合理、压缩设备功率消耗大、生产能力低等问题。国内的小方捆打捆机的主要生产厂有:中国农业机械化科学研究院呼和浩特分院、现代农装科技股份有限公司、上海世达尔现代农机有限公司等。

国内高密度大方捆打捆机基本是液压打捆机,主要从纺织、造纸、垃圾液压打包机改造而成,采用人工喂料和捆扎,自动化程度低、生产效率低、劳动强度高、喂料不均匀。中国农业机械化科学研究院于 2007 年研发的中农机 9YDF-130 型大方捆打捆机大量采用液压、电子、自动控制等先进技术,各项性能指标接近国外同类机型的先进水平,基本实现零部件国产化,具备批量生产能力。

5.6.2　方捆打捆机原理

松散的秸秆密度较小,因此各项作业如装车、卸车、运输等都很费工而且很艰苦,此外拖车的容积也不能充分利用,秸秆的存储也需要宽广的空间和设备。因此,增大秸秆的密度,缩小秸秆的体积是十分重要的。通常人们用压缩的方法提高松散秸秆的容积密度。

在打捆过程中,由于压力的增加,在各个茎秆之间发生相互的移动,即物料被压缩。在一定的容器中压缩物料,体积减小,密度增大。当茎秆移动时,一些秸秆在各种不同的方向发生变形,另一些比较脆的则被折断。茎秆互相搓擦时,在它们之间产生内摩擦,同时茎秆和压缩室内壁亦产生摩擦(一些人认为,打捆时阻力的大部分是由内摩擦力引起的)。当物料的密度达到一定值以后,如果减少活塞的压力,则最初茎秆的内聚力和相互间的附着力保持最后的变形状态不受改变。如果活塞的压力进一步减小,则茎秆间的附着力越小,结果茎秆继续很快的膨胀。活塞放松后,如果部分膨胀的物料又重复受到更强的碾压,那么可以得到更高的最终密度。但是如果重复压缩时压力略低或等于初始压力,则物料不会发生更多变形。不少关于压缩过程中的压缩力与变形恢复的研究报道,如压缩过程中压缩力与初始密度的关系,变形恢复与压缩频率的关系,压缩力与物料含水率的关系,草捆捆绳张力与应力松弛的关系等,这些文献都对研究压缩过程有一定的指导意义。

　　活塞在压缩过程中,活塞由曲柄带动在矩形导向槽内移动,松散的物料茎秆从开口喂入。物料每当与活塞接触一次而前进时则被相对压缩,因而压入和充满压缩室的物料,当它达到一定的密度时,在压缩室内产生的压力克服了静摩擦阻力,即推动被压缩的物料向出口移动。

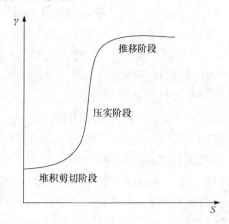

图 5-49　被压物料密度随压缩室长度变化曲线图

　　压缩过程可分为四个阶段,如图 5-49 所示:第一阶段,物料从喂入口进入压缩室底部,压缩活塞从前极点开始向后移动,同物料接触后,把散堆在压缩室底部的物料堆积起来,推移物料沿压缩室移动,使其充满压缩室而不对物料进行压缩,此时受到的阻力和消耗的功率很小,压缩力也很小,此阶段称为堆积阶段;第二阶段,为了在压实阶段避免压缩室外的物料与压缩室内的物料"藕断丝连",尤其对玉米秸秆等长茎秆物料,压实前必须进行切断,便于压缩,在靠近喂入口一侧安装了一个动刀片,与固定在喂入口棱边上的定刀片一起把物料切断,使压缩力开始增加,但增加速率缓慢;第三阶段,活塞继续向后移动,堆积起来的物料处于活塞与压缩室内已压实的捆包之间,由松散状态向密实状态逐渐变化,物料体积减小,密度 γ 增加,由于压实过程比较短暂,使压缩力增加速度很快,活塞面上的压应力增加,直到密度达到最大峰值 γ_{max}，压缩力也达到最大值 P_{max}，即压缩室内的捆包与压缩室内壁之间的最大静摩擦力。第四阶段，活塞继续向后移动，压缩力克服最大静摩擦力后，被压缩的物料也随活塞向后移动，压缩力逐渐下降，主要克服捆包与压缩室内壁之间的滑动摩擦力，被压缩物料移动较慢，直到活塞推移到另一个极点止，此阶段，活塞上的压应力不再增加，物料密度也不再增加，称之为推移阶段。

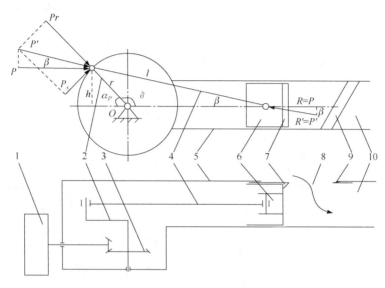

图 5-50　压缩驱动原理图

1. 飞轮；2. 曲柄；3. 齿轮；4. 连杆；5. 外壳；6. 活塞；7. 动刀；8. 喂入口；9. 定刀；10. 压缩室

压缩机构驱动原理如图 5-50 所示。曲柄 2 在齿轮 3 的驱动下，绕 O 点顺时针转动，带动连杆 4 和活塞 6 作往复运动，秸秆从侧面喂入口 8 进入压缩室 10，首先被固定在活塞前面的动刀 7 和固定在压缩室侧面的定刀 9 切断，随着曲柄活塞的推进，物料被压缩。由力的分解可得活塞压缩力 P，曲柄切线力 P_s 和曲柄转矩 M 有以下关系

$$M=P_s r, P_s=P'\sin[180°-(\delta+\beta)]=P'\sin(\delta+\beta), \quad P=P'\cos\beta$$

此外，根据几何关系可得

$$h=l\sin\beta, \quad h=r\sin(180°-\delta), \quad r\sin(180°-\delta)=l\sin\beta$$

所以，

$$\sin(180°-\delta)=\frac{l}{r}\sin\beta \tag{5-10}$$

式中：M——曲柄转矩（N·m）；

　　　P——活塞压缩力（N）；

　　　P'——连杆上的力（N）；

P_s——曲柄切线力(N);

δ——活塞曲柄转角(°);

β——活塞压缩物料时相应的连杆摆角(°);

r——曲柄半径(m);

l——连杆长度(m)。

　　上式表明,曲柄半径 r 越大、连杆长度 l 和连杆摆角 β 越小,则活塞开始压缩物料时的曲柄安装角越大。当然,曲柄半径 r 越大,活塞的工作行程也越大。事实上,如果曲柄安装角越大冲击力越大,对机器的损害也越大。此外,P/P' 的变化很小,以至于可以认为 $P \approx P'$。

　　图 5-51 表示了压缩力的实际变化情况,为了方便观察,将曲柄转角 δ 以 α_P 角表示($\alpha_P = 180° - \delta$)。图中 ab 决定了三个力在物料开始压缩时的增量,即由于被压缩物料单位体积重量的增加而使所需压缩力提高,至 b 点由于切刀开始切割物料而使阻力剧增,至 c 点物料被切断,压缩力沿 cd 迅速降低,当转角 $\alpha_P \approx 145°$ 时各力降到相当于物料挤压力的数值,活塞进一步移动使阻力又不断增加,按压缩规律由 d 升高到 e,e 点为开始推动物料层,其压力为最大值,达到 $P_{\max}(pe)$ 前不久被压缩的部分开始走完 s 行程,到达活塞的终了位置。ef 为推移阶段,开始推移后,由于滑动摩擦系数小于静摩擦系数,压力下降,至 f 点后因活塞开始回行而使压力下降至 g 点,该段为压缩物料膨胀阶段,这是由于作用在曲柄上的切线力 P_s 短时间改变方向而引起的。曲柄继续转动时,连杆的作用力改变其作用方向(曲线 gk)以后由于活塞速度逐减而在连杆中产生正向力(曲线 kl),其次由于摩擦而产生负的力(ln)而曲柄切线力 P_s 的变化则正好相反(虚线 $gklm$ 所示),$gkln$ 则是因活塞加速和减速所需的力,故作正负周期变化。

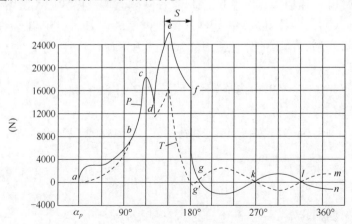

图 5-51　活塞压力 P 和曲柄切线力 T 随转角的变化关系

$S.$ 压缩室内与进料—起移动的部分物料的行程;$P.$ 活塞压力;$T.$ 曲柄切线力

　　一般小方捆打捆机,保障捆密度的控制方法是调节压缩室上压板的 α 角度。可以知道,在压缩过程中产生的最大压缩力是由物料受静摩擦力作用而产生的阻碍活塞推移前进的压缩反力。有研究表明,压缩过程的压缩阻力主要来源于压缩物料的移动、变形阻力及压缩室内已被压缩后的全部物料与压缩室内壁的静摩擦力。在压缩过程中,负载对物料的压缩影响很大。闭式压缩中由于压缩端部为容器底,所以负载即为物料对活塞压缩力的反作用力。在开式压捆机中,由于物料在开口的压缩室内进行压缩打捆,所以必须调节压缩室夹紧力,增加负载,增大物料与侧壁之间的摩擦力来保证活塞对物料产生一定的压缩反力。因此,为了增加被压缩物料的密度,通常压缩室的上壁向下倾斜一个小的角度 α(可调节),以增加出捆阻力,增大压缩物料的最大压缩力。

　　为了解释压缩作用过程,必须确定位于入口不同距离处的三个相互垂直的平面内的局部比压力(p_x, p_y, p_z)。在压缩室入口处纵向压力 p_x 最高,这是由于在整个压缩室长度内的摩擦阻力的累积结果,p_x 的变化是一条凹型的曲线,局部垂直压力 p_y 略低于纵向压力,但是由于压缩室上盖的倾斜,压力 p_x 降低缓慢。最后,侧压力 p_z 的值最小,因为压缩室的侧壁是互相平行的,如图 5-52 所示。

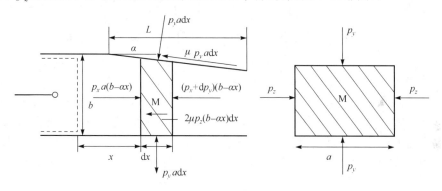

图 5-52　单元体 M 比压图

　　当压缩室由于上壁向下倾斜 α 角而逐渐向出口处收缩时,垂直平面内的比压可以分解为

$$\vec{p}_y = \mu \vec{p}_y \cos\alpha + \vec{p}_y \sin\alpha \tag{5-11}$$

其中 $\mu \vec{p}_y \cos\alpha$ 为摩擦力。

　　当压缩室宽度为 a、高度为 b、长度为 L 时,如图 5-52 所示,入口处被压缩物料的总阻力为

$$p_x \approx aL \frac{1}{2} \left[p_x (\sin\alpha + \mu\cos\alpha) + p'_y (\sin\alpha + \cos\alpha) + \mu p_y \cos\alpha + \mu p'_y \cos\alpha \right]$$
$$+ \mu p_z bL + \mu p'_z bL$$

$$\approx aL \frac{p_y + p'_y}{2} (\sin\alpha + 2\mu\cos\alpha) + \mu bL (p_z + p'_z)$$

$$\approx aL \frac{p_y + p'_y}{2} (\sin\alpha + \tan\tau\cos\alpha) + \mu bL (p_z + p'_z)$$

$$\approx aL \frac{p_y + p'_y}{2} \frac{\sin(\alpha + \tau)}{\cos\tau} + \mu bL (p_z + p'_z)$$

$$(5-12)$$

式中：p'_y、p'_z——压缩室出口处的比压；

τ——摩擦角。

上式表明 p_x 和 α 角的关系，当 α 角很小时可以忽略不计。因此，只有压缩室的摩擦阻力 T 才能决定被压物料的密度，即与之相当的容积密度为

$$T = aL \tan\tau \left[\frac{p_y + p'_y}{2} + b(p_z + p'_z) \right]$$

$$(5-13)$$

由此可见，打捆机压缩室的室壁夹紧力负载增加，被压物料的静摩擦阻力增加，通过提高压缩机构驱动力矩，以提高压缩机构的最大压缩力，才能得到密度更大的压缩产品。

为了更直观的表述压缩力与密度的关系，建立了压缩过程和密度变化曲线，如图 5-53 所示。oa 曲线表示活塞的比压从 $p=0$ 到 $p=p_{\max}$ 的变化，ab 段表示压缩物料移动的路程。当活塞回行时，压缩物料先保持此密度有一段时间然后开始膨胀(cd)。面积 A 表示压缩该物料所做的功，面积 B 表示推动被压缩物料所做的功。

压缩过程可以用类似气体的多变指数方程表示，在这种假定条件下，活塞的比压为

$$p = C\gamma^m$$

$$(5-14)$$

式中：$C = \dfrac{p_0}{\gamma_0^m}$；

p_0——活塞的初始压力；

γ_0——物料的初始密度；

m——系数，C 和 m 可一般由实验决定。

可以知道，物料在压缩行程 s 所做的功可以用下式表示

$$\frac{A}{M} = \frac{F}{M} \int_0^s p(s) \, ds$$

$$(5-15)$$

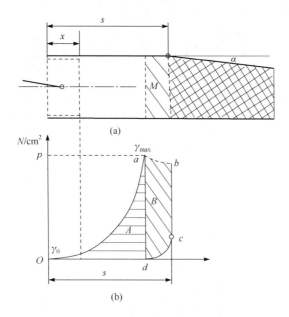

图 5-53　压缩工作过程原理图

式中：M——输送物料的质量；

　　　F——活塞面积；

　　　s——活塞行程。

为了解上述方程，假定物料的初始密度（$p=0$ 时）为 γ_0，而当活塞走过 s 以后的密度为 γ 则

$$\frac{\gamma}{\gamma_0}=\frac{L}{l}, \quad \gamma=\gamma_0\,\frac{L}{l}=\gamma_0\,\frac{L}{L-s} \tag{5-16}$$

将上式代入式（5-14）可得

$$p_k=C\Big(\gamma_0\,\frac{L}{L-s}\Big)^m \tag{5-17}$$

$$\frac{A}{M}=\frac{F}{M}C\gamma_0^m L^m\int_0^s (L-s)^{-m}\mathrm{d}s=-\frac{F}{M}C\gamma_0^m\int_u^l l^{-m}\mathrm{d}t$$

$$=\frac{F}{M}C\gamma_0^m L^m\,\frac{1}{1-m}\Big(\frac{1}{l^{m-1}}-\frac{1}{L^{m-1}}\Big)$$

因为 $F\gamma_0 L=M$，代入上式并加以变换后可得

$$\frac{A}{M}=\frac{C}{m-1}\gamma_0^{m-1}\Big[\Big(\frac{L}{l}\Big)^{m-1}-1\Big]$$

将式(5-16)中的 l_1L,γ 和 γ_0 代入关系式后得

$$\frac{A}{M}=\frac{C}{m-1}(\gamma^{m-1}-\gamma_0^{m-1}) \qquad (5-18)$$

被压缩的物料在压缩室内移动时,活塞的压力必须能克服由于侧压力对内壁产生的摩擦阻力,移动时所耗的比功可以近似的由 $p_{x\max}$ 和 ab 的比值决定

$$\frac{B}{M}=\frac{p_{x\max}}{\gamma_{\max}}$$

将式(5-14)代入上式的右项可得

$$\frac{B}{M}=\frac{p_0}{\gamma_0^m}\gamma_{\max}^{m-1}=C\gamma_{\max}^{m-1} \qquad (5-19)$$

与式(5-18)相加可得表示总比功耗的公式

$$\frac{A+B}{M}=\frac{C}{m-1}(m\gamma_{\max}^{m-1}-\gamma_0^{m-1}) \qquad (5-20)$$

由图5-53也很容易看出,最大压缩力 $P_{\max}$ 出现的位置时刻(也就是曲柄的转角位置),对于压缩密度达到最大极限值的大小影响不大,但对压缩消耗的总比功耗有很大影响,从图中还可以看出,最大压缩力出现得越早,总比功耗越小。也就是说,曲柄从出现最大压缩力转到极点位置这个过程中,活塞推移物料移动的距离越小,消耗比功越小。因此,在设计过程中,应充分考虑压缩力、比功耗和压缩密度等各个方面的关系,这些理论依据也为本玉米秸秆打捆机的设计提供了重要的参考。

在容器或压缩室中,对植物纤维物料施加压力作用,植物茎秆发生相互移动,一些茎秆在各种不同的方向发生变形,另外一些比较脆的则被折断即物料被压缩。压缩过程中物料茎秆互相搓擦,它们之间产生内摩擦,同时茎秆和容器(压缩室)壁也产生摩擦。随着压缩的进行,物料体积减小,密度增大,最终压缩成型形成产品。

植物纤维物料的压缩主要有"闭式压缩"和"开式压缩"两类。所谓"闭式压缩",就是在有"堵头"的三面密闭的容器内对物料进行压缩,物料喂入一次,被压缩一次,得到一个压缩产品。卸料一次,是间歇式作业。产品压成后在压捆容器内不移动,所以只消耗一次压缩功率,每次压缩之间没有关系。这种压缩形式很难实现自动化作业,一般液压式高密度压捆机属于此种类型。所谓"开式压缩",即在没有"堵头"的压捆室内进行物料压缩,物料喂入一次被压缩成一个草片,并将先前形成的草片向后推移一个压缩距离;再喂入,再压缩,继续向后推移成型草片,直至草捆从压缩室尾部被推出,最后以设定的长度打结成捆;然后再继续喂入和压缩,待若干草片的厚度达到草捆要求的长度时,进行打捆。捆好的草捆从压捆室出口处陆续排出,实现连续生产作业,一般机械式压捆机都属于"开式压缩",也是国外方捆打捆机主要采用的理论。其作用过程及原理如图5-54所示。

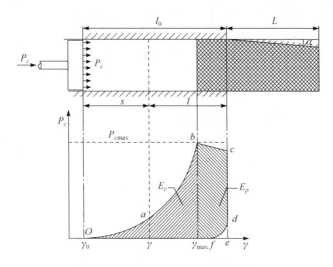

图 5-54　开式压捆工作过程原理

　　压缩活塞在一个矩形断面的导向槽内移动,松散的干草或茎秆从侧面或底部喂入。物料每当与活塞接触一次而前进时则被相对压缩,因而压入和充满压捆室的物料,当它达到一定的密度时,在压捆室内产生的压力克服了静摩擦阻力,即推动被压的物料向出口移动。

　　为了增加被压物料的密度,通常压捆室的上壁向下倾斜一个小的角度 α(可调节)。图中 $P_c = f(s)$ 曲线表示压捆室内干草的压缩过程。ob 曲线表示活塞的比压从 $P_c = 0$ 到 $P_c = P_{cmax}$ 的变化,bc 段表示压缩物料移动的路程,此时克服最大静摩擦力,压缩力与滑动摩擦力平衡,较之最大静摩擦力稍小。根据物料变形假设,当柱塞回行时,压缩物料先保持此密度一段时间(cd)然后开始膨胀(df)。面积 E_c 表示压缩该物料所做的功,面积 E_p 表示推动被压物料所做的功。

　　单位质量物料在压缩行程 s 过程,活塞所做的功可用下式表示:

$$\frac{E_c}{M} = \frac{A}{M} \int_0^s P(s)\,\mathrm{d}s \qquad (5\text{-}21)$$

式中:M——喂入物料质量;

　　A——活塞面积;

　　s——活塞行程。

　　假定物料的初始密度($P_c = 0$ 时)为 γ_0,而当柱塞走过 s 以后的密度为 γ,则

$$\frac{\gamma}{\gamma_0} = \frac{l_0}{l}; \quad \gamma = \gamma_0 \frac{l_0}{l} = \gamma_0 \frac{l_0}{l_0 - s} \qquad (5\text{-}22)$$

将上式代入式(5-21)可得

$$\frac{E_c}{M} = \frac{A}{M} C\gamma_0^m l_0^m \int_0^s (l_0 - s)^{-m}\,\mathrm{d}s$$

$$= \frac{A}{M} C \gamma_0^m l_0^m \frac{1}{1-m} \left(\frac{1}{l^{m-1}} - \frac{1}{l_0^{m-1}} \right)$$

因为 $A\gamma_0 l_0 = M$，代入上式并加以变换后可得

$$\frac{E_c}{M} = \frac{C}{m-1} (\gamma^{m-1} - \gamma_0^{m-1}) \qquad (5-23)$$

而在压捆室内，由于压缩物料进一步被压缩，克服了物料与压捆室的最大摩擦力，草捆向出捆口移动，较之密闭容器压捆室压缩过程压缩力推动草捆做功为 E_p。单位质量物料在移动过程，活塞所做的比功可以近似为

$$\frac{E_p}{M} = \frac{P_{cmax}}{\gamma_{max}}$$

将式(5-22)代入上式右项可得

$$\frac{E_p}{M} = \frac{p_0}{\gamma_0^m} \gamma_{max}^{m-1} = C \gamma_{max}^{m-1} \qquad (5-24)$$

在压捆室进行的开式压缩过程中，压缩活塞对单位质量物料所做的功为

$$\frac{E_c + E_p}{M} = \frac{C}{m-1} (m\gamma_{max}^{m-1} - \gamma_0^{m-1}) \qquad (5-25)$$

由此可见，在密闭容器中进行的闭式压缩时，活塞压缩一次形成一个产品，活塞压缩做功一次即为 E_c，而在压捆室内进行的开式压缩过程中，活塞压缩多次，形成若干草片，进而由设定的草捆长度形成一个产品，整个过程，活塞压缩一次做功由两部分组成，即压缩物料做功 E_p 和推动物料做功 E_p。开式压缩过程对单位质量物料做功较之闭式压缩做功大。

5.6.3　小方捆打捆机

小型方捆打捆机所打草捆质量一般为 18~25kg，草捆截面尺寸为(36~41)cm×(46~56)cm，长度在 31~132cm 间可调节。由于草捆较小，可在牧草水分相对较高时进行打捆作业，牧草的收获质量较高，喂饲方便，造价相对较低，投资较小；适于长途运输，需要拖拉机的动力输出轴功率较小，最小动力输出功率为 25.7kW。草捆可采用人工装卸，不足之处是打捆作业及草捆搬运作业需要较多的劳力。

1. 小方捆打捆机分类

按照打捆机与拖拉机牵引形式的不同，可将其分为正牵引和侧牵引，如图 5-55、图 5-56、图 5-57 所示。

小方捆打捆机由拖拉机动力输出轴提供动力，经减速箱减速后，动力传递给各工作部件。打捆作业时，物料被捡拾器弹起，输送到填料箱，由外侧喂入拨叉拨向内侧喂入拨叉，将物料自填料箱外侧推送到位于内侧的喂入口处，随着喂入口开口

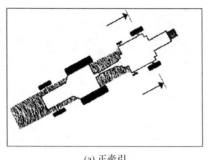
(a) 正牵引

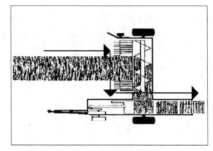
(b) 侧牵引

图 5-55 小方捆打捆机配置型式

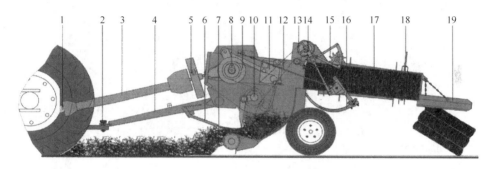

图 5-56 正牵引结构示意图

1. 拖拉机动力输出轴；2. 牵引销；3. 传动轴；4. 牵引杆；5. 飞轮剪切螺栓；6. 导向器；7. 捡拾器；8. 喂入拨叉剪切螺栓；9. 传动箱；10. 喂入拨叉；11. 活塞；12. 打捆针安全机构拉杆；13. 打捆机构总成；14. 打结器剪切螺栓；15. 草捆长度计量轮；16. 打捆针；17. 压捆室；18. 密度控制手柄；19. 放捆板

的打开,物料被喂入拨叉推送到压缩室内。在喂入口侧壁装有固定刀片,与安装在活塞上的动刀形成切割组合,随着活塞的推进将进入压缩室内的秸秆物料切断。物料的压实过程主要在压缩室内进行,压缩机构为曲柄连杆活塞,活塞将进入压缩室内的物料推送至活塞的前极点位置。活塞继续推进,物料与压缩室壁的摩擦力随之增加,活塞的压缩阻力也随之增大,压缩捆片受压密度增大。压缩活塞往复不断地运动,随着下一捆片的推进,前一压缩捆片被不断向前推进,秸秆捆长度不断增加。当达到设定的捆长时,开始分捆,打结系统进行穿针打结,待完成捆扎后,随着压缩室内的物料不断增多和活塞的往复运动,捆扎成型的秸秆捆被推出压缩室,成型捆包经滑板滑落,压缩室内的秸秆继续前一流程被压缩成捆。

2. 捡拾器类型和工作原理

捡拾器是玉米秸秆打捆机中非常重要的一个组件,它是决定打捆机物料流相对均衡的第一道关口,是影响打捆机能否相对平稳工作的关键,主要用来捡拾秸

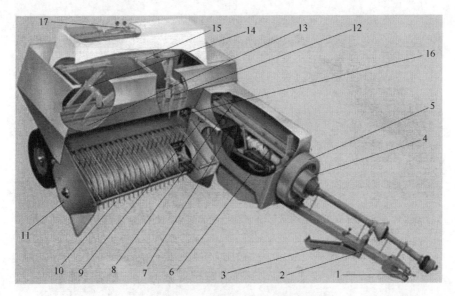

图 5-57　侧牵引结构示意图

1. 可调牵引挂钩；2. 延伸牵引挂钩；3. 可调支撑架；4. 滑动离合器；5. 飞轮；6. 准双曲面齿轮减
速箱；7. 冲击锤头；8. 驱动轴；9. 捡拾器高度调整器；10. 捡拾器弹齿；11. 捡拾器支撑轮；12. 回
转填料拨叉；13. 填料机构；14. 填料拨叉；15. 减震保护器；16. 定刀；17. 轴驱动打结器

秆。因此，对于捡拾器的要求是能将铺放于地里的秸秆捡拾干净，既不能带进太多
的土杂及石块等，又要防止秸秆穗叶的脱落，防止秸秆对弹齿缠绕造成带料。捡拾
器的类型通常有滚筒式和升运器式两大类。滚筒式分滑道型和偏心伸缩指型两
种，而升运器式则又可分滑道升运器式和弹齿输送器，如图 5-58 所示。

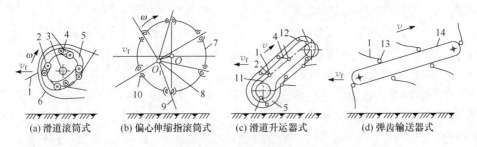

(a) 滑道滚筒式　　(b) 偏心伸缩指滚筒式　　(c) 滑道升运器式　　(d) 弹齿输送器式

图 5-58　捡拾器类型

1. 弹齿；2. 固定弹齿管轴；3. 捡拾器轴；4. 曲柄；5. 导向滑道；6. 固定外壳；7. 圆筒外壳；8. 偏心
轴；9. 指杆；10. 滑座；11. 输送链；12. 滚轮；13. 板条；14. 输送带

滑道式滚筒捡拾器如图 5-58(a)所示，弹齿 1 固定在管轴 2 上，管轴销连在固
定于捡拾器轴 3 的板上，管轴的另一端有曲柄 4，曲柄上的滚轮在导向滑道 5 内运
动，滑道的形状就保证了弹齿的运动轨迹，使弹齿不致将所捡拾茎秆带入固定外壳

6 的缝隙内。偏心伸缩指滚筒式捡拾器如图 5-58(b) 所示,包括转动的圆筒外壳 7 和带指杆 9 的偏心轴 8。指杆可在滑座 10 中移动。外壳旋转时带动指杆绕偏心轴旋转,当指杆处于下位置时,指杆逐渐伸出外壳表面,捡拾草条。指杆处于上位置时,逐渐缩入外壳,以清出被捡拾的茎秆。滑道升运器式捡拾器如图 5-58(c) 所示,两条输送链 11 与装有弹齿 1 的管轴 2 销连,管轴通过曲柄 4 上的滚轮 12 在导向滑道 5 内移动。由滑道保证弹齿的运动轨迹,以实现捡拾草条,而不将秸秆带入外壳缝隙中。弹齿输送器式捡拾器,如图 5-58(d) 所示,主要有板条 13、弹齿 1 和输送带 14 构成。当弹齿处于下位置时将牧草从草条拾起,然后向上升运,运至上部时,干草因旋转而产生离心力,与弹齿脱离而抛出。

上述四种捡拾器中,以滑道滚筒式(a)和偏心伸缩指滚筒式(b)应用最广。但两者的适用范围不同,偏心伸缩指滚筒式捡拾器采用硬指杆,离地不能过低,以免指杆遇石块等障碍物而损坏。滑道滚筒式捡拾器采用弹性钢丝,捡拾时弹齿离地可低于 30～40mm,从而减少物料损失。

滑道滚筒式捡拾器,主要工作原件为捡拾弹齿。当捡拾器运转时,弹齿在定向滚轮机构的控制下按设计的滑道轨迹运行。当弹齿运动到捡拾滚筒下方时,其端部从护板的缝隙间伸出,将地面上的物料捡拾起来。随着弹齿的转动,将物料逐渐提升到捡拾器上方,并将其推向喂入拨叉的正下方。当弹齿运动到捡拾滚筒上方后,将物料推向喂入拨叉的同时,垂直向下方运动,并回缩到护板内侧,与被捡拾的物料脱离。因此,滑道轨迹是保证捡拾弹齿定向运动的重要依据。

弹齿在捡拾过程中有捡拾、升举、卸料、空行等四个阶段。滑道应尽量满足以下条件:

(1) 捡拾段要求弹齿接近于径向,其端部速度开始向上以捡拾秸秆,且要求运动平稳,以免过度打击和搅乱秸秆;

(2) 升举段弹齿相对速度应向上,同时也要求平稳;

(3) 卸料段要求弹齿相对于半径线有较大的后倾,弹齿端部与固定部分的相对速度减少,方向转而向下,使秸秆能很好与弹齿脱离,避免带料而堵塞于护罩的缝隙中;

(4) 空行段弹齿相对速度应较大,以便至捡拾段弹齿能接近于径向。

除了上述要求以外,为了避免引起物料损失,要求弹齿端部绝对速度除空行段以外不得过大,同时应避免有过高的加速度,以免加剧滑道的磨损。

玉米秸秆收获对捡拾器的性能要求为:①对已成熟的、高大粗壮的玉米秸秆的茎秆和干枯易碎的叶子捡拾干净;②秸秆捡拾及输送要均匀、连续,以保证后续作业的连续性、均匀性;③在捡拾过程中,弹齿对物料的打击要轻,以免造成叶子的损失;④捡拾器对地面仿形性要好,能适应高低不平的野外作业;⑤捡拾器输送物料终了时,即弹齿收缩到护板内侧时不应拖带物料。

3. 捡拾器运动学分析

从上述分析可以得出,滑道轨迹对于捡拾器的运动非常重要,因此有必要对捡拾器的滑道和弹齿运动进行分析。图 5-59(a)表示了滑道捡拾器的滑道形状和弹齿相对于滑道的运动。弹齿位置 13～17 为捡拾段,17～22 为升举段,23、24 和 1～6 为卸料段,7～12 为空行段。分析速度和加速度可采用近似图解法,如果等分点较多时,其结果将足够精确。以旋转轴为圆心将圆周角分成 m 等分,图中取 $m=24$。画出相应的弹齿销轴中心位置 $1', 2', 3', \cdots, 24'$。由于曲柄长度已知,故可画出滚轮在滑道内的相应位置,并可画出弹齿各位置。将各位置的弹齿端部 1,2,3,$\cdots$,24 用虚线联出,即为弹齿端部相对于捡拾器壳体的运动轨迹。

为求得各点的相对速度,可将前后两点相连。例如,为求 2 点相对速度,可将 1 点与 3 点相连,1～3 的长度即近似地认为以所需时间 $t=60/nm$ 为比例尺的 2 点的相对速度 v_2'(n 为滚筒转速,m 为等分点数),同样,2～4 长度近似为以 t 为比例尺的 3 点的相对速度 v_3',以此类推。特别注意,弹齿开始缩入护罩 5 点的相对速度 v_5' 是垂直向下的,即水平相对速度为零,因此可避免将秸秆带入护罩缝隙。

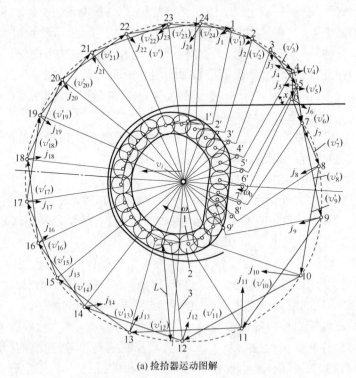

(a) 捡拾器运动图解

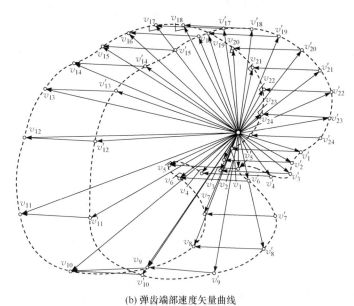

(b) 弹齿端部速度矢量曲线

图 5-59　捡拾器运动分析

1. 双臂杠杆；2. 滚轮；3. 弹齿

$v_1', v_2', \cdots, v_{24}'$ 为弹齿相对速度；$j_1', j_2', \cdots, j_{24}'$ 为弹齿加速度

　　另外，为了清楚地表示弹齿末端在各位置的相对速度 v_i' 和绝对速度 v_i，可画出速度矢端曲线，如图 5-59(b) 所示。先画出弹齿末端各位置的相对速度 v_i' 的矢端曲线(相对速度与弹齿垂直，其方向相对于图 5-59(a)中同样位置的弹齿转 90° 角)，再与水平的机器前进速度相加，得出绝对速度 v_i 的矢端曲线。利用矢端曲线可同时表示出弹齿各位置的齿端速度的大小和方向。

　　由于捡拾器在捡拾段和升举段为圆弧形，弹齿端部作圆运动。图 5-60 中，h 为交线高度，即上一齿杆弹齿端部连线轨迹曲面与下一齿杆上弹齿端部连线轨迹曲面的交线，与弹齿端部最低点所在的平面的距离；d 为弹齿端部最低点所在平面离地高度；H 为铺条最低底面的离地高度。捡拾器相邻齿杆上弹齿运动分析表明：a, b, c 点之间的空间不受弹齿作用，当弹齿端部和地面间隙等于零时，仍有一个作用空间。存在该空间以及它的量值对捡拾物料的质量有很大影响。a, b, c 空间对捡拾质量影响最显著的是 a 到 bc 连线的垂直距离 h，为减小捡拾漏损，应尽量减小 h 值和 a, b, c 之间的面积。

　　因此，为减少漏捡，必须满足

$$h \leqslant H - d \tag{5-26}$$

另外，交线高度 h 与其相对应的滚筒转角 ϕ 和弹齿回转半径 R 的有如下关系式：

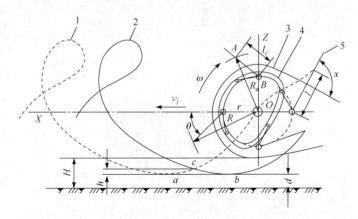

图 5-60　捡拾器弹齿运动轨迹

1. 上一齿杆弹齿端部运动轨迹；2. 下一齿杆弹齿端部运动轨迹；3. 捡拾器护板；4. 滑道；5. 弹齿

$$\varphi = 2\arccos(1 - h/R) \tag{5-27}$$

为了满足一定 h 值，也即必须有一定的 ϕ 值，ϕ 与其他参数的关系应满足

$$\lambda = \frac{u}{v_j} = \frac{\beta - \varphi}{2\sin\dfrac{\varphi}{2}} \tag{5-28}$$

式中：λ——弹齿端部线速度与机器前进速度之比；

　　u——弹齿端部线速度；

　　v_j——机器前进速度；

　　β——各排齿杆夹角，$\beta = 2\pi/z$，其中 z 为齿杆数，一般为 4～6 根。

通过研究和田间试验可知，为了保证弹齿带起的上升物料连续动作，使物料在捡拾器前不堆积，不漏捡，必须使弹齿的端部线速度 u 超过机器前进速 v_j 度，即 λ 值必须大于 1。文献指出，在 $1 < \lambda < 2$ 时，捡拾达到最小的损失。

另一方面，弹齿处于最上位置时（$\omega t = 3/2\pi$），其伸出于固定外壳部分中点 A 的水平分速度应等于零，这时对秸秆既不推也不分离。因此：

$$v_j + \omega R_a \sin\omega t = 0 \tag{5-29}$$

$$v_j = -\omega R_a \sin\omega t = \omega\sqrt{r^2 + l_c^2 + 2rl_c\cos\theta} \tag{5-30}$$

$$\lambda = \frac{u}{v_j} = \frac{\omega R}{v_j} = \sqrt{\frac{r^2 + l^2 + 2rl\cos\theta}{r^2 + l_c^2 + 2rl_c\cos\theta}} \tag{5-31}$$

式中：R_a——A 点相对 O 点的回转半径，$R_a = \sqrt{r^2 + l_c^2 + 2rl_c\cos\theta}$；

　　r——管轴旋转半径；

θ——管轴与旋转中心连线与弹齿的夹角;

R——弹齿相对 O 点的回转半径,$R=\sqrt{r^2+l^2+2rl\cos\theta}$;

l——弹齿长度;

l_c——弹齿伸出固定外壳部分之中心点与管轴间距。

因此,若要减小漏捡区域面积,降低捡拾损失率,捡拾器的参数应同时满足 λ 值的上述两个关系,即式(5-28)和式(5-31)。

4. 捡拾器工作参数

1) 捡拾工作幅宽 L

捡拾器工作幅宽应与田间铺放的物料宽度相匹配,对于牧草捡拾打捆,一般捡拾幅宽为 1400~1600mm 就足够满足作业要求。对于玉米秸秆物料等高秆作物,尽管整秆平均高度一般为 1500~2000mm,玉米秸秆主要是指已收获完果穗的成熟的秸秆,含雌穗和秸秆根部。但秸秆经过割倒后,仍有较长一部分茎秆留在根茬上,雄穗部分也已经断缺,因此,通常玉米秸秆铺条平均宽度在 1600~1800mm(各地区不同玉米品种秸秆的高度各有差别),捡拾幅宽要比牧草铺条要大。捡拾幅宽一般不低 1800mm,以满足玉米秸秆整秆铺条捡拾,且不致发生堵塞。

2) 交线高度 h 和弹齿端部线速度与机器前进速度的速比 λ

捡拾器滚筒的弹齿运动时其端部应保持适当的离地间隙 d,如果间隙过大,将不能保证 $h \leqslant H-d$ 而形成较大的漏捡区域;而间隙过小则易接触土层,损坏捡拾弹齿。一般地作业时捡拾器弹齿离地高度通常取 $d=20 \sim 30 \text{mm}$。交线高度通常取 $h=13 \sim 47 \text{mm}$,理论上是交线高度 h 取的越小漏捡区域越小,由于 H 受秸秆铺条情况和田间地面状况的影响,而我国农村玉米秸秆的留茬较高,且地面高低不平。因此,可参考实际作业情况,初步选定交线高度 h,再根据苏联 ГОСТ8983-70 对弹齿滚筒式捡拾器参数的规定,确定弹齿末端最大轨迹半径。

3) 捡拾器滚筒转速

捡拾器滚筒转速应满足两个条件,即捡拾器转速应能保证生产率的要求和 λ 值的要求。一般牧草打捆机捡拾器弹齿端部线速度通常为 1.74~2.55m/s,为了提高对玉米秸秆的捡拾和升举能力,以确保足够的捡拾量;另外,为了尽量减小漏捡区面积,减低捡拾损失率,可适当提高 λ 值,即可以通过提高捡拾器弹齿端部线速度或降低拖拉机前进速度的方法便可实现。

由物料守恒定律可知,打捆机产出的秸秆量等于捡拾获得的秸秆量。因此,可根据生产率的要求来确定捡拾器的工作参数。假设捡拾滚筒旋转一周可近似认为是圆周形捡拾,其捡拾的物料体积为

$$V=\pi R^2 L-\pi R_b^2 L \tag{5-32}$$

式中:R——弹齿相对 O 点的回转半径;

R_b——滚筒边缘相对于 O 点的滚筒半径；

L——捡拾幅宽。

考虑到铺条铺放的不均匀和捡拾弹齿每次捡拾的秸秆不致堵塞捡拾器,在计算捡拾器旋转一周的公式中引入捡拾器充满系数,捡拾器旋转一周捡拾获得的秸秆重量:

$$m=\gamma_0 kV \qquad (5-33)$$

式中:γ_0——物料的堆积密度,田间玉米秸秆的松散堆积密度一般为 $50\text{kg}/\text{m}^3$;

k——捡拾器充满系数,捡拾器填充系数 k 取值为 $0\sim1$。

按照生产率要求,可以得到捡拾器的转速,经过取整后计算得到的捡拾器弹齿端部线速度。

实际上,机器作业时由于拖拉机实际输出转数一般略小于额定转数,捡拾器的转速也很难达到设计值,即捡拾器的实际工作转数会略小于设计转数。因此,实际工作时捡拾器弹齿端部线速度一般略小于计算数值,若要使捡拾损失率达到最低,即满足 $1<\lambda<2$,可以适当提高实际作业时的速比 λ,也就是适当降低机器前进速度。但需要补充的是,前进速度是在地面的秸秆量充足的前提下的假设,否则,需加快前进速度,以保证有足够的捡拾获得量,但因此也会造成漏捡率增加。所以在实际捡拾作业时,机器操作人员应根据铺条的厚度适当调整的机器前进速度,当铺条厚度足够厚时,在保证生产率前提下,可适当降低前进速度,以防止捡拾过多而堵塞捡拾器;当铺条厚度较小时,在保证有足够的捡拾获得量的前提下,可适当提高机器前进速度。事实上,机器作业效率的高低,与操作手的熟练程度有很大关系。

5. 喂入机构

输送喂入装置的作用是将捡拾器获得的物料输送喂入至压缩室。当捡拾器把物料送入填料箱时,由喂入输送装置把物料送入压缩室,要求物料输送动作的到位、平稳、分布均匀。

在小方捆捡拾打捆机中,输送喂入装置一般有三种形式,如图 5-61 所示。

图 5-61 (a)为顶部喂入式,捡拾器将物料捡拾后由纵向倾斜输进器 2 向上输送,并由横向螺旋输送器 3 送入压缩室的顶部喂入口 4,再由装填器在活塞回行时向下压入压缩室,该喂入形式可实现连续不间断喂料,喂料均匀。由于活塞在压缩物料时,装填器必须升起,不适于在田间进行的捡拾打捆机,目前已经很少采用。图 5-61 (b)为采用双拨叉式输送喂入装置的侧面喂入式,捡拾器将物料捡拾拨向后面,由双拨叉式输送喂入装置 7 将物料从侧面喂入压缩室。该喂入形式为间歇性拨叉式喂入,动作有序,喂入均匀,对于玉米秸秆等秆状物料,可防止因物料散乱无序而缠绕在喂入器上。目前,市场上侧牵引式小方捆打捆机大多采用拨叉式的

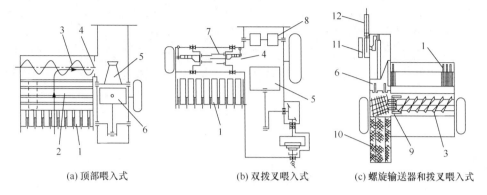

(a) 顶部喂入式　　　　　　　(b) 双拨叉喂入式　　　　(c) 螺旋输送器和拨叉喂入式

图 5-61　输送喂入形式示意图

1. 捡拾器；2. 倾斜输送器；3. 螺旋输送器；4. 喂入口；5. 装填器；6. 活塞；7. 双拨叉式输送喂入器；8. 捆扎装置；9. 填料拨叉；10. 草捆；11. 飞轮；12. 动力输出轴

输送喂入形式。图 5-61(c)为采用螺旋输送器的侧面喂入式,捡拾器将物料捡拾后拨向后面,由横向螺旋输送器 3 作横向输送,再由喂入拨叉 9 在活塞回行时将物料填入压缩室,其输送器对苜蓿等质地柔软物料的输送喂入较为适应。实践中发现,使用螺旋输送器输送玉米秸秆这样的物料,往往会因为秸秆缠绕在螺旋输送器上而发生堵塞,严重妨碍了物料的输送和喂入,并且其清理较为困难。除上述 3 种输送喂入形式外,还有一种固定轴旋转臂喂入拨叉式,两组旋转臂绕着固定转轴旋转,将物料拨到填料箱内部,由连杆拨叉喂入压缩室。尽管这种机构组合相对简单,但在玉米秸秆打捆作业中,旋转臂转轴上很容易缠绕秸秆,并且越缠越紧,越缠越多,严重影响物料输送和喂入,需经常停机清理,并且清理工作相对繁琐。

拨叉式侧面喂入装置工作循环过程如下:喂入拨叉工作时,外侧的拨叉将物料推送至内侧喂入叉下方后,外侧拨叉向上提升并向外侧远点运动,进行下一次拨料。当物料被外侧拨叉推送到内侧喂入叉下方时,内侧喂入叉向下运动,接过外侧拨叉推送过来的物料,向喂入口推送。随着曲柄的转动,内侧拨叉继续将物料推送至压缩室侧面,经由喂入口物料随内侧拨叉一起进入压缩室,物料充分进入压缩室后,内侧喂入拨叉迅速退出并提升至压缩室上方,待喂入拨叉离开压缩室后,离开喂入口并向外侧进行下一次拨料送料。另外,为了解决玉米秸秆等杆状物料的顺茬喂入,设计的双拨叉式喂入装置增加了拨齿密度,由普通的 2 个拨齿增加到 3 个拨齿,以增加对玉米茎叶的作用力,可有效解决顺茬喂入的问题。

为了使两个喂入叉在运动过程中不发生干涉、碰撞,设计的玉米秸秆打捆机双拨叉喂入机构采用错齿排列,即两个喂入叉采用有一定的相位差实现拨料和送料动作,当内侧拨叉竖直向上提升时,外侧拨叉曲柄则水平推送。也就是说,内侧拨叉竖直向上时,让出拨叉下方空间,外侧拨叉水平向内侧推进,将填料箱外侧的物料送到内侧;而当内侧喂入拨叉竖直向下时已经有足够的物料堆积在喂入拨叉下方等待推送,防止了相互干扰和因物料过多而造成的堵塞。

内侧喂入拨叉推送物料时应该能将物料充分推送到压缩室内,而不是让物料停留在喂入口附近,避免造成推送不到位、喂入量小、进入压缩室的物料分布不均、压出的秸秆捆密度不均匀的问题。因此,喂入拨叉进入压缩室内的距离应尽量长些,在压缩室内的运动时间就会较长,这样才能使物料充分被送入到压缩室内进行压缩。但是在内侧喂入叉设计时需要注意的是,在喂入拨叉进入压缩室内时,应避免与压缩活塞发生运动干涉和碰撞。因此,内侧喂入拨叉的设计是输送喂入机构的关键。

为了防止进入压缩室的拨叉与活塞发生运动干涉,喂入机构的运动与压缩机构的运动保持严格的运动关系。为了使设计计算简化,同时避免二者运动时发生干涉,设计初步选定喂入机构与压缩机构按 1∶1 传动比关系运动,这样只要找出喂入拨叉处于压缩室内的相位(时间),使之小于等于压缩活塞从让出喂入口到返回喂入口的相位(时间)即可。

对内侧喂入叉的设计要求应满足以下几点:在填料箱内的运动应要求喂入叉端部尽量贴近填料箱底部平稳移动,保证能将底部物料水平推动,推送时应避免出现喂入叉向上挑起,造成物料向上运动而被挑出喂入箱;喂入叉进入压缩室时动作应平缓,行程应该足够长,保证能将物料输送到位;喂入叉离开压缩室时应立即向上提升,避免将压缩室内的物料缠带出;喂入叉向外运动进行拨料时,应尽量能运动到远点,保证拨到远处更多的物料,且动作应迅速,以便将物料迅速输送到喂入叉正下方进行平稳输送。根据上述要求,设计了玉米秸秆打捆机喂入机构,如图 5-62(a)所示。

由机构简图 5-62(b)可知喂入机构的闭环矢量方程:

$$\begin{cases} \sum X = 0 \\ \sum Y = 0 \end{cases} \tag{5-34}$$

将其转化为标量方程形式(喂入机构的位置标量方程):

$$\begin{cases} f_1 = l_1\cos\phi_1 + l_2\cos\phi_2 - l_3\cos\phi_3 - l_4 = 0 \\ f_2 = l_1\sin\phi_1 + l_2\sin\phi_2 - l_3\sin\phi_3 - l_5 = 0 \end{cases} \tag{5-35}$$

式中:l_1, l_2, l_3, l_4, l_5——各构件长度,mm;

　　　ϕ_1——喂入机构曲柄转角(°),角度逆时针方向为正;

　　　ϕ_2, ϕ_3——输出各构件转角的广义坐标(°)。

其他符号如喂入机构工作简图 5-62(b)所示。

当输入一个曲柄旋转角度 ϕ_1 时,上述两个方程组构成了机构位置的二元一次方程组,为了求解上述方程,将方程组平方消元(消元过程略),可以得到关于 ϕ_2 或 ϕ_3 的方程,即 $A\sin\phi + B\cos\phi = C$,式中,$A, B, C$ 是关于 ϕ_1 的函数,当给定一个曲柄

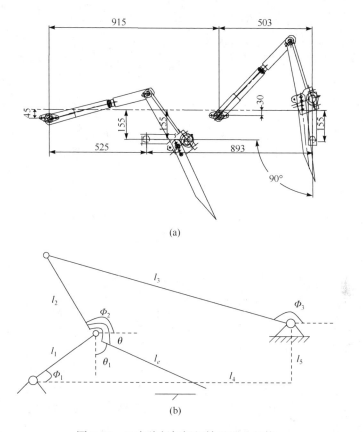

图 5-62　玉米秸秆打捆机输送喂入机构

转角 ϕ_1 时，A,B,C 均可求出。因此，根据三角函数基本公式可得

$$A\sin\phi+B\cos\phi=\sqrt{A^2+B^2}\sin(X+\phi) \tag{5-36}$$

式中：$X=\arctan\dfrac{A}{B}$。

由此可以求出喂入机构从动件的位置转角 ϕ_2 或 ϕ_3 的任意值。

为了避免喂入叉与压缩机构的运动干涉，首先需求出喂入叉在压缩室内运动时曲柄的转角范围。可以知道，喂入叉在压缩室内运动时应满足

$$\begin{cases} l_1\cos\phi_1+l_e\sin\theta_1\geqslant L \\ l_1\sin\phi_1-l_e\cos\theta_1\leqslant H \end{cases} \tag{5-37}$$

因此，喂入叉开始进入压缩室内时和离开压缩室时喂入机构的运动轨迹方程应该满足

$$\begin{cases} f_1 = l_1\cos\phi_1 + l_2\cos\phi_2 - l_3\cos\phi_3 - l_4 = 0 \\ f_2 = l_1\sin\phi_1 + l_2\sin\phi_2 - l_3\sin\phi_3 - l_5 = 0 \\ l_1\cos\phi_1 + l_e\sin\theta_1 \geqslant L \\ l_1\sin\phi_1 - l_e\cos\theta_1 \leqslant H \\ \phi_2 = \theta + \theta_1 - \pi/2 \end{cases} \tag{5-38}$$

式中：L——曲柄回转中心（即坐标原点）距压缩室最近边缘的水平距离（mm）；

　　H——曲柄回转中心（即坐标原点）距压缩室最近边缘的竖直距离（mm）。

6. 压缩机构

许多学者的研究表明,在一定的活塞压力下,物料的密度在一段时间内会继续增加,在实践中也会观察到这种现象,如果一个秸秆捆长时间保持不动,秸秆的密度将逐渐增加。也就是说利用低的压缩速度可以得到较高的密度,这个现象可以解释为:包含在物料茎秆中间的空气需要有一段时间才能穿过纠缠的茎秆和压缩的茎秆与内壁的间隙。这种解释只有在容器中单程压缩时才正确,换句话说,对于闭式压缩中,较小的压缩速度可以得到较高的密度。而在开式压缩打捆机中,物料受到重复的挤压,随着活塞行程的增加,可以使物料密度加大。

由公式 $Q = 60Gn/1000$ 可知,在保证喂入量的情况下,活塞压缩频率加快,可以提高生产率。但是实践表明,压缩频率的提高随之而来的问题是要求有较大的动力,而且冲击、振动加剧。另外,压实的捆片由于形成时间较短,内应力得不到有效地减缓和松弛,导致捆包的内应力增大,在成捆出仓后或运输过程中由于震动而容易出现散包现象,所以压缩频率不宜过快;另一方面压缩频率也不能过低,否则生产率太低,生产成本增加。理论和实践都证明:压缩后捆片单元体应力若松弛得快(物料压缩松弛时间 t 小),即应力很快松弛到很小值,此时再压缩第二次,其压缩效果就好(比较软)。如果应力松弛很慢(t 很大),紧接着压缩第二次,压缩效果很差(比较硬)。据此,要获得较好的压缩效果应选择在其应力松弛到一定程度后再压缩下一次,也可以说压缩一次的时间(频率)一般应该大于压缩产品的松弛时间 t,而压缩产品松弛时间 t 与其物料特性及压缩工艺条件等有关。所以压缩频率是由压缩室内部因素决定的,不能随意选取。但为了能够保证每次喂入的秸秆都能被压缩一次,玉米秸秆打捆机喂入机构与压缩机构的频率一般采取 1∶1 的设计,即压缩机构对每喂入一次物料进行一次压缩,这样可以保证每次进入的物料都能得到有效压缩,避免压缩室内的物料尚未进行压缩而堆积过多,妨碍下一次喂料,也容易导致捆片不均匀。

事实上,压缩过程中的秸秆喂入量均是由捡拾器获得,是捡拾器在一边旋转的同时一边由喂入拨叉进行输送喂入,由于每次捡拾得到的物料并不是完全都能一次性喂入压缩室,在一次动作过程中,捡拾量和喂入量之间总存在一定的差量。这是因为玉米秸秆较长,每次捡拾得到的秸秆在喂入时需经切断后才能进入压缩室,即总有一部分秸秆留在压缩室外面需要等待下一次拨送喂入。由大量试验可知,每次喂入量约是捡拾获得量的 3/5～4/5,为了保证有足够的喂入量,本设计取喂入量是捡拾获得的量的 4/5。通过上一节可知,活塞往复一次的喂入量 $G=4m/5\approx0.36$ kg,因此,由 $Q=60Gn/1000$ 计算得出的理论压缩频率为

$$n=\frac{1000Q}{60G}=\frac{1000\times2}{60\times0.36}\approx92.6 \text{ 次/min}$$

目前使用的打捆机大多采用的压缩频率一般为 88、93 和 100 次/min,通过大量对玉米秸秆的打捆的试验中发现,在压缩频率为 93 次/min 时,其压缩效果相对较好,对机器的冲击、振动也较小。

1) 喂入口宽度 H 和活塞行程 s

由公式 $Q=60Gn/1000$ 推导出,为提高工作效率,还可以加大喂入量。理论和实践证明,存在一个临界喂入量,在喂入量小于临界喂入量时,随着喂入量的增加,压缩力、功和功率上升,而当喂入量超过临界喂入量时,随着喂入量增加,其压力、功和功率反而下降,而不同的物料临界喂入量不同,目前使用的绝大部分打捆机的临界喂入量都远远小于实际作业时的喂入量,因而在压缩工程设计中,可以加大喂入量(大于临界喂入量),生产率提高,而且压缩力、功和功耗还下降。

理论上来说,每次喂入的物料量应充满整个压缩室生产率最高,而这在大方捆打捆机中如纽荷兰 BB960 和海斯顿 4910 中,在压缩室前有一个预压室,随着物料的不断喂入,预压室物料密度达到预定值时,机械式压力传感器发出指令,驱动喂入拨叉,开始将预压成型的物料喂入压缩室内。该预压室的目的除了对物料进行预压缩外,还为了每次进入压缩室的物料达到足够的喂入量,并使其充满整个压缩室,以提高压缩效果和生产效率。但在小方捆中,为了使结构紧凑、节省空间,一般没有预压室,喂入拨叉直接将物料喂入压缩室。因此,喂入口一般开口较大,这样可以提高喂入面积。式(5-39)给出了计算喂入口宽度和活塞行程的方法,喂入口宽度计算方程为

$$H=\frac{G}{ab\gamma_0} \tag{5-39}$$

由于是直接从填料箱喂入物料,考虑到每次喂入的物料量不能充满整个压缩室,故在计算喂入口宽度时引入了一个充满系数 k,即得到改进的喂入口宽度计算公式

$$H=\frac{G}{ab\gamma_0 k} \tag{5-40}$$

式中:H——喂入口宽度(m);

G——活塞往复一次压缩物料重量(kg);

a,b——压缩室宽和高(m);

γ_0——玉米秸秆初始容重(kg/m³);

k——压缩室充满系数。

式(5-40)中引入了一个充满系数 k,该系数实际上是喂入物料的体积和压缩室体积之比,即喂入量占压缩室的体积分数。根据牧草打捆机与玉米秸秆的试验情况,在正常喂入量的情况下,压缩室充满系数一般在 0.05～0.15。为了便于喂入,通常需要较大的喂入口面积,因此喂入口宽度通常较宽。在喂入量一定的情况下,压缩室充满系数 k 随喂入口宽度增大而减小。

由实践可知,在压缩过程中,所有进入压缩室的物料都是在活塞回行时,通过喂入口进入的。喂入口宽度越小进入的物料越少,另外,即便喂入口宽度足够,活塞回行距离太短,活塞就堵住了喂入口,减小了有效喂入面积,降低了喂入量。因此,活塞在回程时,活塞必须缩回到喂入口边缘以内,而在活塞推进时,为了实现切割,必须超过喂入口安装定刀一侧边缘的距离,换而言之,活塞的行程 s 必须大于喂入口宽度,这样才能保证物料的有效喂入和切断。一般的,活塞的行程在设计时应比喂入口最宽处大 25%～35%,在打捆机中,物料受到重复的挤压,随着活塞行程的增加,可以增加秸秆的密度。

2) 连杆长度的确定

活塞单位面积的压力 p 是随着物料被压缩后单位面积的重量 γ 而变化,其变化规律随着物料的种类和状态而异。为了将密度 γ 转化成为曲柄连杆机构的参数,如图 5-62 所示的活塞压缩过程图。

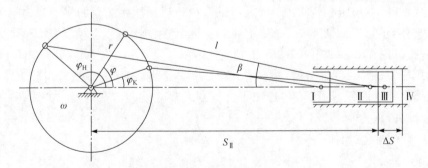

图 5-63　活塞压缩过程曲柄连杆位置图

Ⅰ.开始压缩时的活塞位置;Ⅱ.压缩力最大时的活塞位置;Ⅲ.活塞推移过程中的位置;

Ⅳ.活塞推移的极限位置

根据图 5-63 可知,在物料压缩过程,当物料密度达到最大值 γ_{max} 时,压缩力 P_{max} 也达到最大值,若若活塞压缩物料时达到最大压缩力时曲柄的转角为 ϕ,由图 5-63和式(5-10)可得

$$\sin\varphi = \frac{l}{r}\sin\beta \tag{5-41}$$

假设，被压缩的物料在压缩室均匀分布，得到的秸秆捆片厚度均匀，且活塞在推移过程中，被压缩捆片的密度不变，即直到活塞达到推移的极限值，被压缩捆片的密度始终是 γ_{max} 时，则可以认为该捆片的厚度 $\Delta S'$ 等于推移阶段活塞走过的距离。换句话说，曲柄转过 ϕ，直到行程终点，活塞走过的距离 ΔS 也就是一个捆片的厚度。因此由图 5-63 可以得到

$$S_{\text{II}} = r\cos\varphi + \sqrt{l^2 - r^2\sin^2\varphi} \tag{5-42}$$

$$\Delta S' = \frac{G}{ab\gamma_{max}} \tag{5-43}$$

$\Delta S = r(1-\cos\varphi) + l(1-\cos\beta)$，或者，$\Delta S = r + l - S_{\text{II}} = s - (r\cos\varphi + \sqrt{l^2 - r^2\sin^2\varphi})$
即

$$\frac{G}{ab\gamma_{max}} = r + l - (r\cos\varphi + \sqrt{l^2 - r^2\sin^2\varphi})$$

所以：

$$\gamma_{max} = \frac{G}{ab[s - (r\cos\varphi + \sqrt{l^2 - r^2\sin^2\varphi})]} \tag{5-44}$$

式中：r——曲柄半径(m)；

　　　l——连杆长度(m)；

　　　s——活塞行程(m)；

　　　a, b——压缩室宽和高(m)；

　　　γ_{max}——压缩过程中最大密度(kg/m³)；

　　　G——活塞往复一次压缩的物料重量(kg)；

　　　ϕ——达到最大密度时曲柄的转角(°)；

　　　β——达到最大密度时连杆摆角(°)。

上式表明，曲柄半径 r 和喂入量 G 一定时，连杆 l 和达到最大压缩密度时的曲柄转角 ϕ 越大，压缩物料所能达到的最大密度 γ_{max} 也越大。由于达到最大压缩密度时的曲柄转角和最大压缩力未知，就连该状态下最大压缩密度都未知，所以，要求出连杆的长度需要先确定最大压缩密度 γ_{max}。

但是，对于式(5-44)的前提条件是喂入的秸秆分布均匀，得到的捆片厚度均匀，并且捆片达到最大压缩力后在推移过程中密度不变。一般只是用于草类物料。但事实上，照目前的打捆机使用情况看，无论是垂直喂入还是水平喂入，使用人工喂入还是使用填料器喂入均出现喂入的不均匀现象，因此，秸秆的分布厚度均匀是很难实现的。此外，玉米秸秆茎秆粗大，秆径有的可达 45mm，一般机械式压缩可将单株茎秆压缩成 15～20mm 厚的片状，由于秸秆直径本身存在的差异和压缩时

难免会出现多根秸秆重叠在一起的情况,造成捆片厚度不均匀,这种不均匀现象在压缩玉米秸秆时更难以避免的,从而也就导致了当捆片压缩室内被推移时,捆片与活塞的接触面(即受力面)在捆片的最厚处,受力面厚度比捆片均匀受力时的厚度大,造成捆片实际被推移的距离大于平均捆片厚度。为了修正因捆片厚度不均匀造成的误差,引入了厚度不均匀系数 ψ_1,通过分析该系数是相对于平均捆片厚度而言的,不均匀部分通常是由于部分秸秆直径过于粗大或因分布散乱而过度重叠,造成捆片局部厚度比均匀厚度大。一般地,不均匀系数 $\psi_1 > 1$,但由于受到活塞的挤压作用力很大,秸秆分布总体趋于均匀,根据打捆试验得到的捆片厚度分析,不均匀系数 ψ_1 在 $1.0 \sim 1.2$ 取值。同样,物料达到最大压缩密度 γ_{max} 后在被推移的过程中,随着静摩擦力变为滑动摩擦力,压缩阻力骤减,此时秸秆捆包内部应力松弛,产生膨胀,在压缩过程中变形恢复,很难避免,所以推移过程中捆包密度小于最大压缩密度。再引入最大压缩密度 γ_{max} 的修正系数 ψ_2。有文献表明,压缩时的捆密度波动不大,一般为 $5\% \sim 8\%$。因此可得修正后的捆片厚度为

$$\Delta S'' = \psi_1 \frac{G}{ab\gamma_{max}\psi_2} \tag{5-45}$$

式中:$\Delta S''$——修正后的捆片厚度;

　　　ψ_1——厚度不均匀系数;

　　　ψ_2——最大压缩密度修正系数。

对于上式同样有如下关系

$$\psi_1 \frac{G}{ab\gamma_{max}\psi_2} = r(1 - \cos\alpha) + l(1 - \cos\beta) = s - (r\cos\varphi + \sqrt{l^2 - r^2\sin^2\varphi})$$

所以

$$\gamma_{max} = \frac{\psi_1 G}{\psi_2 ab[s - (r\cos\varphi + \sqrt{l^2 - r^2\sin^2\varphi})]} \tag{5-46}$$

7. 打结器选型

将压缩秸秆保持压缩得到的密实度并且获得高质量的秸秆捆包,是打捆机捆扎机构必须完成的任务。当捆长达到设定长度时,捆扎机构开始动作,进行穿针打结。其中打结器是捆扎机构的关键部件,其性能直接影响捆包的成捆率。但是,目前生产打捆机的厂家所用的打结器基本都是从国外进口。

打结器一般由"迪尔铃 Deering"系统(简称 D 型)打结器和"考米克 Cormic"系统(简称 C 型)打结器两种。将两种打结器进行比较,有各自的特点。D 型打结器如图 5-64(a),结构较为简单,但绳结不很稳定,捆绳所受拉力较大,但捆包紧密度较大;C 型打结器如图 5-64(b),结构较为复杂,对制造要求也较高,但绳结较紧,捆绳所受拉力较小,但捆包密度有所下降。通过对玉米秸秆的大量打捆作业试验发现,D 型打结器夹绳嘴在夹绳的同时易夹住秸秆杂碎一起运动,由于脱绳杆与夹绳

嘴之间的间距比较小,导致脱绳杆在抹绳脱扣时,受到秸秆卡塞阻碍,而无法顺利完成抹绳脱扣,故障率较高,而且脱绳杆与夹绳嘴之间的间距调整通常要求很高且很繁琐,打出的捆包其捆绳常常出现磨损,撕裂等现象;而 C 型打结器受秸秆杂碎干扰相对较小,不易产生卡塞现象,脱扣较为顺利,捆包的捆绳光洁,无磨损。

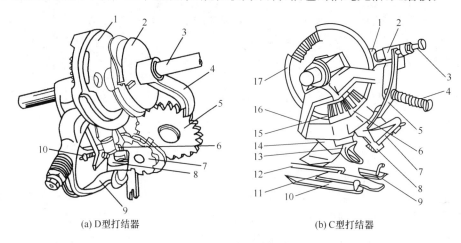

(a) D 型打结器   (b) C 型打结器

图 5-64　两种打结器

(a) 1. 复合齿盘;2. 夹盘器驱动器;3. 打结轴;4. 打结器架体;5. 打结器传动齿轮;6. 割绳刀;
7. 夹绳器;8. 打结嘴;9. 脱绳杆;10. 滚轮导板调整螺母

(b) 1. 控制滚轮;2. 板簧控制杠杆;3. 调整螺钉;4. 附加弹簧;5. 夹绳器板簧;6. 夹绳器传动齿轮;
7. 夹绳器;8. 割绳挡板;9. 割绳定位器;10. 拨绳板;11. 导绳扳;12. 导绳板簧;13. 打结器;14. 上
下爪压板;15. 打结嘴传动齿轮;16. 打结器架体;17. 扇形齿凸轮

在玉米秸秆打捆过程中出现上述问题的主要原因是:D 型打结器的脱绳过程是由脱绳杆通过机械动作将绕在打结嘴上的绳结刮下,这就对脱绳杆和打结嘴间的间隙要求很高,间距大了脱绳杆不易刮到绳,无法脱绳,间距小了,容易将绳结刮伤,造成捆绳断裂。而当打结嘴上同时夹有玉米秸秆碎杂等硬物时,脱绳杆和打结嘴之间由于受到秸秆硬物的阻碍,导致不能顺利脱绳。而在牧草打捆时,由于牧草质地较软,对脱绳杆和打结嘴的干扰不大,因此成捆率较高。C 型打结器的脱绳过程并不需要脱绳杆的机械脱绳,而由已经打结成捆的捆包在活塞的推动下向后移动的过程中,顺势将绕在打结嘴上的绳结拉下。这样避免了过多的机械脱绳动作,也对打结器的稳定工作起到了关键作用。因此 C 型打结器在打玉米秸秆过程中成捆率较 D 型打结器高,工作性能也较 D 型稳定。

小方捆打捆机田间作业及玉米秸秆打捆效果如图 5-65 所示。

5.6.4　大方捆打捆机

国内外常见大方捆打捆机根据喂料方式不同,分为上喂料与下喂料两种填料

图 5-65　小方捆打捆机田间作业

方式,它们主要由捡拾喂入装置、预压缩装置、压缩装置、密度和长度控制装置、打结装置等部分组成。在田间作业过程中,物料经捡拾器、螺旋输送器捡拾喂入到预压缩室入口前方(下喂入式)或弧形输料腔下方(上喂入式)。由于喂入口设置的位置不同,此后物料的输送喂入和流动过程亦不同。对于下喂入式大方捆机,由喂入装置将物料连续喂入到预压缩室,待物料充满预压缩室后,再由拨料机构将物料从压缩室底部的喂入口填入到压缩室内,如图 5-66 所示。对于上喂入式的大方捆打捆机,则由喂入装置将物料沿着弧形喂入腔提升到压捆室上方,再由双叉式拨料机构将物料从压缩室顶部喂入口填入到压缩室内。在活塞的作用下,物料在压缩室内进一步被压缩,被压实的物料由打结机构捆扎成捆后,经放捆板落到地面,如图 5-67所示。具有代表性的企业有 New Holland、Hesston、Class、KRONE 和 CICORIA 等。

图 5-66　下喂料式的大方捆打捆机喂入流程示意图

　　大方捆打捆机主要由牵引装置、捡拾系统、喂料预压系统、压缩系统、打结系统和液压密度控制系统组成,4YF-1300 型大方捆打捆机结构如图 5-68 所示。

　　打捆机作业时,物料被捡拾器捡起,由捡拾器两侧的喂入搅龙强制引导物料进入填料口,进入填料口的物料被一组相位相差 120°的三个填料叉连续不断的喂入预压缩室。随着物料的不断喂入,当预压缩室中的物料密度达到预定值时,机械式

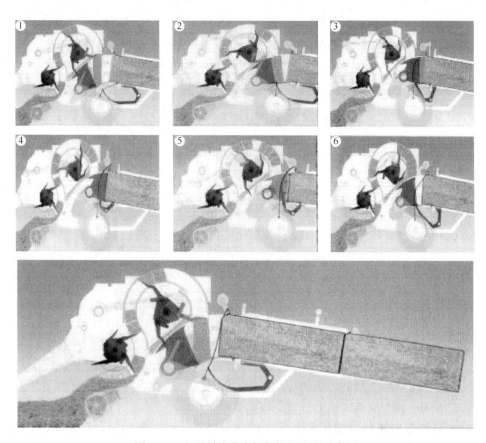

图 5-67　上喂料式大方捆打捆机流程示意图

压力传感器发出指令,驱动位于填料叉后方、预压缩室上方的拨料叉,拨料叉通过与压缩活塞的正时传动,开始将预压成型的物料喂入压缩室内,完成了大方捆预压成型过程。物料的压实过程主要在压缩室内进行,压缩机构为曲柄连杆活塞。活塞将进入压缩室内的预压成型的捆片推送至活塞的前极点位置,随着活塞的推进,物料与压缩室壁的摩擦力随之增加,活塞的压缩力也随之增大,压缩捆片受压密度增大;压缩活塞往复不断地运动,随着下一捆片的推进,前一压缩捆片被不断向前推进,秸秆捆长度不断增加,当达到设定的捆长时,双结打结系统开始启动,进行穿针打结,完成第一捆的打结和开始第二捆打结,前捆被推出压缩室,形成了一个成品捆。

　　针对大方捆成捆的工艺流程,如何实现玉米秸秆等高秆作物高效喂入、大捆型密实规则成型;如何针对玉米秸秆抗冲击特性,提高工作部件寿命和整机可靠性,并提高设备适应性;如何实现大方捆自动打结,保障打结可靠性和稳定性;如何实现高密度自动调节与控制以及如何保障设备安全运行与监控等是开发机械式压缩

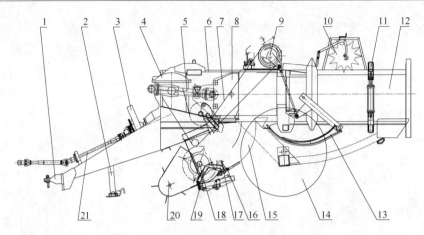

图 5-68　下喂入式大方捆打捆机结构示意图

1. 牵引架；2. 支架；3. 飞轮；4. 变速箱；5. 连杆；6. 机架；7. 传动链；8. 活塞；9. 打结机构；10. 草捆
长度控制机构；11. 压紧调节装置；12. 压缩室；13. 打结针；14. 行走轮；15. 预压缩室；16. 压力传感器；
17. 拨料机构；18. 填料机构；19. 捡拾器升降控制装置；20. 捡拾器；21. 主传动轴

大方捆打捆机的关键技术问题。对打捆机关键技术问题进行研究，主要有以下几个方面：

（1）高效捡拾喂入系统的研究。研究针对玉米秸秆秆径粗壮、抗冲击性等特点的捡拾效率高，捡拾能力强的捡拾机构与部件；研究与捡拾机构配套的强制喂入系统，以满足大方捆打捆机生产效率高的要求。

（2）高密度规整成型压缩系统的研究。研究秸秆松散物料预压规整成型技术，以保证秸秆捆密度高，捆型规整，符合秸秆直燃发电厂规则捆型上料系统的要求；针对玉米秸秆抗冲击性强等特点，研究可靠性高、适应性强的曲柄连杆机械式压缩机构；研究机械预压缩——压缩两级高密度压缩成型系统，保障生产率高，性能稳定，且打捆密度高。

（3）安全运行与自动控制系统研究。研究秸秆捆规格与捆密度自动调节控制系统；研究安全保障与故障检测、监视与报警系统。

表 5-2　4YF-1300 型大方捆打捆机主要技术指标

名称	单位	指标值
整机尺寸（长×宽×高）	mm	7200×2600×3100
配套动力	kW/hp	118/160
连接方式	牵引	
动力输出轴转速	r/min	1000
动力输出轴类型	齿	21
捡拾工作宽度	mm	2100
压缩频率	次/分	25.4

1. 齿轮传动系统

打捆机由拖拉机提供驱动动力，实现移动式自动捡拾打捆。参考国外大方捆机机型的动力配套，以及与我国国产拖拉机动力匹配，该大方捆打捆机动力选择为 160 马力拖拉机，实际动力输出为 106kW。根据输出的动力设计初步确定传动系统的总体方案：减速箱采用三级减速，第一级变速采用锥齿轮，第二、三级采用直齿轮，三级变速示意如图 5-69 所示。

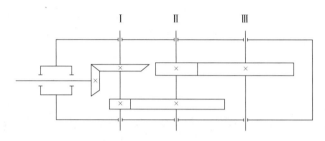

图 5-69　变速箱结构示意图

经过实际齿轮设计后得到减速装置的参数如表 5-3 所示。

表 5-3　减速装置的参数

	齿形	齿数	模数	实际传动比
第一级减速	小直齿锥齿轮	13	9	2.62
	大直齿锥齿轮	34		
第二级减速	小直齿圆柱齿轮	17	8	3.94
	大直齿圆柱齿轮	67		
第三级减速	小直齿圆柱齿轮	17	11	3.82
	大直齿圆柱齿轮	65		

（1）各轴转速的计算

$$n_0 = 1000 \text{r/min}$$

$$n_1 = n_0 / i_1 \approx 382.35 \text{r/min}$$

$$n_2 = n_1 / i_2 \approx 97.01 \text{r/min}$$

$$n_3 = n_2 / i_3 \approx 25.37 \text{r/min}$$

（2）各轴输入功率的计算

$$p_1 = p_0, \quad p_2 = p\eta_1, \quad p_3 = p\eta_1\eta_2$$

表 5-4　三个动力传动轴的动力参数

	功率/kW	转矩/Nm	转速/(r/min)
拖拉机输出轴	106	1012.30	1000
轴Ⅰ	102.82	2568.13	382.35
轴Ⅱ	99.74	9817.80	97.01
轴Ⅲ	96.74	36415.73	25.37

（3）各轴输入转矩

$$T = 9550 \frac{P}{n}$$

由动力参数的计算得出三个轴的转速、转矩和功率，如表 5-4 所示。

2. 物料捡拾装置

采用滑道滚筒式捡拾器如图 5-70 所示，捡拾弹齿作为主要的工作原件均匀排布于捡拾器齿杆上。当捡拾器运转时，弹齿在定向滚轮机构的控制下按设计的滑道轨迹运行。当弹齿运动到捡拾滚筒下方时，其端部从护板的缝隙间伸出，将地面上的物料捡拾起来。随着弹齿的转动，将物料逐渐提升到捡拾器上方，并将其推向喂入拨叉的正下方。当弹齿运动到捡拾滚筒上方后，将物料推向喂入拨叉的同时，垂直向下方运动，并回缩到护板内侧，与被捡拾的物料脱离。因此，滑道轨迹是保证捡拾弹齿定向运动的重要依据。

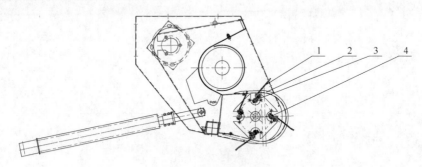

图 5-70　捡拾器结构原理
1. 弹齿；2. 护圈；3. 弹齿座；4. 弹齿

采用浮动导料杆，保障捡拾均匀、防止堵料；为有效提高捡拾喂入效率，在捡拾器两端配置喂入搅龙强制物料向填料口移动；采用仿形轮保证捡拾器安全，使捡拾器始终与地面保持合适的高度，并采用液压控制系统根据物料和田间作业条件调节捡拾高度；采用加强型紧密排列捡拾弹齿，保证捡拾器对物料的适应性强，并且捡拾干净，如图 5-71 所示。

(a) 捡拾器及挡草杆

(b) 喂入搅龙

(c) 仿形轮

图 5-71 捡拾系统

由于打捆机要适应玉米秸秆的打捆作业,所以对捡拾器的性能要求为:①对粗壮的玉米秸秆的茎秆和干枯易碎的叶穗捡拾干净;②秸秆捡拾及输送要均匀、连续,以保证后续作业的连续性、均匀性;③在捡拾过程中,捡拾器防止堵塞和压料;④捡拾器对地面仿形性要好,能适应高低不平的野外作业;⑤捡拾器输送物料终了,即弹齿收缩到护板内侧时不应拖带物料。

1) 捡拾器工作幅宽的确定

捡拾器工作幅宽应与田间铺放的物料宽度相匹配,对于大型方捆打捆机捡拾打捆需要适用于多种物料,对于玉米秸秆物料等高秆作物,整秆平均高度一般为 1800~2500mm。经过收获割倒铺排后,通常玉米秸秆铺条平均宽度在 1800~2500mm(各地区不同玉米品种秸秆的高度各有差别)。因此,其捡拾幅宽要求较之其他物料要更大些。玉米秸秆铺条宽度可适当超过打捆机捡拾幅宽的 10%～20%,并结合国外同类设备玉米秸秆打捆作业情况,经综合考虑,确定了捡拾器的捡拾幅宽为 2100mm。这样就大大降低了物料在捡拾器两侧的漏捡率,提高了捡拾器的适用范围。

2) 捡拾器滚筒转速的确定

捡拾器工作时为了保证能够将物料捡拾干净,离地需要有一定高度。吸收借鉴国外大方捆机型,选择弹齿长度 180mm,滚筒半径 150mm,滚筒转速通过整机生产率确定。

捡拾弹齿旋转一周近似认为是圆柱形喂入,其喂入体积为

$$V = \pi \cdot r^2 \cdot h - \pi \cdot r_1^2 \cdot h \tag{5-47}$$

则捡拾器旋转一周的填料量为

$$m = \rho_0 k V \tag{5-48}$$

式中:r——捡拾半径;

r_1——滚筒半径;

h——捡拾幅宽;

ρ_0——物料的堆积密度,玉米秸秆取为 50kg/m^3;

k——捡拾器的充满系数,取 0.08。

由上面公式计算得出:$V = 0.5697 \mathrm{m}^3$

$$m = 2.8485 \mathrm{kg}$$

捡拾器设计捡拾量为 $Q = 15000 \mathrm{kg/h}$,则捡拾器的转速

$$n' = \frac{Q}{m} = \frac{15000}{2.85 \times 60} = 81.9 \mathrm{r/min}$$

经过圆整后,捡拾器转速取 82r/min。

3. 机械式压缩机构

为了解决大方捆打捆机密实成捆规整问题,采用机械式预压缩技术进行了预压缩室的设计。预压缩室位于打捆机压缩室前端,如图 5-72(a)所示;预压缩室顶端设有填料叉,如图 5-72(b)所示,作业时,物料被捡拾器捡起,由捡拾器两侧的喂入搅龙强制引导物料进入填料口,进入填料口的物料被一组相位相差 120°的三个填料叉连续不断的喂入预压缩室。随着物料的不断喂入,预压缩室物料密度达到预定值时,压力传感器发出指令,驱动位于填料叉后方、预压缩室上方的拨料叉,如图 5-72(c)所示,拨料叉通过与压缩活塞的正时传动,将预压成型的物料喂入压缩室内,完成了大方捆预压成型过程。通过先预压、再机械压实的两级压缩过程,不仅解决了秸秆类松散物料规整成型、密度均匀一致性的问题,同时提高了打捆机适应性和可靠性。大方捆打捆机预压缩过程如图 5-73 所示。

(a) 预压缩室　　　　　　　　(b) 填料叉　　　　　　　　(c) 拨料叉

图 5-72　预压缩系统

1) 压缩活塞(曲柄滑块)设计

曲柄活塞结构一般有两种形式,一种为对心式曲柄滑块结构,另一种为偏置式曲柄滑块结构。在相同结构参数的情况下,偏置式曲柄滑块结构较对心式结构滑块行程小,并且偏置式曲柄滑块结构一般具有急回特性,提高效率。所以本设计采用偏置式曲柄滑块设计方案,如图 5-74 所示。

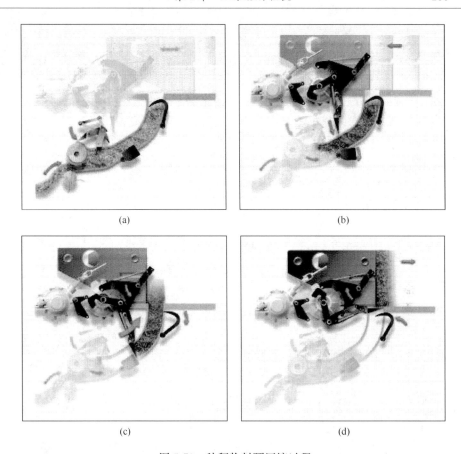

图 5-73　秸秆物料预压缩过程

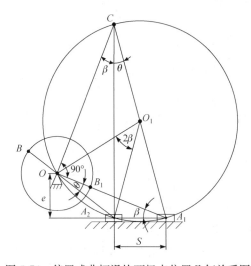

图 5-74　偏置式曲柄滑块两极点位置几何关系图

　　由于压缩机构受到整个机架及压缩室结构的限制,一些参数为既定值。由压捆密度与有效行程关系分析可知,密度随有效行程的增大而增大,当有效行程达到一定值时,密度随有效行程增大基本维持在一个水平。一般大方捆打捆机的有效行程为630~800mm,选择有效行程 $s=780$mm,极位夹角设计值 $\theta=3°$,减速箱输出轴与滑道偏置距离 $e=85$mm。

　　如图 5-74 所示,A_1A_2 为滑块的两极限位置,O 为曲柄的回转中心,A_1A_2 到 O 的距离为偏心距 e,过 A_1A_2O 三点做外接圆,圆心为 O_1,半径为 R,做 A_2C 垂直于 A_1A_2,点 C 在该外接圆上。其几何关系如下:

$$2R\sin\theta=sOA_1=L+r=2R\sin(\beta+\theta) \tag{5-49}$$

$$OA_2=L-r=2R\sin\beta e=OA_1\sin\beta=(L+r)\sin\beta \tag{5-50}$$

将本设计中的已知条件 $s=780$mm,$e=85$mm,$\theta=3°$代入上述表达式得

$$r=\frac{780}{2}\times\sqrt{1-\frac{2\times85}{780}\times\tan1.5°}\approx388.9(\text{mm})$$

$$L=\frac{780}{2}\times\sqrt{1+\frac{2\times85}{780}\times\cot1.5°}\approx1190.8(\text{mm})$$

将曲柄与连杆的长度圆整后,取 $r=388$mm,$L=1190$mm。

2) 机构最小传动角验证

　　曲柄滑块机构设计中,要满足最小传动角大于许用传动角的条件。曲柄滑块机构最小传动角出现在曲柄与滑块移动副导路相垂直的位置。

　　对于偏置式曲柄滑块机构,其传动角的最小值则出现在以下两个位置之一:当曲柄的运动端点与滑块的移动副导路在曲柄回转中心同一侧时,最小传动角为 $\phi_{\min1}=\arccos\left(\frac{r-e}{L}\right)$;而在异侧时,最小传动角为 $\phi_{\min2}=\arccos\left(\frac{r+e}{L}\right)$。整个机构的最小传动角应该是两者中的最小值,即 $\phi_{\min}=(\phi_{\min1},\phi_{\min2})$。

　　据此,$\phi_{\min1}=\arccos\left(\frac{r-e}{L}\right)=\arccos\left(\frac{388-85}{1190}\right)\approx75.2°$

$$\phi_{\min2}=\arccos\left(\frac{r+e}{L}\right)=\arccos\left(\frac{388+85}{1190}\right)\approx66.6°$$

所以 $\phi_{\min}=(\phi_{\min1},\phi_{\min2})=\phi_{\min2}=66.6°$。

　　平面四杆机构中,传动角越大,则传力越好。在一般情况下传动角不小于 $[\phi]_1=40°$,高速机构则不小于 $[\phi]_2=50°$。所以偏置式压缩机构中 $\phi_{\min}=66.6°>\max([\phi]_1,[\phi]_2)$,符合最小传动角的要求。

4. 自动打结系统

将压缩秸秆保持压缩得到的密实度并且获到高质量的秸秆捆包,是打捆机捆扎机构必须完成的任务。当捆长达到设定长度时,捆扎机构开始动作,进行穿针打结。其中打结器是捆扎机构的关键部件,其性能直接影响捆包的成捆率。德国Rasspe(拉斯伯)公司专门生产的打结器如图 5-75 所示,专业化程度高,质量可靠,打结成捆率在 99％以上。因此,采用 6 组 Rasspe 双结打结器总成如图 5-76 所示,保证了秸秆机械式压缩打捆机实现自动打结的可靠性,缩短了打结时间,提高了效率。双结打结器的工作原理和单结打结器不同,双结打结系统在草捆成型过程,捆绳和打结部件实际承受张力较小,允许打捆机打出致密的草捆,而打结器损耗小,如图 5-77 所示。打结时,两道绳结均不会从草捆表面脱落,同时减少捆绳张力以及捆绳与打结器部件的摩擦力,提高了打结成功率,保持捆型规整、不易散捆。打捆机两侧备有大容量捆绳箱,容纳备用绳球。

5. 液压密度控制系统

为了实现高密度自动调节与控制,保障设备安全运行与监控,设计了压力反馈液压密度控制系统。该系统由拖拉机液压输出系统与打捆机平行油缸液压系统组成,其工作原理如图 5-78 所示。该液压系统的工作过程如下:

图 5-75　Rasspe 双结打结器　　　图 5-76　打结器总成　　　图 5-77　双结打结系统示意图

当需要增加液压缸对压缩室侧壁的压力时,即当压力传感器 8 的压力值低于设定值,压力传感器 8 给增压电磁阀 4 发出信号,使增压电磁阀 4 开启,液压油从拖拉机远端阀门 1 进油,通过上部单向阀 5,使液压油进入两压缩室侧壁液压缸 9,此时,液压缸中压力增大,压缩室侧壁的压力也随之增加,物料受到的压缩力也增大,从而增加物料捆包密度。当压力传感器 8 的压力值超出设定值时,压力信号使增压电磁阀 4 关闭,减压电磁阀 6 开启,液压油由液压缸 9,流经减压电磁阀 6 和下部单向阀 5,进行卸油。此时,液压缸 9 中的压力减小,压缩室侧壁对物料的压缩力减小,相应降低物料捆包密度。

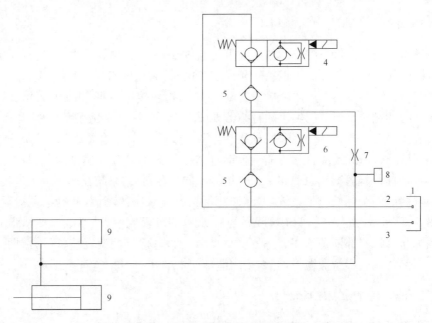

图 5-78　密度液压控制系统示意图

1. 拖拉机远端阀门；2. 进油管路；3. 回油管路；4. 增压电磁阀；5. 单向阀；6. 减压电磁阀；
7. 节流阀；8. 压力传感器；9. 液压缸

大方捆打捆机田间作业情况如图 5-79 所示。

图 5-79　大方捆打捆机田间作业图

第 6 章　青贮玉米收获

　　青贮玉米收获机械用来在田间进行青贮玉米的收获,可一次完成收割、喂入、切碎、籽粒破碎和抛送作业,抛送后的作物可直接实现装车。青贮玉米收获机按照行走方式分为牵引式、悬挂式和自走式三种,工作部件的结构各不相同,一般由割台、喂入装置、切碎装置、籽粒揉搓或破碎装置、抛送装置等组成。

6.1　青贮玉米收获机工作原理

　　市场上使用的青贮玉米收获机割台和喂入装置结构各不相同,但多为单独的部件;切碎装置有的同籽粒揉搓、抛送装置组成一体,有的是各自独立的部件;按照工作部件的不同,可以组成各种不同型式的机型,其共同特点是割台收割和切碎分开进行,割台基本采用不分行型式,切割为有支撑切割,喂入装置在压扁和调节切段长度的同时,使切碎在压实的状况下进行,保证了切碎具有较高的质量,使切段长度均匀。如果加上籽粒破碎,可以满足更高质量的青贮玉米饲料要求,所以该类机型已广泛使用,成为青贮玉米收获机的主流机型。

6.1.1　牵引式青贮玉米收获机工作原理

　　图 6-1 为中国农业机械化科学研究院 20 世纪 80 年代设计的 9QS-10 型牵引式青贮玉米收获机简图。它由对行玉米割台、喂入装置和切碎装置等组成。拖拉机侧牵引收获机,收获机后方挂拖斗或侧面跟接料车。在路面行走或地头转弯时应升起升降油缸保证收获机有足够的离地间隙,工作时收获机应对准玉米行,降下升降油缸使机器处于工作状态,机器前进,玉米在分禾后被切割器切断,由波形胶带式茎秆输送装置夹持输送至喂入装置,喂入装置由 4 个辊组成,辊轴线横向前后布置,上面两个辊可以浮动压实玉米,经压实后的玉米进入切碎装置切碎,并由动刀直接将饲料抛送进入拖车。

6.1.2　悬挂式青贮玉米收获机工作原理

　　图 6-2 为中国农业机械化科学研究院生产的 9080 型悬挂式青贮玉米收获机简图。该机主要由不分行玉米割台、喂入装置、切碎装置等部件组成。割台采用单圆盘式不分行割台,收获幅宽 1.2m,切下的作物由小分禾器与集料滚筒上的拨齿一起共同夹持输送作物到喂入装置。喂入装置喂入辊采用立式布置,共有 4 个喂

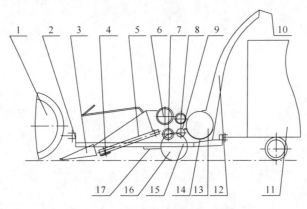

图 6-1　牵引式青贮玉米收获机

1. 拖拉机；2. 牵引架；3. 分禾器；4. 切割器；5. 波形胶带式茎秆输送装置；6. 前上喂入辊；7. 前下喂入辊；8. 后上喂入辊；9. 后下喂入辊；10. 导向板；11. 拖车；12. 抛送筒；13. 切碎滚筒；14. 凹版；15. 机架；16. 收获机轮胎；17. 升降油缸

入辊组成，调整皮带轮可以改变喂入辊的转速，从而改变饲料切段长度，喂入辊将割台输送来的玉米输送进切碎装置。切碎装置结构为盘刀式，将作物切成一定长度的饲料。切碎装置壳体下部可安装揉搓凹版，对切断的玉米起揉搓作用，刀片的下部安装有抛料的叶片，可以将玉米饲料高速通过抛送筒抛送出去。抛送装置由可旋转的抛送筒、导向板和电动推杆等组成，上抛送筒运输时可放下，通过液压油缸动作能左右旋转，抛送筒尾部导向板可调角度，这样可以满足挂拖车接饲料的要求，也可以满足自走式接料车接饲料的要求。

工作时将三点悬挂架与拖拉机挂接，拖拉机动力输出轴将动力传递给锥齿轮箱 23，锥齿轮箱 23 通过万向节 27 将动力传递给锥齿轮箱 28，锥齿轮箱 28 通过三角带带动切碎装置切碎作物。工作原理为：割台两边的分禾器将已割和未割作物分开，切割圆盘将玉米根部切断，通过旋转的集料滚筒和小分禾器的配合将作物输送到喂入装置，通过喂入装置将作物压扁，然后输送到切碎装置，切碎后将饲料抛送到接料车。

6.1.3　自走式青贮玉米收获机工作原理

当前国际上自走式青贮玉米收获机有两个不同档次的机型，在总体布置上也充分显示了它们之间的差别。档次较低的民主德国 20 世纪 80 年代 E-281 型收获机，全部工作部件配置在机器前进方向的左侧，发动机横置于后部。为了克服机器重心过于偏左，把分动箱、驾驶台和行走变速箱配置于右侧。此种配置方式，发动机动力输出机构可以简化，但总体布局松散，机身宽大，重心偏向左侧，维护保养发动机不方便。驾驶台置于右前轮之上，有碍于驾驶员对行及直线行驶操作，也影响

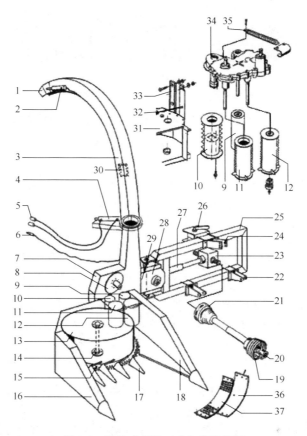

图 6-2　悬挂式青贮玉米收获机简图

1. 导向板；2. 电动推杆；3. 抛送筒；4. 液压油缸；5. 快速接头；6. 12V 插头；7. 切碎装置；8. 磨刀
装置；9. 左后喂入辊；10. 右后喂入辊；11. 右前喂入辊；12. 左前喂入辊；13. 集料滚筒；14. 集料滚
筒轴承；15. 切割圆盘；16. 右分禾器；17. 小分禾器；18. 左分禾器；19. 动力输出轴；20. 动力输出轴
连接装置；21. 离合器；22. 下悬挂臂；23. 锥齿轮箱；24. 上悬挂点；25. 三点悬挂架；26. 挂钩；
27. 齿轮箱间的动力传动轴；28. 驱动锥齿轮箱；29. 三角带传动；30. 观察窗；31. 喂入装置壳体；32. 防
草板；33. 定刀；34. 齿轮箱；35. 张紧弹簧；36. 凹板；37. 揉搓凹板

机器的外观设计。该机的前驱动桥与该公司谷物联合收割机通用,这就给主机喂
入装置的设计及其传动带来困难,用了五个下喂入轮才越过前管梁,致使结构复
杂、安装调试不便。

　　西方先进的自走式青贮玉米收获机的总体配置特点是:割台、驾驶室、喂入装
置、切碎装置、抛送装置及发动机全部沿主机纵轴线对称配置,克服了前一种配置
方式的不足。

　　图 6-3 为中国农业机械化科学研究院生产的 9265 型双圆盘式中型自走式青
贮玉米收获机简图。该机主要由底盘、双圆盘式不分行玉米割台、喂入装置、切碎

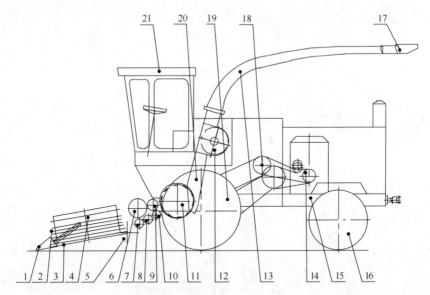

图 6-3　自走式青贮玉米收获机简图（配双圆盘式不分行玉米割台）

1. 分禾器；2. 扶禾输送齿；3. 切割圆盘；4. 集料滚筒；5. 割台喂入辊；6. 前上喂入辊；7. 前下喂入辊；
8. 中下喂入辊；9. 后上喂入辊；10. 后下喂入辊；11. 切碎装置；12. 抛送风扇；13. 上抛送筒；14. 发动机；
15. 底盘车架；16. 转向轮；17. 抛送导向板；18. 传动中间轴；19. 驱动轮；20. 下抛送筒；21. 驾驶室

装置、抛送装置等部件组成。底盘既能满足自走式青贮玉米收获机的行走和各工作部件的传动需要，还有拖车的挂接机构。不分行玉米割台在分禾器分开作物后，由两个横向一字形排列的切割圆盘切割作物，切下的作物由两个小分禾器与两个集料滚筒上的拨齿一起共同夹持输送作物到喂入装置。喂入装置由上部前、后两个喂入辊，下部前、中、后三个喂入辊组成，其中两个上辊能浮动，其作用是将作物压实并输送到切碎装置。切碎装置结构为滚筒式，动刀采用 V 型排列，其作用是将作物切成一定长度的饲料。抛送装置主要由上、下抛送筒、抛送导向板和加速风扇等组成，加速风扇位于下抛送筒的上部，使物料快速被抛出，上抛送筒运输时可放下，能左右各旋转 90°，抛送筒尾部盖板可调角度，这样可以满足挂拖车接饲料的要求，也可以满足自走式接料车接饲料的要求。

　　该产品总体方案的设计方面具有独特的特点和创新性：该产品采用纵向对称配置原则，机器的不分行玉米割台、喂入装置、切碎装置及抛送装置在主机纵向恰好位于主机纵轴线对称位置，为保证割台收割时能有低的割茬，需要将切碎装置的位置尽量降低，解决方案是把前管梁下移，行走变速箱移至物料抛送机构的后下方。这样既可以简化喂入机构，上部使用两个喂入轮、下部使用三个喂入轮即可完成物料向切碎装置的顺利喂入，又可将发动机横向配置于主机后部，水箱因整机宽度不够设计在发动机后侧。青贮玉米收获喂入装置、切碎装置、抛送装置等工作部件的传动轴全部垂直于主机的纵轴线,与发动机的动力输出轴线平行,可简化主传动设计,发动机位于后部还可减小驾驶室的噪声。割台、喂入装置、切碎装置与主机采用独立单元结构,相互连接用快速挂接机构,并全部配置于主机前驱动桥横梁前方,整体可绕切碎装置中心转动。驱动桥采用五挡变速箱,每挡采用液压控制的无级变速系统。驾驶室采用独立密封结构,里面配有不同的监控仪表、按钮和操纵手柄。液压系统采用四路电磁阀和三路电磁阀组合,分别控制割台升降、抛送筒升降与转向、物料导板的抛送距离、皮带的离合及无级变速。

前述 9265 型收获机除配双圆盘式不分行玉米割台外,还可选配小直径四圆盘不分行玉米割台和往复式不分行玉米割台两种割台。根据使用要求的不同,还可选配揉搓装置或籽粒破碎装置,揉搓装置安装在切碎滚筒或凹版上,籽粒破碎安装在切碎装置与抛送风扇之间。在底盘行走方面,还可以选用静液压驱动无级变速底盘。以上配置形成不同的机型组合,可以满足不同地区和使用条件的需要。

克拉斯和约翰迪尔公司的青贮玉米收获机与 9265 型收获机类似,其主要区别是:国外公司收获机功率配备大,动力传递路线有所不同,割台收获幅宽大。

6.2　割　　台

6.2.1　对行割台

青贮玉米割台按割台和作物行的关系可分为对行和不分行两种,对行割台按茎秆输送方式有波形胶带式和拨禾链式两种,不分行割台按切割方式分为圆盘式和往复式两种。

1. 波形胶带式对行玉米割台

图 6-4 为中国农业机械化科学研究院研究的青贮玉米收获机所采用的波形胶带式对行玉米割台,该玉米割台一次能收获两行,主要由两对分禾器 1、挡禾杆 2、

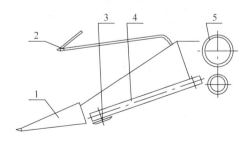

图 6-4　波形胶带式对行玉米割台

1. 分禾器；2. 挡禾杆；3. 切割器；4. 波形胶带式茎秆输送装置；5. 喂入辊

两组圆盘式切割器 3 和两对波形胶带式茎秆输送装置 4 等组成,对于两行割台,其后部可以直接连接喂入装置的喂入辊 5。对于三行(含)以上割台,因为输送装置 4 后部太宽,则割台后部需要加螺旋搅龙往中间输送后再连接喂入辊。

工作原理为:工作时割台两对分禾器对准两行玉米作物,圆盘式切割器将两行玉米茎秆切断,此时圆盘式切割器上方的波形胶带正好夹住茎秆的下部往后部输送,茎秆的上部碰到挡禾杆时,茎秆的上部逐渐下倾,茎秆的下部向后部输送直接进入喂入辊或螺旋式输送器完成割台上玉米作物的切割输送。

2. 拨禾链式对行玉米割台

图 6-5 为拨禾链式对行玉米割台,主要由切割器 1、下拨禾链 2、上拨禾链 3 和喂入辊 4 等组成,对于三行(含)以上割台,割台后部需要加螺旋搅龙。

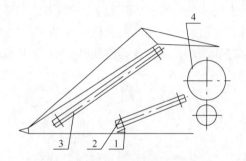

图 6-5 拨禾链式对行玉米割台
1. 切割器;2. 下拨禾链;3. 上拨禾轮;4. 喂入辊

工作原理为:工作时割台两对分禾器对准两行玉米作物,玉米茎秆首先被上拨禾链拨住,拨禾链和玉米茎秆之间是一种较松动的接触,由于上拨禾链向上向后运动,上拨禾链的水平分速度稍低于机器的前进速度,因此玉米茎秆与上拨禾链的接触点逐渐上移,且玉米秆会稍向前倾,机器继续前进时,茎秆下部被下拨禾链拨住,紧接着切割器就将茎秆切断。由于下拨禾链的水平分速度稍高于机器前进速度,所以当玉米茎秆被拨向后面时茎秆上端下倾,全部茎秆以其末端向着喂入装置喂入。

以上两种对行玉米割台能使玉米茎秆有序地进入喂入装置,且玉米根部向后,有利于提高饲料的切碎质量,但当设计行距与实际行距有差别或地头转弯时会形成对行困难,尤其是机器为大型多行时更是如此。

3. 分禾器

图 6-6 为一般对行玉米割台的分禾器,它是收获机割台的侧壁或连接在割台侧壁上的一个部件,其前上部为圆筒形或圆锥形的边缘,且上边缘与水平面有一个

夹角 α。

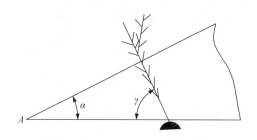

图 6-6 对行玉米割台的分禾器

为了使被分离茎秆的交叉点能移动，α 角必须满足如下条件：

$$\alpha < \eta(90° - \phi - \gamma) \tag{6-1}$$

式中：α——分禾器上边缘的倾斜角(°)；

$\eta = 0.8 \sim 0.9$——考虑作用在交叉点上各力相互关系的系数；

ϕ——茎秆在分禾器材料上移动的摩擦角(°)；

γ——茎秆倾斜角(°)，在倒伏情况下一般 $\gamma < 30°$。

当 α 角不符合上述要求，大到使作物交叉点不能上移时，玉米茎秆就会向前移动造成损失。根据试验，分禾器上边缘与水平面有一个夹角 $\alpha = 30° \sim 35°$。

4. 切割器

切割器主要用来切断玉米茎秆，对行玉米割台的切割器见图 6-7。图 6-7(a)为双圆盘式，它由固定底刀 1 和两个刀盘 2 组成，两个刀盘相对回转，和定刀片构成切割副，它是一种有支承切割的旋转式切割器，线速度较低，为 6~16m/s，这种切割器结构较复杂，但切割范围宽，切割时茎秆弯曲小，对行也比较容易。图 6-7(b)为单椭圆盘式，每旋转一圈切割两次，结构简单，但切割幅度较窄，要求对行准确。图 6-7(c)为无定刀双圆盘式，两个动刀 2 相对回转，刀片稍有重合，在转动时由重合处切断茎秆，线速度较低，其结构较简单。

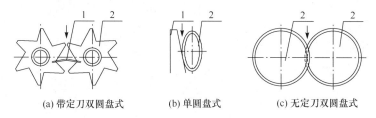

(a) 带定刀双圆盘式   (b) 单圆盘式   (c) 无定刀双圆盘式

图 6-7 对行玉米割台的切割器

5. 波形胶带式茎秆输送装置

该输送装置的工作情况如图 6-4 所示,结构如图 6-8 所示。它由一对带翼形板的套筒滚子链和固定在翼形板上的波形胶带组成。而波形胶带的波峰和波谷正好相配合,以便夹持住被切割的玉米茎秆并进行输送。滚子链的节距常为19.05mm,胶带宽 65mm,厚 8mm。波形胶带的 v_t 应为

$$v_t = v_j / \cos\alpha$$

式中: v_t——茎秆输送器速度(m/s);

v_j——工作时机器前进速度(m/s);

α——分禾器上边缘的倾斜角(°)。

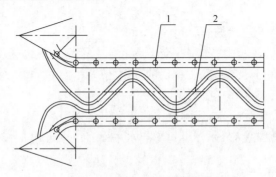

图 6-8　波形胶带式茎秆输送装置
1. 套筒滚子链；2. 波形胶带

6. 拨禾链式茎秆输送装置

该输送装置的工作情况见图 6-9。它由上下两道拨禾链组成,链条节距为38mm 或 41.3mm 的滚子链,每隔 4~5 个链节安装一拨禾爪,为了防止茎秆脱离,爪的前表面稍向后倾如图 6-9(a)所示,拨禾链一侧设有一端有弹簧的销连杆,称为加压杆,防止茎秆脱开。为某一拨禾链式茎秆输送装置和其他部件的传动简图,如图 6-9(b)所示。

拨禾链式茎秆输送装置的倾斜度根据割台的倾斜度确定,当主机中的切碎装置位置较高时倾斜角较大,反之则较小,一般为 28°~45°。上下拨禾链的速度不同,下拨禾链的速度应高于上拨禾链的速度,以便使玉米的下端先进入主机的喂入装置。

下拨禾链的速度 v_x 为

$$v_x = (1\sim1.3) v_j / \cos\alpha_1 \tag{6-2}$$

式中: v_x——下拨禾链速度(m/s);

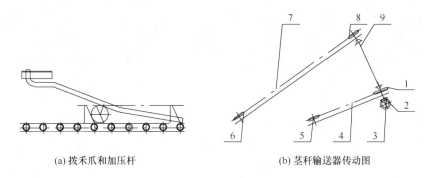

(a) 拨禾爪和加压杆　　　　　　　　　(b) 茎秆输送器传动图

图 6-9　拨禾链式茎秆输送装置

1. 下拨禾链主动链轮；2. 轴；3. 锥箱体；4. 下拨禾链；5. 下拨禾链被动链轮；6. 上拨禾链被动链轮；
7. 上拨禾链；8. 上拨禾链主动链轮；9. 万向节

v_j——工作时机器前进速度(m/s)；

α_1——下拨禾链倾斜角(°)。

上拨禾链的速度 v_s 为

$$v_s = (0.8 \sim 1) v_j / \cos\alpha_2 \qquad (6\text{-}3)$$

式中：v_s——上拨禾链速度(m/s)；

α_2——上拨禾链倾斜角(°)。

6.2.2　往复式不分行玉米割台

往复式不分行玉米割台是早期生产的割台，近年国内有的机型上也配置该割台。早在 20 世纪 50 年代后期，苏联在当时欧美生产的同类割台基础上设计了 CK-2.6 型青贮玉米收获机。20 世纪 70 年代苏联引进了东德生产的 E-280 型青贮玉米收获机，20 世纪 80 年代中期苏联生产了 KCK-100 型青贮玉米收获机，后两种机器的改进型 KCK-100A-1 型和 E-281 型中国在 20 世纪 80 年代有较多引进并使用。以上提到的机型都采用了往复式不分行割台，该割台的优点是割茬低、防杂草能力强。

图 6-10 为中国农业机械化科学研究院研制生产的美诺 9265 型青贮玉米收获机可以选用的往复式不分行割台。它由割刀传动机构、分禾器传动机构、分禾器、切割器、拨禾轮、链板输送器部件、螺旋式输送器、茎秆切碎辊、拨禾轮支架和传动机构、升降油缸、油缸销轴、机架等组成。割刀传动机构采用偏心摆杆式，由装在轴端的偏心块旋转将圆周运动变为直线运动，由三角形摆杆将直线运动的行程放大至切割器的行程 76.2mm。分禾器传动机构也采用偏心摆杆式，只是传动的动力取自于链板输送器后轴；分禾器为主动式分禾器，上面安装有切割器，动、定刀都使用国标Ⅱ型动刀片，用来切断收获中遇到的茎秆、叶子等，起到将已割边和未割边分开的作用。切割器使用国标动刀片，行程 76.2mm，定刀使用与国标有所不同，

采用无唇护刃器,有利于玉米茎秆的切割。拨禾轮有 5 个横向拨禾杆向割台后部拨玉米秆,转速较低,为将相邻地点不同高度的玉米都能拨到,拨禾轮直径较大。链板输送器前轴和链板输送器后轴共同作用使链条向后回转,链板输送器每隔一定距离横向安装有椭圆型输送横杆,输送横杆上部焊接有带齿的平板,有利于茎秆向后输送。螺旋式输送器叶片高度较高,可以满足大喂入量的需要,左右部分螺旋旋向相反,将玉米向中间输送,在中部有 4 块拨禾板,将玉米向后拨动。螺旋式输送器的两端装有摩擦离合器,用于螺旋式输送器和链板输送器的过载保护。茎秆切碎辊转速较高,上部装有 4 片横向的切刀,将靠近割台后部的玉米秆向前拨动或切断,使玉米秆向前掉落到割台内;拨禾轮支架在前部转弯处的连接杆可以根据玉米的高度旋转调整固定,拨禾轮传动机构采用三角带和链条传动。升降油缸通过液压实现拨禾轮的上下调整,油缸沿着油缸绞点轴旋转。机架用于连接各个工作部件和与喂入部件实现连接。

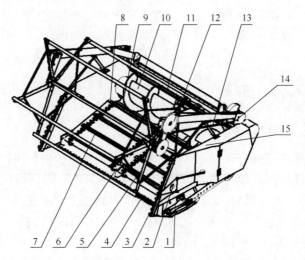

图 6-10　往复式不分行玉米割台

1. 割刀传动机构;2. 分禾器传动机构;3. 分禾器;4. 切割器;5. 拨禾轮;6. 链板输送器前轴;7. 输送横杆;8. 链板输送器传动链条;9. 链板输送器后轴;10. 螺旋式输送器;11. 茎秆切碎辊;12. 拨禾轮支架和传动机构;13. 升降油缸;14. 油缸销轴;15. 机架

切割器上方通过拨禾轮支架安装有拨禾轮,拨禾轮轴承可沿拨禾轮支架前后移动以调节拨禾轮前后位置。拨禾轮支架后面的升降油缸与侧壁用油缸销轴连接,拨禾轮支架可绕油缸销轴上下转动,可用此油缸的升降来改变拨禾轮的高低,以适应收获不同高低的玉米。

割台的工作原理:机器前进时,拨禾轮将玉米秆拨向后部,随着机器的前进,切割器接触玉米秆并切断,随着拨禾轮继续向后拨动玉米秆,玉米秆进入链板输送器,当茎秆被输送到螺旋输送器时,靠近割台两边的茎秆被螺旋输送器收集向中心,通过螺旋输送器中间的拨板输送到喂入装置。

往复式不分行割台主要部件由分禾器、拨禾轮、切割器、链板输送器和螺旋输送器等部件组成,以下介绍各部件的结构和工作原理。

1. 分禾器

分禾器如图 6-10 中 3 所示,为主动式分禾器,由于玉米茎秆会有交叉,该割台结构又不能将分禾器倾角变的太小,则使用一组往复式割刀作为定刀,由分禾器传动机构驱动另一组往复式割刀作往复运动,实现对茎秆的切割。该分禾器的优点是可以很好地实现茎秆的分离,缺点是切割下的茎秆可能会掉落地上造成损失。

2. 拨禾轮

拨禾轮旋转时,将玉米茎秆拨向后部向切割器倾斜,在玉米茎秆切割后将其拨向后部的茎秆输送器和螺旋输送器,该割台必须使用拨禾轮才能实现对玉米的正常输送。一般来说,玉米的高度越高,需要拨禾轮的直径越大,拨禾轮的安装高度也越高。拨禾轮的转速与玉米高度也有一定关系,因为收获机的喂入量基本一定,如玉米较低时,收获机的前进速度可以提高,拨禾轮的转速也应提高。通常可以用如下公式计算:

$$\lambda = \frac{v_b}{v_j} = 1.1 \sim 2.0 \qquad (6\text{-}4)$$

式中:λ——拨禾轮线速度与机器前进速度之比;

　　　v_b——拨禾轮线速度(m/s);

　　　v_j——机器前进速度(m/s)。

$$H = l + \frac{R}{\lambda} - h \qquad (6\text{-}5)$$

式中:H——拨禾轮高度(m);

　　　l——青贮玉米的生长高度(m);

　　　R——拨禾轮半径(m);

　　　h——割茬高度(m)。

由于 λ 值可以有较大范围,所以拨禾轮转速只有在玉米高度过高时才能降低,一般改变拨禾轮转速会是机器结构复杂,按照玉米的高度设计时可以确定拨禾轮的直径。

图 6-11 为 9265 型青贮玉米收获机割台上拨禾轮的调节,工作时,根据玉米的高矮,使用拨禾轮和侧壁连接油缸的升降实现拨禾轮上下的调整,以满足对拨禾轮高度的不同要求。

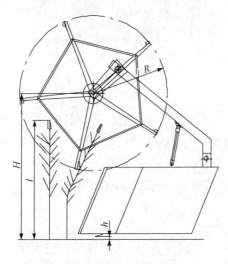

图 6-11　割台上拨禾轮的调节

3. 切割器

往复式不分行割台都采用往复式切割器。欧美早期生产的该类割台切割器行程为 101.4mm，切割器动刀片厚度为 3mm。CK-2.6 型青贮玉米收获机切割器行程为 90mm，动刀片厚度为 3mm。9265 型青贮玉米收获机切割器行程为 76.2mm，与小麦收获机割台切割器行程相同，转速为 550r/min，动刀片的平均速度 $v_p = sn/30 = 1.4m/s$。该种切割器的工作原理、结构、切割图分析等与小麦联合收获机类似。

4. 链板输送器和螺旋输送器参数选择

链板输送器一般采用节距 41.3mm 的套筒滚子链传动，其线速度 v_l 为

$$v_l = (0.7 \sim 0.8) v_w$$

式中：v_l——链板输送器的线速度；

　　　v_w——喂入装置喂入辊的线速度(m/s)。

图 6-12 为链板输送器参数和螺旋输送器参数之间的关系。设玉米割台工作幅宽为 B，主机中喂入装置的宽度为 b，当玉米被链板输送器输送至螺旋输送器时，处于最不利位置也即紧靠一侧的玉米顶端除了有链板输送器速度 v_l 外，还有向着喂入口方向的螺旋输送器输送速度 v_r，其合成速度为 v_a。因此

$$\frac{v_r}{v_l} = \frac{(B-b)/2}{l+D/2} \tag{6-6}$$

式中：v_r——螺旋输送器输送速度(m/s)；

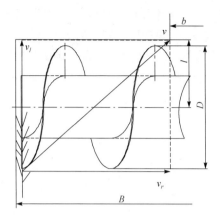

图 6-12　链板输送器和螺旋输送器参数关系

v_l——链板输送器速度(m/s);

B——割台工作幅宽(m);

b——喂入装置喂入口宽度(m);

l——螺旋输送器中心线离割台后侧壁的距离(m);

D——螺旋输送器外径(m)。

因为　　　　　　　　　　　　$v_r = nt/60$

式中:n——螺旋输送器转速(r/min);

t——螺旋的螺距(m)。

将此公式代入上述公式,可得

$$nt = 60\,\frac{B-b}{2(l+D/2)}v_l \tag{6-7}$$

6.2.3　圆盘式不分行玉米割台

　　圆盘式不分行玉米割台割幅宽度为 0.5~9m,其结构是横向一字形排列一个或多个大圆盘式切割器用来切割玉米等高秆作物,用带齿的滚筒或圆盘与导禾秆的配合来夹持输送作物,其特点是收割损失小,作物喂入均匀有序,饲料切碎质量好,代表了不分行玉米割台的先进水平,是目前普遍使用的一种割台形式。

　　该类割台和其他形式的玉米割台主要差别在于采用了带切割刀齿的切割圆盘作为切割器,但为了收集和输送切割下的玉米茎秆,采用了与切割圆盘同一轴线回转的集料圆盘或圆形集料滚筒,其外部加工成不同形状的齿,与前部的小分禾器后部形成夹持茎秆的功能实现输送,以代替往复式不分行割台所用的链板式输送器。集料圆盘或集料滚筒在切割圆盘的上方,尽管有同一回转轴线,但切割圆盘的转速较快,以满足无支撑切割玉米秆的需要,集料圆盘或集料滚筒的转速较低,只需满足玉米茎秆的输送即可。和往复式不分行割台相比,圆盘式不分行割台的优点有:①不需要安装拨禾轮,减少割台前部的高度,收割时不挡视线,对于宽幅需要行走时折叠的割台可以实现折叠;②可以缩小割台的前后尺寸,减少机器的转弯半径;③可以改善作物茎秆向主机喂入装置喂入的情况,从而可以改善切碎质量。

1. 单圆盘式不分行玉米割台

对于小割幅的青贮玉米收获机,采用单圆盘式不分行玉米割台的优点是喂入质量好,同时还因圆盘式割台结构紧凑,能够减少机器长度,而很适合于半悬挂机型。对于割幅为 0.5～1.2m 的小型半悬挂机型,可以在拖拉机后面连接青贮玉米挂车,以适应小型农牧场的需要。

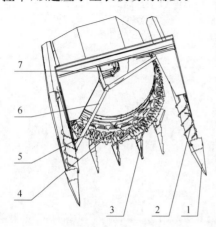

图 6-13　单圆盘式不分行割台
1. 分禾器;2. 螺旋分禾轮;3. 中间小分禾器;
4. 切割圆盘;5. 集料滚筒;6. 挡禾杆;7. 传
动部件

中国农业机械化科学研究院研制生产的 9080 型后侧半悬挂式青贮玉米收获机,其割台采用单圆盘式不分行割台,收获幅宽1.2m,见图 6-13。该割台主要由分禾器 1、螺旋分禾轮 2、中间小分禾器 3、圆盘刀 4、集料滚筒 5、分禾杆 6 和传动部件 7 组成,两侧为分禾器,中间为小分禾器,小分禾器后面自下而上分别为带刀齿的切割圆盘、带扶禾输送齿的集料滚筒,两者在同一轴线上,挡禾杆在最上部,构成立体布置。分禾器安装在侧板的机架上,可以随着地面的不平浮动,螺旋分禾轮向内旋转,将倒伏或缠在一起的茎秆分开并向上输送,以免造成损失;中间有四个小分禾器,用来分禾和夹持收割下的玉米。圆盘刀高速旋转,向下看时为逆

时针转动,可以无支撑切割玉米。集料滚筒旋转的相对较慢,向下看时也为逆时针转动,集料滚筒上有 6 排齿,与四个小分禾器后部的挡禾杆一起夹持着玉米茎秆往侧面和后面输送茎秆。挡禾杆在茎秆往后输送过程中挡住茎秆上部使玉米向前倾。传动部件可以是箱体也可以是三角带传动。

该割台工作原理:工作时收获两行玉米,玉米被切割圆盘切割后,由集料滚筒和中间小分禾器一起将割下的玉米输送至割台前进方向左面的进料口,茎秆下部被带入,茎秆上端由挡禾杆和进料口的机壳挡住,茎秆下端先被带向后面进入进料口,茎秆上端后进入,茎秆被输送进入喂入装置。

该类型割台一般用于与拖拉机配套的悬挂式或半悬挂式青贮玉米收获机上,其工作原理基本相同,收获幅宽一般为 0.5～1.2m,具体结构上有些不同:如有的

机型没有两边的螺旋分禾轮，集料滚筒上齿的形状、排数、布置方式不一样，切割圆盘上刀片的齿形、圆盘的加工方式不同，切割圆盘和集料滚筒的动力传动方式不同等。

2. 双圆盘式不分行玉米割台

双圆盘式不分行玉米割台工作幅宽一般在 1.7~3m 左右，其中割幅为 1.7~2.2m 的割台常在拖拉机倒开时的前半悬挂式青贮玉米饲料收获机上使用，割幅为 3m 左右的割台常在自走式青贮玉米饲料收获机上使用，如国产的美诺 9265 型和牧神 S-3000 型等自走式青贮玉米收获机上使用的玉米割台即为 3m 左右的割台，配置该类割台的机型为中国市场上销售的主流机型，尤其适用于玉米产量高和茎秆高的地区使用。

图 6-14 表示了中国农业机械化科学研究院研制生产的美诺 9265 型自走式青贮玉米收获机的不分行玉米割台示意图。该割台左右对称布置，因结构的限制，两个切割圆盘在中部没有重叠，如玉米正好位于中间将造成漏切，使用中间分禾器用来将中部的玉米分到割台左边或右边实现切割。中间导禾板前部仍然起分禾作用，中部为圆弧形结构，与集料滚筒下部的齿配合，用来辅助将两边切割下的玉米向后输送。小分禾器组为一组，由 6 个类似的分禾器组成一个整体安装，单一分禾器后部的导禾杆与集料滚筒形成配合，将切割下的玉米往中间和后部输送；切割圆盘为焊接结构，在外部装有弧形刀片，刀片的外部形成圆形结构，切割圆盘高速旋转以实现无支撑切割玉米。边分禾器和螺旋分禾轮用来扶起倒伏作物或用来分开分禾器两侧的作物长叶的堆积或缠结，以免造成损失。集料滚筒高度方向上圆周布置有多排不同形状的扶禾输送齿，配合小分禾器后部的导禾杆，玉米茎秆可以在齿内呈直立状态夹持着跟随集料滚筒转动，从而实现茎秆的夹持输送。挡禾杆将玉米秆中上部往中间移动，随着玉米根部往后移动，挡禾杆将玉米秆挡住使茎秆上部向前，保证茎秆根部先喂入；传动部件保证各部分动力的传动，由各种传动齿轮箱体和传动轴组成，箱体内有离合器进行过载保护。机架能实现割台与喂入装置的挂接和保证割台内各个部件的连接；后部分禾板实现杂草、茎秆、叶子在集料滚筒上的分离，减少堵塞。割台喂入辊是考虑到割台与喂入装置布置的高度差，并能较好地实现割台后部玉米的输送而设置的。

该割台的割幅为 3m，其工作过程如下：两个周边带锯齿形刀齿的刀片以比较高的速度回转的切割圆盘 4，用来切断在切割高度处的玉米茎秆，切割圆盘上方的集料滚筒 8 装有扶禾输送齿，集料滚筒转速不高，用来沿着集料滚筒从外侧向内向后扶持和输送已割下的立着的茎秆，由于扶禾输送齿外端旋转的直径接近于割台幅宽的一半，所以立着的茎秆都被输往割台的中部和后部，茎秆的上部受到挡禾杆的阻碍前倾。割台中央靠后处装有绕水平轴线回转的中间输送辊，用来将茎秆送入喂入装置。这种结构能使茎秆以接近于与喂入辊回转轴线相垂直的方向进入,不会发生斜切,与往复式不分行玉米割台相比,有较大的优越性。

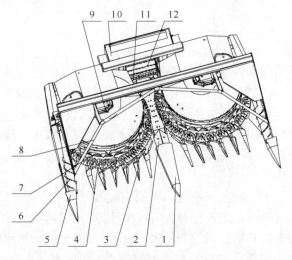

图 6-14　双圆盘式不分行割台
1. 中间分禾器;2. 中间导禾板;3. 小分禾器组;4. 切割圆盘;5. 边分禾器;6. 螺旋分禾轮;7. 集料滚筒;8. 挡禾杆;9. 传动部件;10. 机架;11. 后部分禾板;12. 割台喂入辊

下面分析该种割台的主要工作部件。

1) 小分禾器组

小分禾器组见图 6-15,共由 6 个相对独立的小分禾器组成,每个独立的小分禾器由压禾杆 1、小分禾器尖部 2 和底部连接杆 3 组成,共同焊接在连接架 4 上成一整体,小分禾器在圆周上布置,各自形状互不相同,但每个独立的小分禾器之间的

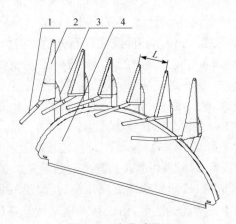

图 6-15　小分禾器组
1. 压禾杆;2. 小分禾器尖部;3. 底部连接杆;4. 连接架

间隙 L 基本相同,小分禾器尖部类似锥体结构,角度较小,可以防止压倒茎秆,小分禾器后部焊接压禾杆,压禾杆向上倾斜且与集料滚筒上的齿保持一定的间隙有利于实现茎秆的夹持,6 个小分禾器的压禾杆基本将集料滚筒的前部围住,使切割下的茎秆能继续保持相对直立的状态向中间和向后输送,6 个小分禾器与后面的连接架焊接并一起与割台机架连接。

2) 切割圆盘

切割圆盘如图 6-16 所示,其直径接近 1.5m,为了实现无支撑切割玉米秆,转速较高,因此产生的惯性较大,为了减轻重量,该结构采用方管焊接的形式。为防止在工作部件停止转动时切割圆盘因惯性大而带动其他部件旋转造成传动系统损坏,在圆盘内部安装有超越离合器,实现工作部件停止转动时切割圆盘还能靠惯性旋转一定时间;刀片安装在外部,共有 8 片圆弧形的刀片,安装后为整体圆形。刀片形状为带斜齿形的结构,有利于茎秆的切割,为提高使用寿命需要对刀片进行热处理。在圆盘下部对称安装有两片刮草板,可以清理割台下部机架上的泥土和杂物以防堵塞,同时将切割后的玉米根茬打烂,防止玉米茬扎坏轮胎。

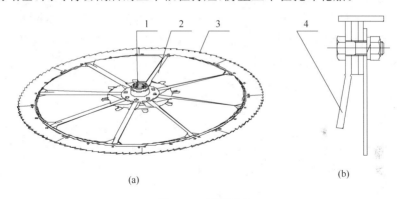

图 6-16　切割圆盘

1. 超越离合器；2. 圆盘座；3. 刀片；4. 刮草板

3) 螺旋分禾轮

螺旋分禾轮为左右对称各一件,图 6-17 为在割台左部侧板上安装的螺旋分禾轮,圆管内中心线上焊接有轴,保证分禾轮能正常旋转,在圆管外下部焊接有双头右旋叶片,可以将倒伏或掉落在叶片上的茎秆向上输送,有利于减少损失;在圆管外上部焊接有双头左旋叶片,可以将掉落在叶片上的茎秆向下输送。在中上部焊接有拨板,将上下输送来的茎秆一起拨向割台内部。连接架内部装有轴承,下部与割台侧板连接。动力用皮带从集料滚筒上部传递。该分禾轮在杂草多时旋转会发生缠草现象,因此分禾轮专设一机构可以在不需要分禾轮旋转时松开皮带。

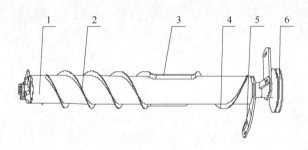

图 6-17　螺旋分禾轮

1. 圆管；2. 右旋叶片；3. 拨板；4. 左旋叶片 5. 连接架；6. 皮带轮

4）集料滚筒

集料滚筒见图 6-18，由连接盘 1、支杆 2、圆筒 3、上部扶禾齿 4 和下部 4 种扶禾齿组成，为圆形的焊接结构，中间有一连接盘与传动箱体连接传递动力，为减轻重量连接盘与圆筒之间使用支杆焊接。在圆筒外部水平焊接有 7 圈不同形状和不同布置的齿，其中上部焊接有 3 排齿，齿的布置比较稀，主要起扶禾防止茎秆倒伏的作用，下部焊接有 4 排齿，齿的布置比较密，下部夹持齿（二）和下部夹持齿（三）比较尖，有利于茎秆顺利进入齿的中间，下部夹持齿（三）在切割圆盘的上方，可以防止切割断的茎秆下部向外移动。下部的 4 排夹持齿与小分禾器压禾杆的间隙较小，双方一起夹持着茎秆向中间和向后输送茎秆。集料滚筒的转速不高，但加工时应保证其径向跳动和水平跳动小，以减少缠草现象发生。

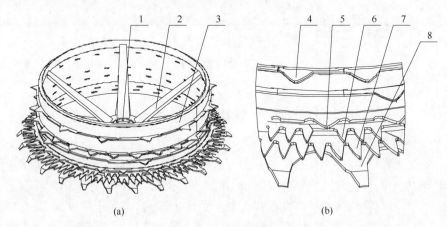

(a)　　　　　　　　　　　　(b)

图 6-18　集料滚筒

1. 连接盘；2. 支杆；3. 圆筒；4. 上部扶禾齿；5. 下部夹持齿（一）；6. 下部夹持齿（二）；

7. 下部夹持齿（三）；8. 下部夹持齿（四）

5）传动部件

传动部件见图 6-19，由左右集料箱体 1 和 2、左右锥箱体 3 和 4、底传动箱体 5、割台喂入辊箱体 6、摩擦离合器 7、集料箱体和锥箱体的连接 8、中底机架 9、割台喂入辊 10、底传动箱体输入端 11 等组成。其传动路线为:动力通过底传动箱体输入端 11 处的轴头输入,通过底传动箱体 5 内的多个齿轮传递到中底机架 9 内部的轴上,通过中底机架 9 内的轴将动力传递到左右锥箱体 3 和 4 完成换向,锥箱体的动力通过集料箱体和锥箱体的花键连接 8 传递到左右集料箱体 1 和 2,实现切割圆盘和集料滚筒的旋转。底传动箱体 5 中的摩擦离合器 7 起到割台过载保护的作用。底传动箱体输入端 11 处的动力还传递到割台喂入辊箱体 6 带动割台喂入辊 10 的旋转。

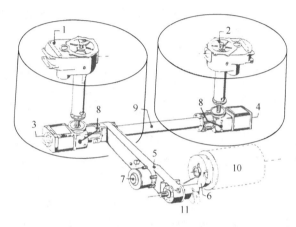

图 6-19　传动部件

1、2. 左右集料箱体;3、4. 左右锥箱体;5. 底传动箱体;6. 割台喂入辊箱体;7. 摩擦离合器;8. 集料箱体和锥箱体的连接;9. 中底机架;10. 割台喂入辊;11. 底传动箱体输入端

3. 三圆盘及以上不分行玉米割台

这类圆盘式玉米割台割幅一般在 3～9.0m 的范围内,如克拉斯公司生产的 JAGUAR 系列 830～900 型自走式青贮玉米收获机所配用的 RU450 和 RU600 型玉米割台,JAGUAR 系列 930～980 型自走式青贮玉米收获机所配用的 ORBIS450、ORBIS600、ORBIS750 和 ORBIS900 型玉米割台。美国约翰迪尔公司生产的 7000 系列 7250～7850 型自走式青贮玉米收获机所配用的 676～710 型玉米割台等。这些割台的特点是割幅增大了,但主机的喂入装置宽度(接近于切碎装置宽度)并没有按比例增加,因此从割台幅宽到喂入装置宽度之间的收缩较大,使割台的结构设计增加了一些难度。

JAGUAR 系列收获机的圆盘式玉米割台 RU450 割幅为 4.5m,相当于 700mm 玉米行距 6 行,有 3 个大切割圆盘和 3 个大集料圆盘;RU600 割台割幅为 6m,有 4 个大切割圆盘和 4 个大集料圆盘,相当于 700mm 玉米行距 8 行;

ORBIS750割台割幅为 7.5m,有 4 个大切割圆盘和 4 个大集料圆盘,还安装有 2 个小切割圆盘和 2 个小集料圆盘,共有 6 个切割圆盘和 6 个集料圆盘;ORBIS900 割台割幅为 9m,有 4 个大切割圆盘和 4 个大集料圆盘,还安装有 4 个小切割圆盘和 4 个小集料圆盘,共有 8 个切割圆盘和 8 个集料圆盘;在结构上下面为切割圆盘,上面为集料圆盘组成一组切割输送圆盘组。RU 和 ORBIS 系列割台较大区别是:RU 割台是使用螺旋输送器向喂入装置输送茎秆,而 ORBIS 割台是使用一边一个立式喂入辊向喂入装置输送茎秆。工作时切割圆盘割下的茎秆分别由各自上面的集料滚筒带入,后部有立式喂入辊协助输送茎秆,茎秆上部遇到挡禾杆时被挡住向前倾。茎秆下部对于 RU 割台是进入后面的螺旋输送器,靠两侧进入的由两侧的螺旋推向中央,再由拨禾板输入主机内的喂入装置。茎秆下部对于 ORBIS 割台是使用立式喂入辊向后拨动进入喂入装置。

上述 RU 和 ORBIS 两种型号的玉米割台都装有主动式分禾器,以解决已割和未割分界线上倒伏玉米、叶子堆积和缠绕等问题。割台下面有带传感器的滑板,可在不平的地面保证割茬的一致。

约翰迪尔公司目前生产的收获机圆盘式玉米割台为 676、678、684、686、688 和 710 六种型号,供各种型号的自走式青贮玉米收获机用户根据主机功率、玉米作物和地块情况选用。上述的六种割台工作幅宽有大小之分,其结构也有差异,最大割幅为 7.5m。总的特点是完全消除了割台后部的横向螺旋输送器。一般认为有横向螺旋输送器的存在会使进入喂入装置的茎秆与喂入滚轴线的垂直线有偏角,造成切断长度不匀和形成斜切,影响切碎质量。

676 型圆盘式玉米割台割幅为 4.5m,有 2 个大切割圆盘和 2 个大集料圆盘,还安装有 2 个小切割圆盘和 2 个小集料圆盘,共有 4 个切割圆盘和 4 个集料圆盘并组成圆盘组。每一个圆盘组其底部为切割圆盘,圆盘割刀外边为锯齿形,以高速水平旋转切断玉米茎秆,切割圆盘的上方为带齿的滚筒,其转速较低。切割圆盘上的锯齿形割刀可以在前部不同位置切割玉米,而带齿的滚筒则可将割下的玉米直立着由外侧向内和向后输送。割台中央的两个切割圆盘和 2 个小集料圆盘,它的底部切割圆盘和上部带齿集料圆盘直径较小,两个小集料圆盘分别与外侧的两个大集料圆盘相对旋转。这两个小集料圆盘的后面有两个立式喂入辊,喂入轮向内旋转,此时茎秆上部遇到挡禾杆时被挡住向前倾,茎秆下部向后进入喂入装置。集料圆盘和立式喂入辊的传动系统中有过载离合器保护,切割圆盘的传动还有摩擦制动装置。

由于 676 型割台中部采用了两个小直径的切割圆盘和集料圆盘,所以后面的两个立式喂入辊可以向中部靠拢,从而两个立式喂入辊可以将茎秆直接喂入喂入装置,不需要横向螺旋输送器。

678 型圆盘式玉米割台割幅为 6m,有 4 个大切割圆盘和 4 个大集料圆盘,可以收获行距为 700mm 的 8 行青贮玉米。它与 ORBIS600 割台基本相同,但与 RU600 型割台的主要区别是为了消除割台后部的横向螺旋输送器,678 型高秆玉米割台的两个靠外侧的大集料圆盘上加了斜挡板,其向后的斜向延长部分也加了斜挡板用来引导茎秆运动,这就使两对相对回转的集料圆盘可将玉米茎秆向割台中央输送,使位于割台后半部的两个立式喂入辊可以直接将茎秆输送至喂入装置,这样,就可以去掉后面的横向螺旋输送器。

　　约翰迪尔公司生产的其他高秆割台,如 686 型、688 型和 710 型是属于另一种结构类型的不同幅宽的割台,其幅宽分别适于收获行距为 700mm 的 6 行、8 行、10 行玉米。

　　684 型、686 型、688 型和 710 型玉米割台中央两个立式喂入辊是相同的,它们和 676 型、678 型割台的区别是:不采用大直径切割圆盘和集料圆盘,而是全部采用小直径切割圆盘和集料圆盘。

　　684 型割台割幅为 3m,有 4 个小切割圆盘和 4 个小集料圆盘;686 型割台割幅为 4.5m,有 6 个小切割圆盘和 6 个小集料圆盘;688 型割台割幅为 6m,有 8 个小切割圆盘和 8 个小集料圆盘;710 型割台割幅为 7.5m,有 10 个小切割圆盘和 10 个小集料圆盘;高秆割台都需要有不同数量的横向收集滚筒。这 4 种割台后面都设有两个立式喂入辊将玉米喂入进喂入装置。

　　由前面的分析可知,目前流行的三圆盘及以上不分行玉米割台有全部采用大直径切割圆盘和集料圆盘割台,也有全部采用小直径切割圆盘和集料圆盘割台,还有采用大直径、小直径结合的切割圆盘和集料圆盘割台。该类割台除 684 型外割幅都在 4.5m 以上,道路和田间运输超过宽度,因此割台都能实现折叠到运输宽度约 3m,一般割幅 4.5～7.5m 的割台采用液压将割台两边的圆盘组移动到基本直立的位置,而 7.5～9m 的割台因两边的圆盘组直立时太高,采用了两层折叠的方式,其结构设计较复杂。

　　下面分析两种典型的全部大直径、全部小直径切割圆盘和集料圆盘割台的结构和工作原理。

　　1) 大直径三圆盘不分行玉米割台

　　图 6-20 所示为比较流行的一种三圆盘不分行玉米割台。

　　具体结构为:边分禾器与其他类型的圆盘式不分行玉米割台结构类似,分禾角度较小,可以有效分开已割和未割的玉米茎秆而不会推倒玉米,螺旋分禾轮为前面直径小后面直径大的锥形螺旋叶片,更有利于扶起倒伏作物和分开分禾器两侧的作物长叶的堆积或缠结,减少损失。因考虑割台需要折叠,挡禾杆不能设计成整体结构,该割台挡禾杆设计成 3 段,倾斜方向根据集料圆盘的旋转方向决定,效果为将玉米秆上部导向其运动的通道移动,同时随将玉米秆上部挡住使茎秆向前,保证茎秆根部先喂入。小分禾器组为一组,由 4 个类似的分禾器组成一个整体安装,单

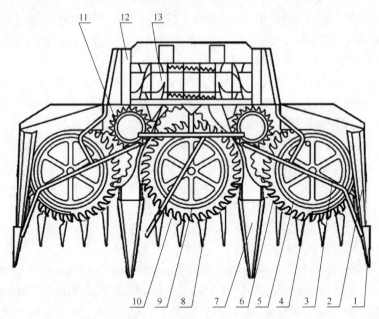

图 6-20　三圆盘不分行玉米割台

1. 边分禾器；2. 螺旋分禾轮；3. 挡禾杆；4. 小分禾器组（一）；5. 集料圆盘（一）；6. 切割圆盘（一）；
7. 中间分禾器；8. 小分禾器组（二）；9. 集料圆盘（二）；10. 切割圆盘（二）；11. 立式喂入辊；12. 机架；
13. 螺旋输送器

一分禾器后部的导禾杆与集料圆盘的旋转方向和齿形形成配合，将切割下的玉米往玉米运动通道和后部输送。集料圆盘为钢板冲压结构，高度方向上布置两个相同的带凹形齿圆盘，在圆盘圆周上有一圈输送茎秆的凹形齿，配合小分禾器后部的导禾杆，玉米茎秆可以在齿内呈直立状态夹持着跟随集料圆盘转动，从而实现茎秆的夹持输送。切割圆盘为冲压结构，在钢板上冲压成不同的加强筋，可以减轻重量，减少惯性，在圆盘外部装有弧形刀片，刀片的外部形成圆形结构，切割圆盘高速旋转以实现无支撑切割玉米。中间分禾器为避免中间的玉米漏切，用来将中部的玉米分到割台左边或右边实现切割。立式喂入辊在割台上直立布置在集料圆盘的侧后部，为下部直径大上部直径小的圆锥形结构，在圆锥外部沿轴线方向焊接有多条齿板，实现将茎秆从集料圆盘分开并输送到螺旋输送器。机架设计考虑折叠的需要不能设计成整体结构，其功能应满足割台与喂入装置的挂接和实现割台内各个部件的连接并保证折叠的强度。螺旋输送器为双头螺旋，叶片高度较高，左右部分螺旋旋向相反，将立式喂入辊输送到后部的玉米向中间输送，在中部有 4 块带齿的拨禾板，将玉米向后拨动进入喂入装置。传动部件在图中没有画出，全部在工作部件的下部，由各种传动齿轮箱体和传动轴组成，箱体内有离合器进行过载保护。

该割台的割幅为 4.5m,其工作过程如下:机器前进时,割台的两个边分禾器和两个中间分禾器将玉米分开,小分禾器组将玉米导入各自的通道中,茎秆被带锯齿形刀齿以比较高速度回转的切割圆盘切断,茎秆进入切割圆盘上方的集料圆盘凹形齿内,在小分禾器后部导禾杆的配合下,茎秆顺着集料圆盘的旋转方向运动,集料圆盘(一)和集料圆盘(二)相向旋转,这两个圆盘内的茎秆都导向了后部通道,由图右后边的立式喂入辊将茎秆输送到后部,图中左边的集料圆盘前部向中间旋转将茎秆输送到图左后边的立式喂入辊,螺旋输送器将两个立式喂入辊输送来的茎秆往中间收集后,通过中部的拨禾板将玉米向后拨动进入喂入装置。

2) 小直径十圆盘不分行玉米割台

图 6-21 为割幅最宽的小直径圆盘不分行玉米割台,其割幅为 7.5m。

具体结构为:螺旋分禾轮 1 结构与图 6-14 相似,侧挡禾杆 2 考虑到折叠的需要,在长度上只需挡住需要折叠的三个集料圆盘即可,将玉米秆上部挡住使茎秆向前,保证茎秆根部先喂入。输送辊 3 在圆管外部圆周焊接有 8 排不同形状的拨禾齿,且拨禾齿直径下部大上部小,输送辊安装在集料圆盘的后部,总共有六个输送辊,与集料圆盘一起将输送到后部的茎秆横向拨向割台中间。立式喂入辊在割台中心左右各一个,在圆管外部圆周焊接有 10 排不同形状、不同直径的拨禾齿,将输送辊和集料圆盘输送来的玉米往后拨动进入喂入装置。中间挡禾杆 5 和中心挡禾杆 7 在中间四个集料圆盘上方,用来挡住茎秆上部使茎秆根部先喂入。边分禾器 10 角度较小,与其他机型相近;集料圆盘为焊接结构,高度方向上布置 4 个不同的整体冲压成的带形齿圆盘,配合小分禾器后部的导禾杆,将玉米茎秆夹持着跟随集料圆盘转动,从而实现茎秆的夹持输送,该割台横向一字形排列 10 个相同直径的集料圆盘。小分禾器组为一组,由 2 个类似的分禾器组成一个整体安装,单一分禾器后部的导禾杆与集料圆盘的旋转方向和齿形形成配合,将切割下的玉米往玉米运动通道和后部输送。对行传感器在分禾器边上安装了角度传感器,用于在机器自动行走时的对行;输送辊驱动箱体由几个箱体组成,用于输送辊的动力传送和各输送辊之间的动力传送。折叠连接架和折叠油缸用来在运输状态时将割台折叠。集料箱体由两个箱体组成,既要满足切割圆盘高速旋转的需要,也要满足集料圆盘低速旋转的需要,且应在同一轴线上,在箱体内部还应有超越离合器,在割台停止传动时切割圆盘应还能旋转。切割圆盘为冲压结构,可以减轻重量,减少惯性,在圆盘外部装有 4 片弧形刀片,刀片的外部形成圆形结构,切割圆盘高速旋转以实现无支撑切割玉米。传动铰接接头可以使割台从折叠到工作状态时动力顺利结合。

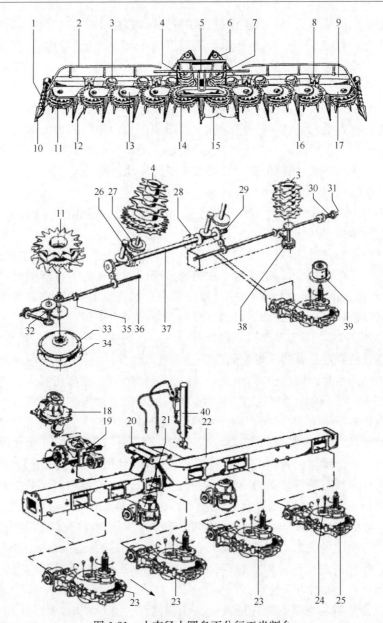

图 6-21　小直径十圆盘不分行玉米割台

1. 螺旋分禾轮；2. 侧挡禾杆；3. 输送辊；4. 立式喂入辊；5. 中间挡禾杆；6. 主机连接架；7. 中心挡禾杆；8. 弹性联轴器；9. 后防护罩；10. 边分禾器；11. 集料圆盘(左旋或右旋)；12. 小分禾器组；13. 防护罩；14. 中心防护罩；15. 对行传感器；16. 中间分禾器；17. 边防护罩；18. 输送辊驱动箱体(一)；19. 输送辊驱动箱体(二)(左或右旋)；20. 折叠连接架；21. 输送辊驱动箱体(三)；22. 主机架；23. 集料箱体(左旋)；24. 通气装置；25. 集料箱体(右旋)；26. 离合器(右侧)；27. 立式喂入辊箱体；28. 离合器(左侧)；29. 主驱动轴；30. 压缩弹簧；31. 外六方轴；32. 超越离合器(左或右旋)；33. 切割圆盘；34. 圆盘刀片；35. 传动铰接接头；36. 外六方轴；37. 输入轴；38. 超越离合器；39. 超越离合器；40. 折叠油缸

　　该割台的割幅为 7.5m,其工作过程如下:机器前进时,割台的两个边分禾器和八个中间分禾器将玉米分开,十个小分禾器组将玉米导入各自的通道中,茎秆被带锯齿形刀齿以比较高速度回转的切割圆盘切断,茎秆进入切割圆盘上方的集料圆盘的四层齿内,在小分禾器后部导禾杆的配合下,茎秆顺着集料圆盘的旋转方向运动进入集料圆盘后部,由后部的六个输送辊将茎秆向中间输送,最后由立式喂入辊将茎秆输送至喂入装置。

6.3　喂入装置

　　喂入装置安装在割台和切碎装置之间,主要作用是将割台输送来的作物通过喂入辊抓起并压紧送入切碎装置,作物压紧可以将茎秆压扁,作物在压紧状态下切碎有利于保证较精确的切段长度。喂入装置的另一功能是通过喂入辊转速的调整来调整饲料切段长度。青贮玉米收获机的喂入装置主要有以下几种形式。

6.3.1　链板输送器式喂入装置

　　图 6-22 为链板输送器式喂入装置。玉米通过链板输送器 1 向上输送,因玉米蓬松高度较高,为保证顺利喂入,安装在链板输送器后部上方的上喂入辊 2 直径较大,为提高抓起能力和作物喂入的均匀性,辊外缘有锯齿形的叶片。后上喂入辊 3 外缘同样也有锯齿形的叶片。后下喂入辊直径较小,且为光滑辊,这样可以更有效地压紧作物,也可使喂入辊尽量靠近切碎装置的定刀,减少喂入辊和定刀间的间隙,使用光辊还能通过刮草板的作用防止喂入辊返草。该喂入装置由于设有链板输送器,长度较长,可以加大切碎装置的离地间隙,有利于整机的布置,但链板输送器的使用寿命较低,故障率较高,目前已较少应用。

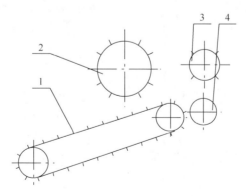

图 6-22　链板输送器式喂入装置

1. 链板输送器；2. 前上喂入辊；3. 后上喂入辊；4. 后下喂入辊

6.3.2　卧式 8 辊喂入装置

图 6-23 为 E281 型收获机的卧式 8 辊喂入装置简图,该装置由机架 1、前上喂入辊 2、中上喂入辊 3、后上喂入辊 4、后下喂入辊 5、前下喂入辊 9 等组成,共有 8 个喂入辊,为了提高抓起能力上辊都带有锯齿形的叶片,前下喂入辊也带有锯齿形的叶片,下面后部 4 个辊都为光辊。该收获机采用 8 个辊的原因是使喂入装置能越过主机前桥梁,有利于后面直接切碎抛送滚筒的布置,但喂入辊的传动变得复杂,且全部采用链条使工作可靠性降低。

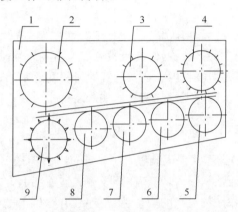

图 6-23　卧式 8 辊收获机喂入装置
1. 机架;2. 前上喂入辊;3. 中上喂入辊;4. 后上喂入辊;5. 后下喂入辊;6. 中下喂入辊
(一);7. 中下喂入辊(二);8. 中下喂入辊(三);9. 前下喂入辊

6.3.3　卧式 5 辊喂入装置

图 6-24 为 9265 型收获机卧式 5 辊喂入装置,共有 5 个喂入辊。为了提高对作物的抓取能力,前上、前下喂入辊采用锯齿叶片外槽轮,前上喂入辊直径为 352mm,前下喂入辊直径为 140mm。中下喂入辊采用无锯齿叶片外槽轮,直径为 140mm。为了使作物层能平稳可靠地输入切碎装置,后上喂入辊采用无锯齿叶片外槽轮,后下喂入辊采用光滑滚轮,两个后喂入辊直径较小,这能使喂入辊尽量靠近切碎装置的刀刃,更有效地压紧作物层,从而有利于提高切碎质量和减少功率消耗。其后上喂入辊直径为 205mm,后下喂入辊直径为 120mm,两个上喂入辊可上下浮动,用弹簧压紧在下喂入辊上,工作时,作物层被压紧,均匀地喂入切碎装置。

上喂入辊与下喂入辊间隙为 15mm,作物多时可抬起,喂入口宽度为 503mm,后下喂入辊和定刀之间安装有刮板,其作用是将作物层由喂入辊导入切碎装置和防止作物在喂入辊与定刀的空隙中卡住或返草。

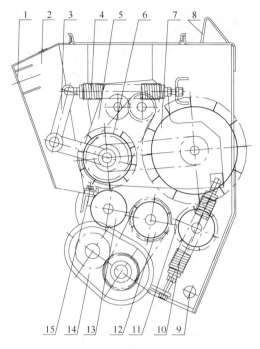

图 6-24　卧式 5 辊收获机喂入装置

1. 与切碎装置连接部件；2. 机架；3. 浮动转臂；4. 上拉紧弹簧；5. 上辊连接板；6. 后上喂入辊；7. 前上喂入辊；8. 与割台挂接部件；9. 与割台下固定轴；10. 下拉紧弹簧；11. 前下喂入辊；12. 中下喂入辊；13. 后下喂入辊；14. 切段长度调节箱体；15. 刮草板

该装置切段长度调整通过变速箱体加链轮调整实现，如图 6-25 所示，齿轮箱体内的齿轮分为左边啮合和右边啮合两档，链轮传动分为链条在左边连接和右边连接两档，互相组合可有 4 种不同的喂入轮转速即线速度，从而实现 4 种不同的饲料切段长度，即为 15/21/31/42mm。

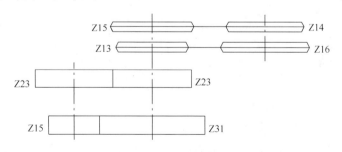

图 6-25　切段长度调整

克拉斯公司和约翰迪尔公司的收获机喂入装置与上面介绍的类似，差别在于下喂入辊的数量均为 2 个，切段长度的调整为箱体实现或通过液压无级变速实现。

6.3.4　立式 4 辊喂入装置

图 6-26 为 9080 型收获机的立式 4 辊喂入装置。它的特点是为了适应盘刀式切碎装置的需要,将 4 个喂入辊垂直布置,动力由箱体传动,因喂入辊没有浮动装置,所以喂入辊上的锯齿叶片开槽较大,可以满足较大喂入量的需求。

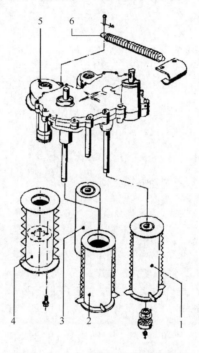

图 6-26　9080 收获机喂入装置

1. 前左喂入辊；2. 前右喂入辊；3. 后左喂入辊；4. 后右喂入辊；5. 传动箱体；6. 张紧弹簧

6.3.5　喂入装置切段长度

饲料切段长度 l_p 取决于喂入辊的旋转线速度 v_w、切碎滚筒的转速 n 和切碎滚筒上的动刀数量 z：

$$l_p = 60000 v_w / nz \tag{6-8}$$

式中：l_p——饲料切段长度(mm)；

　　　v_w——喂入辊的旋转线速度(m/s)；

　　　n——切碎滚筒的转速(r/min)；

　　　z——切碎滚筒上的动刀数量。

为了适应不同用户对青贮玉米切段长度的要求,青贮玉米收获机的饲料切段长度需要调整。在上述公式中,切碎滚筒的转速 n 已经较高,而且因重量较重需要进行较好的平衡,通过调整转速的方法不可行;动刀数量 z 在出厂时已经安装,在有的机型上是通过在切碎滚筒圆周上对称减少刀片的做法调整饲料切段长度,如 9080 青贮玉米收获机将切碎滚筒上 12 片刀减少到 6 片刀或减少到 3 片刀。目前最常用的方法是通过改变喂入装置喂入辊的旋转速度来调节饲料切段长度,改变转速可以采用变速箱换挡、调整传动链轮的传动比的方法获得,得到的切段长度都为有固定长度的几种;而使用液压无级变速方式改变转速则可以在设计范围内实现切段长度的无级调整。

9265 型收获机的饲料切段长度为 15/21/31/42mm 可调,还可通过变换链轮变为 10/14/20/27mm 可调。XDNZ2000、XDNZ1000 型收获机的饲料切段长度为 6～40 可调,国内其他型号的收获机的切段长度一般在 10～40mm 范围内可调。克拉斯公司 830～900 型收获机的切段长度为 5/6.5/8.5/11/17/21mm6 档(20 片刀)可调,而 930～980 型收获机的切段长度则为 5～44mm(20 片刀)范围内无级可调。约翰迪尔公司 7250～7850 型收获机的切段长度为 6～26mm(40 片刀)范围内无级可调。

6.4　切　碎　装　置

切碎装置是将被喂入装置输送来的玉米均匀地切碎。按照其结构可分为滚刀式和盘刀式两种。滚刀式切碎装置按照动刀的形状可分为螺旋曲面型、平板型、弯刀型和弧形曲面型 4 种。按照切碎滚筒抛送能力大小分为直接抛送型和非直接抛送型,后者需要另设专用抛送风扇。

6.4.1　滚刀式切碎装置的主要构成

图 6-27 为 9265 型收获机切碎装置。上、下挂接机构用来与喂入装置的连接,定刀座用作定刀的安装和动刀切碎物料的导向,定刀与动刀组成很小的间隙用来切碎玉米,为防止磨损定刀有很高的硬度,其材料一般采用合金钢或表面喷涂硬质合金的方式。定刀调整机构用来调整定刀与动刀的间隙,磨刀装置在动刀使用变钝时使用,通过磨刀石的上下调整和拉动磨刀手柄对动刀进行磨削时使刃口变尖。切碎滚筒是切碎装置的主要部件,其形式随机型的变化各不相同,将在下面叙述。

其他机型的切碎装置构成与上述内容相似,只是定刀的调整结构、磨刀装置的结构和自动化程度不同,这里不再叙述。

6.4.2　动刀为螺旋曲面形的滚刀式切碎滚筒

动刀为螺旋曲面形的滚刀式切碎滚筒见图 6-28。图 6-28 (a)为此切碎滚筒的外貌,图 6-28 (b)为螺旋形动刀的切割过程。滚刀式切碎滚筒刀片刃口必须和定

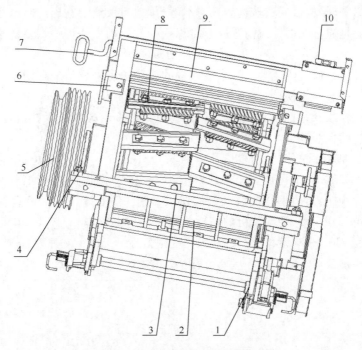

图 6-27　滚刀式切碎装置

1. 下挂接机构；2. 定刀座；3. 定刀；4. 定刀调整机构；5. 皮带轮；

6. 上挂接机构；7. 磨刀手柄；8. 切碎滚筒；9. 机架；10. 磨刀装置

刀刃口相互成一倾斜角，才能进行合理的切割。图 6-28（b）中 $abcd$ 代表喂入口，ab 为定刀刃口，mn 代表动刀刃口，当动刀刃左侧接触 d 点时开始压缩饲料并进行切割，动刀刃右侧接触 b 点时切割终了。由于动刀刃 mn 与定刀刃 ab 之间有一倾角，刀刃的切割长度是逐渐变化的。如果能使动刀刃与定刀刃之倾角 α 满足一定条件，则可以使切割长度保持不变，即切割器负荷均匀，运转平稳。此条件是：

$$\tan\alpha = \frac{\pi D}{kL} \tag{6-9}$$

式中：α——动刀螺旋形刃口的螺旋角（°）；

　　　D——切碎滚筒外径（mm）；

　　　k——动刀片数；

　　　L——切碎滚筒长度（mm）。

动刀刃口的螺旋角 α 还有另一个作用，即可以产生滑切，据试验，滑切可以减少切割阻力，参看图 6-28。设 r 为刀刃的回转半径，ω 为滚筒角速度，则动刀刃线速度 $V = \omega r$，其方向垂直于定刀刃口（即喂入口底线），它可以分成滑切速度 V_i 和砍切速度 V_n，滑切速度 $V_i = V\sin\tau$，因此滑切角 τ 愈大，滑切速度也愈大。在滚刀式切碎滚筒中,滑切角 τ 就等于动刀刃相对于定刀刃的倾角 α,在整个切割过程中此角保持不变。由此可见刀刃倾斜可产生滑切而减少切割阻力。但刀刃倾斜也不应过大,动刀刃线 mn 与定刀刃线 ab 的夹角称为推挤角 χ,推挤角过大,容易将饲料向前推移而影响切割质量,一般要求推挤角不大于 $50°$。

在带螺旋曲面形动刀的滚刀式切碎滚筒中,滑切角 τ 与推挤角 χ 相等,都等于动刀刃口螺旋角 α,此倾角一般取为 $18°\sim30°$。

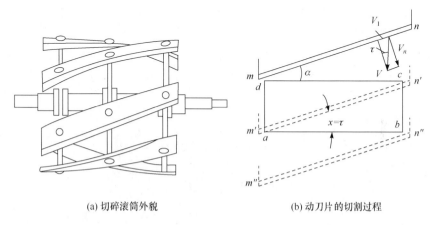

(a) 切碎滚筒外貌　　　　　　　　(b) 动刀片的切割过程

图 6-28　带螺旋曲面形动刀片的滚刀式切碎滚筒

螺旋曲面形动刀还有一些参数如图 6-29 所示。一是动刀的刃角 γ;另一是安装前倾角 ϕ,为了保证刀刃的强度,动刀刃角应较大,一般常用的刃角为 $25°\sim45°$。前倾角 ϕ 应尽量大,以便有较好的切碎,但 $(\phi+\gamma)$ 应小于 $90°$,以免动刀刃面摩擦定刀刃口。

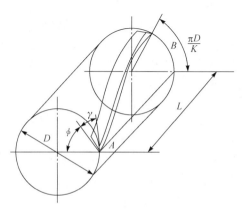

图 6-29　螺旋曲面形动刀的安装和结构参数

　　由上可知,动刀为螺旋面形的滚刀式切碎滚筒有很多优点,通过正确的设计,可以达到负荷均匀,运转平稳,但是它的动刀制造复杂。因此,近年来已逐渐少用。

6.4.3　动刀为平板型的滚刀式切碎滚筒

　　图 6-30 为 9265 型收获机切碎滚筒,它由滚筒轴 1、动刀 2、中间垫块 3、左纹摩擦块 4、右纹摩擦块 5、垫片 9 和动刀座 10 等组成。滚筒轴和动刀座是通过 3 个幅板焊接在一起的,动刀安装在动刀座上,用螺栓拧紧,动刀为长孔,可在圆周上调整。在对饲料要求不高的情况下,可以不安装左、右纹摩擦块,如要求饲料达到揉搓的效果,则需要安装左、右纹摩擦块,摩擦块安装在动刀座的下面,与动刀片使用相同的螺栓。该滚筒动刀片为平板制造,可双面使用,左、右各有 10 片刀,也可以选择安装各 12 片刀。为了减轻切碎阻力,该滚筒动刀片也可采用弯刀的形式。

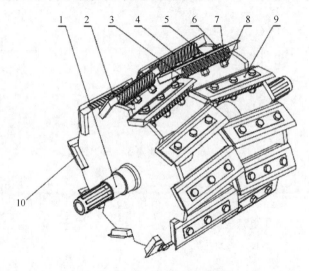

图 6-30　9265 收获机切碎滚筒

1. 滚筒轴;2. 动刀;3. 中间垫块;4. 左纹摩擦块;5. 右纹摩擦块;6. 螺栓;

7. 弹性垫圈;8. 螺母;9. 垫片;10. 动刀座

　　从图中可以看出,动刀片的安装平面与轴线有一倾斜角 α,采用的是按人字型配置的平板型动刀片,即在每一个动刀的位置上安装有左右两片按人字配置的平板形动刀,为保证动刀刃口在同一直径的回转圆周内,动刀片的刃口为椭圆曲线的一段。采用这种型式切碎滚筒的优点是负荷比一般的平板形动刀切碎滚筒更为均匀,并且动刀对作物茎秆产生的抛力使青饲料切碎物流向中间,减少了切碎物与侧壁的摩擦所消耗的动力,因此得到了广泛的应用。

　　平板形动刀在滚筒体上的结构参数如图 6-31 所示,其中倾斜角 α 为 $5°$,安装倾斜角 ϕ 是个变值在 $57°$ 和 $60°$ 之间,动刀刃角 γ 较小为 $20°$。由于安装倾斜角为

$57°\sim60°$,使动刀片除有切碎能力外也有一定的抛送能力,但抛送能力还不足,需要在后面另设抛送风扇,所以该型式仍属于非直抛型平板动刀式滚刀切碎滚筒。

平板刀刃口曲线是椭圆曲线的一部分,在 X_0Z_0 平面坐标系中(坐标与平板刀底面重合),椭圆长半径 $a=\dfrac{R}{\sin\alpha}$,短半轴 $b=R$,曲线方程式为

$$\frac{x_0^2}{R^2}+\frac{Z_0^2}{Y\dfrac{R}{\sin\alpha}Y^2}=1 \tag{6-10}$$

平板刀结构参数间的关系可用下式表示:

$$z\tan\alpha=R\sin\varphi_A \tag{6-11}$$

式中:Z——刀刃上 A 点的坐标(mm);

α——倾斜角,平板刀底面所在平面与滚筒中心线的交角(°);

R——切碎滚筒刀刃轨迹半径(mm);

φ_A——平板刀刃上 A 点的安装前倾角(°)。

平板刀的安装前倾角 φ 是个变值,从 A 点到 B 点,φ 角逐渐变大。试验表明,φ 角越大,其切碎性能越好,但抛送性能越差。因此在平板刀设计中,φ 角的选取应在保证能抛送切碎物的前提下,尽量大一些。试验表明,对于含水率为 74% 的玉米,保证抛送应满足条件 $\varphi\leqslant57°\sim60°$。平板刀的滑切角 τ 也是一个变值,它随着 Z 值的增加而变大。斜角 α 的大小影响滑切角 τ 的变化。α 角愈大,滑切角也越大。由于受平板刀切碎滚筒的结构限制,一般取 $\alpha=4°\sim7°$。滚筒直径较小时,应取较小的 α 值。平板刀的刃角 γ 一般都较小,常取为 $21°\sim25°$。理论上,平板刀刃口为一椭圆曲线,设计时常取用其接近平直的部分。

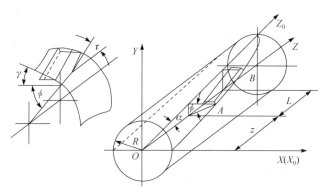

图 6-31 动刀为平板型的滚刀式切碎滚筒

6.4.4　弯刀型动刀的切碎滚筒

弯刀型动刀的收获机切碎滚筒,它由右轴头 1、垫片 2、右动刀片 3、左动刀片 4、滚筒筒体 6 和左轴头 7 等组成,如图 6-32 所示。滚筒筒体为连接结构,左、右轴头与中间筒体通过螺栓连接,在左、右轴头损坏时容易更换。中间筒体为焊接结构,动刀座是通过 3 个幅板焊接在一起的,动刀安装在动刀座上,用螺栓拧紧,动刀为长孔,可在圆周上调整。动刀片的结构为弯刀形式,有利于磨刀后保持较小的切割刃角,减少切碎负荷。动刀片在滚筒上也采用人字型配置,其刃口也为椭圆曲线的一段。

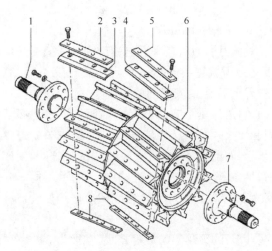

图 6-32　动刀为弯刀型的收获机切碎滚筒

1. 右轴头;2. 垫片;3. 右动刀片;4. 左动刀片;5. 垫片;6. 滚筒筒体;7. 左轴头;8. 连接板

6.4.5　4 组动刀的平板型滚刀式切碎滚筒

4 组动刀的平板型滚刀式切碎滚筒,如图 6-33 所示。其特点是在滚筒长度方向上布置了 4 组动刀片,为交错排列,动刀片的安装平面与滚筒轴线平行,因此动刀片的刃口为直线,制造较为容易。其缺点是因为动刀的平行排列,饲料的切碎有间隔,使受力不均匀,而且没有滑切作用,使切碎时受力更大。

6.4.6　动刀为凹面型的滚刀式切碎滚筒

动刀为凹面型的滚刀式切碎滚筒,如图 6-34 所示。由于动刀刀面为弧形面,可以在保证刀刃有良好的切碎质量的情况下有较小的前倾角 ϕ,所以在切碎的同时有较大的抛送能力,所以可以是直抛式滚刀切碎器。

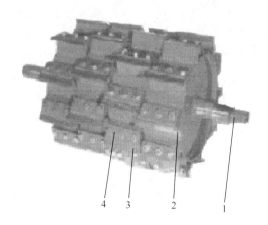

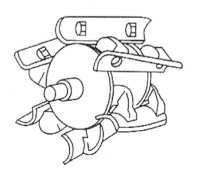

图 6-33　4 组动刀的平板型滚刀式切碎滚筒
1. 滚筒轴；2. 动刀座；3. 动刀；4. 垫片

图 6-34　动刀为凹面型的滚刀式
切碎滚筒

6.4.7　盘刀式切碎装置

盘刀式切碎装置由刀盘 2、动刀 5、定刀 1、抛送叶片 3 和抛送筒 4 等组成，如图 6-35 所示。

青贮玉米收获机盘刀式切碎装置的动刀片都采用直刃口，动刀片在刀盘上的结构参数如图 6-36 所示。动刀 1 的刀刃线与转轴轴心有一偏心距 e，动刀有效刀刃的左边缘离转轴轴心的距离为 c；定刀上平面与转轴中心的垂直距离为 h，动刀刀背平面与切割平面（刀刃尖的回转平面）的夹角为 θ，动刀的刀刃刃角为 γ。一般 $e=80\sim120$mm，$c=(1\sim1.25)e$，$h=(1.2\sim1.8)e$，$\gamma=21°\sim25°$，且 θ 略大于 γ。

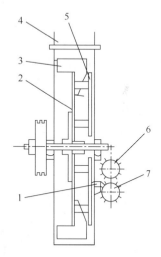

根据图 6-36 可知动刀切割时的滑切角 τ 为动刀刃的速度与砍切速度之夹角，因此在盘刀式切碎装置中，直线刃口的动刀在切割过程中的滑切角就是切割点与回转中心的连线和动刀刃线的夹角。而推挤角则为动刀刃线与定刀刃线的夹角。在切割过程

图 6-35　盘刀式切碎装置结构示意图
1. 定刀；2. 刀盘；3. 抛送叶片；4. 抛送筒；
5. 动刀；6. 后上喂入辊；7. 后下喂入辊

中滑切角和推挤角都是变化的。一般最小滑切角 τ_{min} 为 $12°\sim18°$，最小推挤角 φ_{min} 为 $4°\sim8°$。

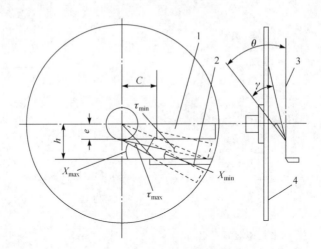

图 6-36 动刀在刀盘上的结构参数
1. 动刀；2. 定刀；3. 切割平面；4. 刀盘

盘刀式切碎器的刀盘上常安装抛送叶片，以便在切碎作物茎秆的同时进行切碎物的抛送，可以在动刀间径向安装抛送叶片，如图 6-37 所示。

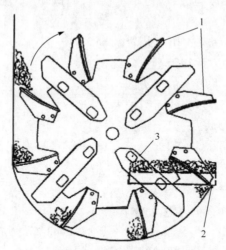

图 6-37 带抛送叶片的盘刀式切碎装置
1. 抛送叶片；2. 动刀；3. 定刀

上面所述的两种切碎装置中，动、定刀刃间的间隙对切割质量影响较大，应经常调整使其在应有的范围内。由于制造精度和部件刚性的不同，间隙为 0.25～1.0mm，一般的机器规定在 0.5～0.8mm 范围内。工作时应经常检查和调整动、定刀刃间隙，动刀钝时应进行磨刀，磨刀后必须进行间隙的检查和调整。

6.4.8　滚刀式切碎装置的磨刀机构

　　磨刀机构是自走式青贮玉米收获机的重要工作附件,如图 6-38 所示,它能保证切碎滚筒的刀刃锋利,从而使功率消耗减少,提高切碎质量。其磨刀机构为手动往复式,磨刀时,上下调整磨刀石,滚筒正向低速旋转,长方形磨石作往复运动,磨出的刃口为一圆柱面。其结构简单,最主要是能在田间随时进行磨刃,操作方便。

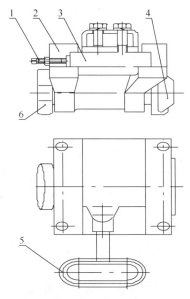

图 6-38　滚刀式切碎装置磨刀机构
1. 螺栓;2. 滑块;3. 导轨;4. 磨石;5. 推杆;6. 手轮

　　在大型青贮玉米收获机切碎装置中,如 CLAAS 公司的 JAGUAR830～900 型等,驾驶室内的可控制自动磨刀设备已成为各机型的标准配备,驾驶员可以在很短的机器停歇时间内,在驾驶室内按下按钮,通过滚刀式切碎装置每侧的传感器和液压装置将磨刀板装置自动缓慢精确地移到动刀的刀刃边,使磨刀板与动刀刀刃的间隙为零,进行自动磨刀。

6.4.9　盘刀式切碎装置的磨刀机构

　　盘刀式切碎装置的磨刀机构如图 6-39 所示。因盘刀式切碎滚筒的动刀片都在一个平面内,则该

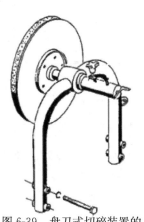

图 6-39　盘刀式切碎装置的
磨刀机构

机构较简单,只需将磨刀石前后移动即可实现磨刀。

6.5　揉搓或籽粒破碎装置

　　揉搓或籽粒破碎装置在有的机型上为选装件,有些为必装件,有的机型可以实现籽粒破碎,有些则无法实现。揉搓一般有在凹版上加孔、凹版上加纹杆、凹版上加横条、滚筒上加摩擦块等几种装置。籽粒破碎则有圆辊式和鼓式两种。揉搓装置的作用是将切碎的玉米茎秆圆段和玉米芯揉碎,变成丝或条状物料,对玉米粒也可部分揉搓。籽粒破碎装置除有揉搓的效果外,还能基本将玉米籽粒破碎。

6.5.1　凹版上加孔的揉搓装置

　　凹版上加孔的揉搓装置,它用于带滚刀式切碎装置和抛送装置的青贮玉米收获机上,可以将饲料揉搓的更细,如图 6-40 所示。它是一个安装在滚刀式切碎装置壳体上的筛子,筛上有与滚筒轴线呈 45°的长孔,筛片包角一般为 100°~120°,依靠切碎装置动刀片与长孔边缘的切割功能而增加饲料切碎度。对于盘刀式切碎装置,有的机型也在凹版上加上了类似的装置,只是孔采用的是圆形。

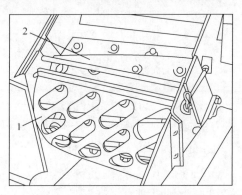

图 6-40　凹版上加孔的揉搓装置
1. 加孔的揉搓板；2. 滚刀式切碎滚筒的动刀

6.5.2　凹版上加纹杆的揉搓装置

　　凹版上加纹杆的揉搓装置,随着滚筒的旋转,物料在纹杆上运动,由于纹杆上有凹凸不平的表面,物料在纹杆表面运动时被揉搓,形成较细的丝或条状物料,如图 6-41 所示。因为不是所有的物料都能接触到纹杆,有些物料达不到揉搓效果。

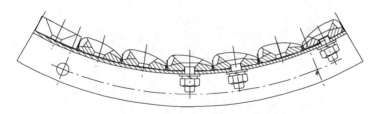

图 6-41　凹版上加纹杆的揉搓装置

6.5.3　凹版上加横条的揉搓装置

凹版上加横条的揉搓装置,在凹版弧面上均匀布置了几个横向的方条,物料在方条上面和方条下面往后运动时,起到了揉搓的作用,如图 6-42 所示。

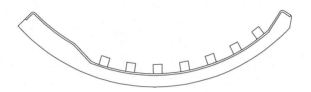

图 6-42　凹版上加横条的揉搓装置

6.5.4　滚筒上加摩擦块的揉搓装置

图 6-30 中的序号 4 和 5 即为 9265 型收获机上使用的揉搓的摩擦块,上面有倾斜布置的凹槽,摩擦块安装在滚筒动刀的下部,随着滚筒的高速旋转,在滚筒动刀接触玉米之前,摩擦块先将玉米揉搓。在玉米被切碎后,物料通过摩擦块与凹版之间的摩擦、揉搓达到需要的效果。

6.5.5　鼓式籽粒破碎装置

图 6-43 为 9265 收获机上选用的鼓式籽粒破碎装置,在两个轴上交错排列了多个鼓,两鼓之间的间隙可以调整,其中各个鼓组成的间隙约为三角形,在每个鼓直径方向上都带有凸起,有一个安装鼓的轴用弹簧压或拉紧,保证物料量不同时鼓可以浮动。由图中可知,鼓间三角形的间隙可以加大处理的长度,提高物料的处理量。鼓上的凸起有利于籽粒实现更好的破碎。两鼓相对回转,且线速度有差别,能更好地起到籽粒破碎作用。

6.5.6　圆辊式籽粒破碎装置

圆辊式籽粒破碎装置是由特殊的耐磨材料制成的一对锯齿型的圆辊,两锯齿辊相对回转,且转速相差约 20%,能更好起到籽粒破碎作用。两辊之间的间隙可

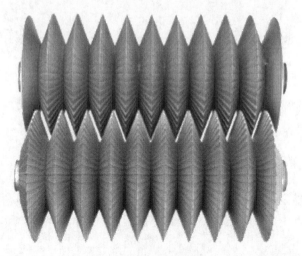

图 6-43　鼓式籽粒破碎装置

以人工或电动调整,为适应物料的多少在一轴上带有弹簧压紧或拉紧装置,如图 6-44 所示。

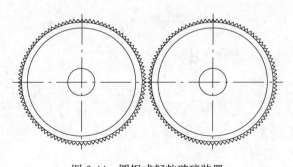

图 6-44　圆辊式籽粒破碎装置

6.6　抛送装置

抛送装置将切碎的物料直接抛送到拖车中,一般由抛送筒和抛送风扇组成,抛送风扇一般分为直装叶片和斜装叶片两种,青饲料切碎物抛入收获机后面或侧面的拖车内。

小型青贮玉米收获机常采用直抛式切碎装置,可由切碎装置将青饲料茎秆切碎同时抛送入拖车,可以不设抛送装置。大中型自走式青贮玉米收获机的切碎装置可以没有抛送能力,也可以有抛送能力,但一般都设有抛送装置。采用有抛送能力的切碎装置的大中型收获机,抛送装置一般设在切碎装置的后上方,有的大型青贮玉米收获机,如 JAGUAR900 系列,在切碎装置和抛送装置之间还安装有籽粒破碎装置。这样,从切碎器、籽粒破碎到抛送装置,切碎物流近似于直线形,保证了高品质和尽可能低的动力消耗。

6.6.1　抛送筒

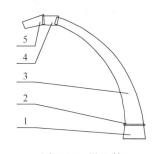

图 6-45　抛送筒

1. 下抛送筒;2. 旋转机构;3. 上抛送筒;4. 导向板(一);5. 导向板(二)

抛送筒的结构如图 6-45 所示。下抛送筒一般由下部的长方形变化到上部的圆形;旋转机构通过链轮、齿轮或蜗轮蜗杆机构实现左右旋转。上抛送筒应该有一定的高度和弧度,以保证在收获机侧面跟拖车接饲料时拖车有足够的安全距离,抛送高度也应满足高接料车接饲料的需求。后部导向板的倾斜度可以调节。在接饲料时转动上抛送筒和调整导向板的倾斜度基本能满足拖车均匀的接料。

6.6.2　直装叶片抛送风扇

直装叶片抛送风扇,如图 6-46 所示,风扇叶片共有 4 片,在外部为锯齿形,叶片平面与轴线平行地安装在连接座上,转速很高,需要进行动平衡,叶片端部与底壳的间隙为 6mm。切碎物由切向进入抛送风扇,由切向抛出,经抛送筒抛入接料车内。

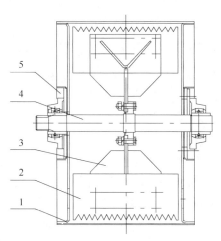

图 6-46　直装叶片抛送风扇

1. 风扇壳体;2. 风扇叶片;3. 连接座;4. 风扇轴;5. 轴承及座

6.6.3　斜装叶片抛送风扇

斜装叶片抛送风扇如图 6-47 所示。叶片平面倾斜地安装在叶片连接板上,叶片为 V 形布置,左右各 4 片,可以将物料倾斜地向中间抛送,有利于减少物料与抛送筒侧壁的磨损,提高抛送速度。

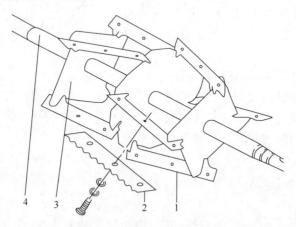

图 6-47　斜装叶片抛送风扇
1. 叶片连接板；2. 风扇叶片；3. 幅板；4. 风扇轴

6.7　监控系统

监控系统是青贮玉米收获机的重要组成部分。它可以帮助驾驶员在驾驶室内进行部分工作参数的调整,以掌握机器的工作状态和工作质量,还可以进行多种参数的在线监测,对故障进行报警,使收获机保持在最佳工作状态。具体的监控系统有以下几项。

6.7.1　生产率自动测量系统

该系统首先通过收获机内湿度传感器,每隔一定时间对从喷口喷出的物料进行湿度采样,对采样值进行平均计算,同时通过对物料抛送的厚度和速度进行检测,通过计算后得出收获机的工作效率,即能精确地计量你所收获作物的质量,省去了称重每辆车的麻烦。

6.7.2　金属和石头探测系统

该系统安装先进的电磁传感器,在金属进入收获机喂入装置上、下喂入辊时,可以及时地对控制系统发出信号,使喂入辊在很短的时间内停下来,保证金属不进入切碎滚筒造成动刀和籽粒破碎装置损坏和混入饲料给喂养带来危险。特殊的 LED 指示器会快速判定金属的位置,通过喂入装置的反转可以很容易地找到喂入的金属。同样遇到石头时,一种震动传感器也会发出信号使喂入辊停车,防止石头进入切碎滚筒。

6.7.3　割茬高度自动控制系统

该系统在设定了一定的割茬高度后,通过割台上的传感器将信号输送到控制系统,通过电磁阀控制油缸的升降,实现对割茬高度的自动控制。该系统还设定了手动优先的原则,在紧急情况下通过按钮可以方便地控制割台的升降。

6.7.4　自动对行行驶控制系统

该系统通过割台上安装的角度传感器,将玉米秆碰到传感器的信号输送到控制系统,通过自动控制转向器实现机器的转弯、直行,保证收获机工作时的自动对行行驶。

6.7.5　自动磨刀控制系统

该系统在动刀变钝需要磨刀时,可以按一个钮即可实现动刀的自动磨刀。其过程如下:首先控制切碎装置上的盖板用液压油缸打开,再控制磨刀装置在滚筒长度方向上来回移动,在移动到一端时自动将磨刀石向下移动一定距离,实现进一步的磨刀。最后将磨刀装置放置在一端,关上切碎装置上的盖板实现一次磨刀过程。磨刀时磨刀装置来回移动的次数由程序在预先设定好。

6.7.6　接料车自动跟踪系统

收获机和接料车有各自的驾驶员,两人的配合有时不是太完美,加上接料车较长,需要每一处都填满物料,因此在接料过程中需要将抛筒按照需要旋转,将抛头按照需要变换角度。该系统可以根据接料车内的物料情况,通过探头反馈到控制系统中,经分析自动调整抛筒旋转和抛头角度,达到自动跟车的目的。

参 考 文 献

白钰,杨自栋,耿端阳,等.2010.浅述我国玉米联合收获机技术进展及发展趋势[J].农业装备与车辆工程,(7):3～6,32.

班春华.2013.我国玉米收获机械化发展剖析[J].农业科技与装备,(7):78～80.

曹洪国.2010.玉米收获机械化技术与装备[J].农业机械,2:32～34.

陈锋.2007.大方捆打捆机压缩机构设计及压缩试验研究[D].北京:中国农业机械化科学研究院.

陈庆文.2014.玉米联合收获机剥皮装置的优化设计[D].北京:中国农业机械化科学研究院.

陈月锋.2008.玉米秸秆小方捆打捆机的研究[D].北京:中国农业机械化科学研究院.

陈志,韩增德,郝付平,等.2007.玉米联合收获机排杂装置优化设计与试验[J].农业机械学报,(12):78～80.

陈志,韩增德,颜华,等.2008.不分行玉米收获机分禾器适应性试验[J].农业机械学报,39(1):50～52.

陈志,郝付平,王锋德,等.2012.中国玉米收获技术与装备发展研究[J].农业机械学报,43(12):44～50.

陈志,杨方飞.2013.农业机械数字化设计技术[M].北京:科学出版社.

成大先.2002.机械设计手册[M].北京:化学工业出版社.

崔本中.2010.玉米收获机械市场的现状与发展趋势[J].农机市场,(3):12～14.

崔俊伟.2009.玉米联合收获机剥皮装置结构及运动参数的优化设计[D].北京:中国农业机械化科学研究院.

董佑福,陈传强.2009.新中国玉米生产机械化技术演变路径[J].农机质量与监督,(10):40～43.

范林.2008.揉碎玉米秸秆机械特性的试验研究[D].内蒙古:内蒙古农业大学.

方宪法,陈志,苏文凤.2007.我国农业装备制造业自主创新战略研究[J].农业机械学报,38(5):69～73.

甘露,潘亚东,孙士明.2011.我国农业机械化发展态势分析[J].农机化研究,(2):203～208.

高梦祥,郭康权,杨中平.2003.玉米秸秆的力学特性测试研究[J].农业工程学报,7(34):47～49.

高巍,陈志,等.2012.吉林省农户采用玉米机械化收获的影响因素分析[J].农业机械学报,(2):175～179.

耿端阳,张道林,王相友,等.2011.新编农业机械学[M].北京国防工业出版社.

勾玲,赵明,黄建军,等.2008.玉米茎秆弯曲性能与抗倒能力的研究[J].作物学报,34(4):653～661.

郭天宝,李美佳,于洁,等.2013.中国玉米国际竞争力的分析及启示[J].玉米科学,(6):

148～152.

韩长赋.2012.玉米论略[N].人民日报,2012年5月26日:第六版.

郝付平,陈志,张子瑞,等.2014.拨禾星轮式玉米收获台设计与试验[J].农业机械学报,38(5): 112～115.

郝付平,陈志.2007.国内外玉米收获机械研究现状及思考[J].农机化研究,(10):206～208.

郝付平.2008.玉米联合收获机排杂剥皮装置优化设计[D].北京:中国农业机械化科学研究院.

郝海青.2010.农艺与农机的结合对推进玉米收获机械化的影响[J].农业机械,(1):98～99.

贺俊林,佟金,陈志,等.2007.指形拨禾轮分禾机构的虚拟设计与运动仿真[J].农业机械学报, (6):53～56.

贺俊林,胡伟,郭玉富,等.2007.扶禾杆在不对行导入玉米茎秆中的运动仿真[J].农业工程学 报,(6):125～128.

贺俊林,佟金.2006.我国玉米收获机械的现状及其发展[J].农机化研究,(4):29～31.

贺俊林.2007.低损伤玉米摘穗部件表面仿生技术和不分行喂入机构仿真[D].吉林:吉林大学.

卡那沃依斯基.1983.收获机械[M].曹崇文,等译校.北京:中国农业机械出版社.

李纪岳,陈志,等.2012.基于农机农艺结合的玉米生产机械化系统研究[J].农业机械学报,(8): 83～87.

李纪岳,陈志,杨敏丽,等.2012.基于农机农艺结合的玉米生产机械化系统研究[J].农业机械学 报,43(8):83～88.

李纪岳.2012.玉米机械化生产工程集成方法与应用[D].北京:中国农业大学.

李强.2009.我国玉米收获机械的研究现状及发展方向[J].农业科技与装备,(2):101～102.

李文哲,董欣,王德福,等.2011.螺旋齿辊式秸秆调质装置性能试验[J].农业机械学报,12: 143～147.

李晓东,邱立春.2011.玉米秸秆物理机械特性试验研究[J].农业科技与装备(2):62～64.

李心平,马福丽,高连兴.2008.差速式玉米种子脱粒机的设计[J].农业机械学报,39(8): 192～195.

李耀明,秦同娣,陈进,等.2011.玉米茎秆往复切割力学特性试验与分析[J].农业工程学报,1: 160～164.

林君堂,刘秀艳,陈宝昌,等.2010.玉米割秆放铺机的研究设计[J].农机化研究,32(2): 101～103.

刘声春,张道林,张继磊,等.2009.我国玉米收获机研制现状及发展展望[J].农机化研究,(11): 241～242.

刘伟峰,杨明韶,马彦华.2003.饲草料压缩机最大压缩力的分析研究[J].农机化研究,(4): 70～72.

吕开宇,仇焕广,白军飞,等.2013.中国玉米秸秆直接还田的现状与发展[J].中国人口.资源与 环境,(3):171～177.

农业部农业贸易促进中心课题组.2014.我国玉米产业面临的挑战与政策选择[J].农业经济问 题,(1):30～37.

屈哲,余泳,昌何勋.2013.我国西南丘陵地区玉米收获机械化的研究探讨[J].现代农业装备,

(3):26~29.

石增武,张道林,刘声春,等.2011.玉米收获机茎秆切割铺放装置的设计与试验[J].农机化研究,33(12):113~115.

孙进良,刘师多,丁慧玲.2009.我国玉米收获机械化的应用现状与展望[J].农机化研究,(3):217~219.

唐忠,李耀明,徐立章,等.2009.单茎秆切割试验台的设计与试验[J].农机化研究,12:141~143.

佟金,贺俊林,陈志,等.2007.玉米摘穗辊试验台的设计和试验[J].农业机械学报,(11):48~51.

佟屏亚.2012.中国玉米生产形势和技术走向[J].农业科技通讯,(10):5~8.

王春光.1998.牧草在高密度压捆过程中的流变研究[D],北京:中国农业大学.

王锋德,陈志,王俊友,等.2009.4YF-1300型大方捆打捆机设计与试验[J].农业机械学报,(11):36~41.

王锋德.2009.农作物秸秆收储运技术模式及关键装备研究[D].北京:中国农业机械化科学研究院.

王国权,余群,卜云龙,等.2001.秸秆捡拾打捆机设计及捡拾器的动力学仿真[J].农业机械学报,(5):59~61

王君荣.2007.农作物秸秆综合利用技术[J].中国农业大学出版社.

王俊友,吕黄珍,燕晓辉,等.2008.国外玉米和小麦秸秆收集装备发展及启示[C].中国农业机械学会2008年学术年会论文,319~322.

王雪娇.2014.近年中国玉米进出口贸易格局转变及原因分析[J].农业经济与管理,(6):90~97.

王优,张强,于路路.2011.玉米摘穗装置的应用现状与展望[J].农机化研究,(1):228~231.

王振华,张俊国.2006.9YFQ-1.9型方草捆捡拾压捆机捡拾器的参数分析[J].草业科学,(6):106~107.

吴鸿欣,曹洪国,等.2011.玉米植株抗弯特性对分禾器结构的影响分析[J].农业机械学报,42:6~9.

吴鸿欣,曹洪国,等.2011.中国玉米秸秆综合利用技术介绍与探讨[J].农业工程,1(3):9~12.

吴鸿欣,陈志,韩增德,等.2011.玉米植株抗弯特性对分禾器结构的影响分析[J].农业机械学报,(Z):6~9.

吴鸿欣.2013.玉米秸秆收获关键技术与装备研究及数字化仿真分析[D].北京:中国农业机械化科学研究院.

谢琼.2010.我国玉米收获机械化技术研究[J].农业科技与装备,(6):84~85.

闫洪余,陈晓光,吴文福.2007.玉米收获机械分类解析[J].农机化研究,(10):213~215.

阎楚良,杨方飞.2006.农业机械产品数字化设计技术及展望[J].中国工程科学,9(8).

杨方飞.2005.机械产品数字化设计及关键技术研究与应用[D].北京:中国农业机械化科学研究院.

杨明韶,张永,李旭英.2002.粗纤维物料压缩过程的一般流变规律的探讨[J].农业工程学报,

(1):135~137.

杨明韶,李旭英.2005.草类物料开始压缩过程的分析研究[J].农机化研究,(3):81~83.

姚利玲,刘师多,师清翔,等.2010.玉米秸秆调质装置的试验[J].河南科技大学学报(自然科学版),31(1):74~76.

于建国,赵洪刚.2007.饲草压捆机饲草喂入机构角加速度仿真分析[J].科学技术与工程,(3):374~376.

于建国,赵洪刚.2006.饲草压捆机饲草喂入机构位置方程的建立及仿真[J].东北林业大学学报,(3):72~73.

袁志华,李云东,陈合顺.2002.玉米茎秆的力学模型及抗倒伏分析[J].玉米科学,10(3):74~75.

张亚伟,朱增勇.2013.中国与美国玉米成本收益比较分析[J].中国食物与营养,(8):39~42.

张艳丽,王飞,赵立欣,等.2009.我国秸秆收储运系统的运营模式、存在问题及发展对策[J].可再生能源,2(27):1~5.

张智先.2013.国内玉米长期消费趋势分析与展望[J].农业展望(6):70~75.

赵久然,王荣焕.2013.中国玉米生产发展历程、存在问题及对策[J].中国农业科技导报,(3):1~6.

中国农业机械化科学研究院.2007.农业机械设计手册[M].北京:中国农业科学技术出版社.

朱纪春,陈金环.2010.国内外玉米收获机械现状和技术特点分析[J].农业技术与装备,(4):23~24.

朱新华,杨中平.2011.陕西省秸秆资源收储体系研究[J].农机化研究,33(7):69~72.

А. Ъ. 卢里耶,А. А. 格罗姆勃切夫斯基.1983.农业机械的设计和计算[M].袁佳平等译.北京:中国农业机械出版社.

Faborode M O,Callaghan J R O. 1987. Optimizing the compressing/briquetting of fibrous agricultural materials[J]. Agric Engng Res. (38):245~262.

Peleg K. 1983. A rheological model of nonlinear viscoplastic solids[J]. The Journal of Rheology:69~82.

后　记

　　玉米是世界上种植最广泛的谷类作物,具有"粮-饲-经"三元结构属性,不仅具有食用、饲用的价值,而且具有能源和工业原料等多重价值,被世界誉为黄金作物。我国是世界第二大玉米生产和消费国,玉米产量占全国粮食总产量的 35.3%。玉米种植受自然地理气候条件限制少,单产高,增产潜力大,国家新增千亿斤粮食对玉米依赖度高,玉米在我国保障粮食安全中发挥着重要的作用。随着我国工业化、城镇化和农业现代化的深入推进,调整农业产业结构、加大畜牧业比重是必然之举,对饲用玉米需求规模将进一步加大。此外,近年快速发展起来的生物质能源产业,玉米制酒精、玉米秸秆直燃发电等也使得玉米工业消费呈增长态势。玉米作为涉及国家粮食安全和重要的工业原料及新能源替代原料的战略性资源,在未来我国粮食经济发展格局中的地位将日益突出。

　　近十多年来,虽然我国玉米产业获得快速发展,但是发展中的问题也比较突出。首先,是需求量大,总量不足,进口增加。受我国玉米消费刚性需求规模和国产玉米产量增速限制,国内玉米产量增速已低于消费增速,玉米进口快速增长,由净出口国迅速转变为净进口国。2003 年我国玉米出口量为 1639 万吨,进口量仅为 0.1 万吨,到 2012 年出口量为 26 万吨,而进口量已激增到 520.8 万吨,预计 2023/2024 年我国玉米进口量将达到 2200 万吨,超过日本成为全球第一大进口国。其次,是价格偏高,竞争力不强。我国玉米生产经营规模小,生产手段落后,不合理施用化肥农药等增加了玉米生产成本,其中人工成本就占比 35%,玉米成本居高不下,每公斤玉米生产成本大约比美国高出 30% 左右,致使我国玉米产业竞争力不强。最后,是单纯追求产量,缺乏考量综合效益的思想一直占据主导地位,造成农机农艺不能很好的融合,玉米种植农艺复杂,区域差别巨大,不利于标准化、规模化、机械化生产。我国玉米产业持续健康发展必须要树立起玉米全价值利用的思想,加快推进玉米生产农艺与农机的深度融合,从生产手段条件上下工夫,突破玉米机械化收获这一瓶颈环节,加快推进全程机械化发展,切实发挥先进技术装备在"稳面积、提单产、抢农时、防灾害"中的保障功能,显著提高玉米生产综合经济效益,增强玉米产业竞争力,保证产业安全。

　　当前,在玉米收获机械化快速推进过程中,出现了许多问题迫切需要解决。一是由于品种、栽培制度等多因素限制,发达国家通行的玉米籽粒直收技术在我国大部分地区目前不能实施。我们普遍采用的摘穗、剥皮、集箱、运输、晾晒、脱粒的分段式收获方式,工艺环节多、消耗能源多,耗费劳力多。二是机械分段收获由于收获时玉米含水率、结穗部位、苞叶密实度、品种等差异较大,在摘穗、剥皮环节的籽粒损失还不能满足要求。籽粒的破碎除降低粮食等级外,由于不能及时烘干,会引发快速霉变而造成更为严重的后果。三是单一秸秆粉碎还田处理方式,不能满足玉米秸秆作为燃料、饲料、肥料和工业原料的多样性需求。连续多年大量秸秆还田在部分地区造成影响下茬播种、滋生病虫草害等问题也为农学家所病诟。四是现有玉米收获机械产品在性能和可靠性方面还不能让农民兄弟满意,一些小企业一哄而上,缺少核心技术和制造装备,粗制滥造产品低价销售,损害农民利益;企业产品同质化现象严重,有的为了抢占市场,竞相降价,恶性竞争,不惜牺牲材料的品质、零部件的质量、机械结构的强度等。

我本人在中国农业机械化科学研究院(以下简称"中国农机院")诸多业务领域中参与玉米收获机械技术的研究,一方面是兴趣使然,另一方面是责任所在。

我家乡在吉林省南部,那里属于长白山余脉的丘陵地带,除少量种植大豆、高粱等杂粮外,主要种植的农作物就是玉米。我的青少年时代正赶上"文化大革命",对学习没什么要求,节假日参加生产队集体劳动挣"工分"却是必需的,因此,大约12岁起我就参加农业劳动(称为"下地干活")了,可以说家乡农村所有的农活我都干过。在诸多劳动环节中最辛苦、最不愿意干的农活一是割大豆,再就是收玉米。割大豆不仅需要长时间保持弯腰撅腚的难受姿态,还要承受豆荚尖扎手的痛苦。那时东北人工收获玉米的流程是:用镰刀在根茬上约150mm处将玉米植株砍断,垂直于垄长方向视玉米植株密度每隔3~5m集堆。在田间晾晒脱水约一周后人工摘穗集堆,然后由畜力运送到场院。玉米秸秆则捆扎后几捆交叉支撑立于田间,待农闲时运回做燃料和牛羊饲料。玉米在场院经进一步晾晒脱水后剥皮,剥皮后的光穗储存于由四根柱子支撑起离地约1.2m的储粮装置(俗称"苞米楼子")内,待冬、春季需要时再取出手工脱粒(俗称"搓苞米")。东北玉米植株根部粗壮,收割时劳动强度不亚于现在南方砍甘蔗,身体裸露在衣服外的皮肉还不时被茎叶划破;摘穗时要长时间大幅度弯腰或蹲立,一天下来腰酸腿疼自不必说;倒是在场院剥皮的劳作很有意思,想是因为粮食即将收获完成,给大家带来的愉悦,全村男女老少齐上阵,妇女小孩围坐在一起有说有笑地手中忙着,青壮年劳力负责运输装囤,似乎结束后还集体会餐一下,以示一年的农忙季节宣告结束。

带着这样的经历和记忆,大学毕业后到中国农机院工作。中国农机院是国内规模最大、水平最高的综合性农业机械科研机构。其中收获机械研究所更是以完整的专业配置、强大的专家队伍在国内外有着重要的影响。从建所开始即设立了专门进行玉米、高粱等高秆作物收获机械研究的高秆作物组。1960年即开始对摘穗、剥皮、秸秆粉碎部件进行研究。1969年,中国农机院与黑龙江、吉林、辽宁省农机研究所合作,开启了我国玉米收获机械研究的先河,研制成功"丰收2立"和"丰收2卧"两种牵引式玉米收获机;1988年,中国农机院与北京联合收割机厂合作引进消化吸收苏联乌克兰赫尔松KCKY-6型自走式摘穗收获机,成功开发我国第一台4YZ-4型4行自走式玉米收获机,该机能一次完成摘穗、剥皮、集箱及秸秆粉碎还田作业,目前市场主力玉米收获机主要工作部件的结构和原理仍然无出其右。1996~1999年又在此基础上开发出4YZ-3型3行自走式玉米收获机。玉米收获机械研究的带头人是耿洪高级工程师,他1962年从吉林工业大学农机系毕业后一直从事收获机械主要是高秆作物收获机械的研究,算我的师长。记得1988年我曾专门找到他了解玉米收获机研发情况,在大概介绍机器结构原理后,还玩笑似的告诫我:别沾这个,没出息,要前(途)没前(途),要钱没钱。耿洪高工性情耿直,精通业务,本人画得一手好图,对人要求近乎苛刻,他带出来的队伍都已成为行业骨干精英;他对玉米收获机整机配置及主要工作部件结构和参数的深入研究为以后的研究奠定了坚实的基础。

2000年,原国家经济贸易委员会立项支持2、3、4行自走式玉米收获机开发,中国农机院、原中国收获机械总公司等为课题参加单位,那时我已经任中国农机院院长,在众多业务领域中,我选择了参加玉米收获研究课题,其后由我总负责的国家"九五"科技攻关项目"农业适度规模经营关键技术与装备研制"中,青饲料收获机和玉米收获机都作为子课题列于其中。2002年我到德国参加汉诺威农机展时,果断决定引进大圆盘式玉米青饲收获机割台,回国后组织力量根据我国国情进行改进设计,仅此,使我国玉米青饲收获装备技术缩短了与发达国家20年的差距,中国农机院也成为目前国内大型自走式青饲收获机的主要供应商。2005年,为解决玉米收获机在不同地区作业收获行距适应性问题,经过近两年的努力,"不对行玉米收获技术与装备"成功获得国家"863"计划支持,这大概是农机科技领域第一个获得国家高技术发展计划支持的项目。我作为课题负责人,与韩增德、方宪法、甘邦兴、曹洪国、李树君、贺俊林、邵合勇、闫希宇、常贺章、颜华、王国新、孙志宏、王秀玉、杨林兴、王泽群、高希文等课题组同志们一起,无数次的方案讨论修改、无数次的零部件试验、多轮的试制改进,最终完成了可以实现完全不对行收获的4YZ-244型自走式玉米联合收割机与4YG-180型拖拉机配套背负式玉米收获机的定型并将成果转化到多家企业。

我国玉米收获机械化事业方兴未艾,还处于正在进行时,仍有很多技术问题有待完善和提高,最主要的是更好解决包括漏摘率和籽粒破碎损失率在内的损失问题;秸秆的多样性利用问题。从技术发展趋势来看,未来在育种、栽培、水肥、植保、机械等多领域专家通力合作下,缩短玉米生育期,统一玉米结穗部位,降低玉米收获时含水率,改变收获时玉米苞叶状态等,以期率先在一年一熟的北方春玉米种植区,进而推广到黄淮海玉米小麦轮作区,逐步实现在稻麦联合收获机上通过换装玉米割台直接收获玉米籽粒。大幅度增加青储玉米的比例,改变我国饲料结构,提高肉蛋奶的品质。

回顾我们近二十年玉米收获机械的科研历程,我觉得有必要将玉米植株全价值收获机械方面开展的系列研究工作以及所取得的研究成果进行梳理总结,以期为后续研究工作提供借鉴和帮助,由此便形成了这本书稿。

在对玉米植株全价值收获关键技术装备研制中,我的同事李树君、韩增德、王泽群、汪雄伟、方宪法、刘汉武、杨炳南、曹洪国、王俊友、杨世昆、刘贵林、景全荣、孙东升等与我一起殚精竭虑,攻坚克难,在此感谢他们多年来的支持与帮助。

我的学生郝付平、杨方飞、王锋德、崔俊伟、李纪岳、吴鸿欣、陈庆文等在我的指导下参与了玉米全价值收获关键装备相关环节的研究工作,并为本书提供了相关资料。在本书稿整理过程中,王志研究员、王泽群研究员、苏文凤博士协助我做了部分文字工作。

在付梓之际,再次感谢所有为出版本书提供支持、帮助的同事和朋友。

陈　志

于2014年8月

4YZ-244 型自走式不分行玉米联合收获机

4YG-180 型背负式不分行玉米联合收获机

4YG-3 型悬挂式玉米联合收获机

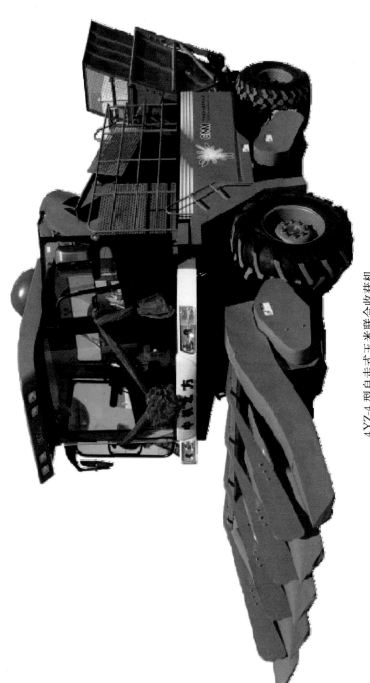

4YZ-4 型自走式玉米联合收获机

4TJZ 型自走式秸秆调质玉米收获机

4TJ 型悬挂式玉米秸秆收割调质机

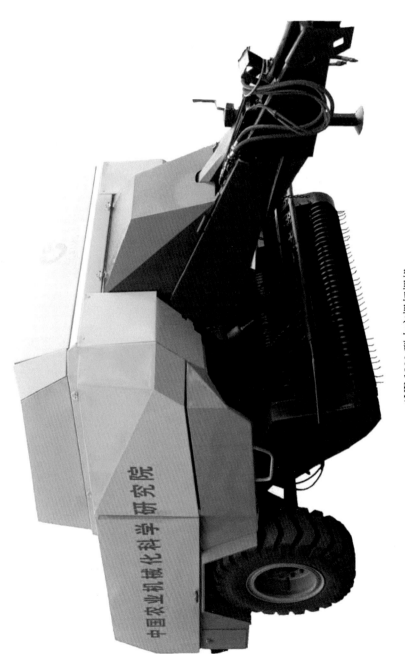

4YF-1300 型大方捆打捆机

9YFQ-1.9 型跨行式方草捆捡拾压捆机

4YF-360 型玉米秸秆小方捆打捆机

9265 型自走式青贮饲料收获机

9800 型自走式青贮饲料收获机

9080 型悬挂式青贮饲料收获机